河北省教育厅学术著作出版基金资助出版

铁矿粉造块理论与实践

张玉柱　胡长庆　著

北　京
冶金工业出版社
2012

内 容 提 要

本书是作者及其课题组近20年在铁矿粉造块领域理论研究与生产应用成果的总结。该书主要内容涉及课题组在铁矿粉造块复合添加剂工艺技术、冀东铁矿粉与进口矿烧结特性和配矿结构优化、小球团烧结工艺技术、低硅烧结成矿机理与关键技术、膨润土理化性能及改性技术等领域的理论研究成果和生产应用实践。绝大多数科研成果被企业采用转化为生产力，取得了可观的经济效益。

本书可作为铁矿粉造块领域研究人员、技术人员和管理决策人员的重要参考书，也可作为高等院校相关专业研究生、本科生的教学参考书。

图书在版编目（CIP）数据

铁矿粉造块理论与实践/张玉柱，胡长庆著. —北京：冶金工业出版社，2012. 1

ISBN 978-7-5024-5298-8

Ⅰ. ①铁…　Ⅱ. ①张…　②胡…　Ⅲ. ①铁粉—造块　Ⅳ. ①TF124. 3

中国版本图书馆 CIP 数据核字(2011)第 085466 号

出 版 人　曹胜利

地　　址　北京北河沿大街嵩祝院北巷 39 号，邮编 100009

电　　话　(010)64027926　电子信箱　yjcbs@ cnmip. com. cn

责任编辑　王之光　美术编辑　李　新　版式设计　孙跃红

责任校对　卿文春　责任印制　张祺鑫

ISBN 978-7-5024-5298-8

北京百善印刷厂印刷；冶金工业出版社出版发行；各地新华书店经销

2012 年 1 月第 1 版，2012 年 1 月第 1 次印刷

148mm×210mm；10. 25 印张；302 千字；314 页

38. 00 元

冶金工业出版社投稿电话：(010)64027932　投稿信箱：tougao@cnmip. com. cn

冶金工业出版社发行部　电话：(010)64044283　传真：(010)64027893

冶金书店　地址：北京东四西大街 46 号(100010)　电话：(010)65289081(兼传真)

前　言

20世纪90年代以来，中国钢铁工业快速发展，是世界上最大的钢材生产国和消费国。与全球钢铁工业相比，中国钢铁工业特点之一是流程结构以高炉-转炉流程为主，铁钢比高。2010年我国粗钢产量为6.27亿吨，占全球粗钢产量的44.3%；生铁产量为5.90亿吨，占全球生铁产量的57.3%。20世纪90年代以来，非高炉炼铁工艺在技术上有所进步，其中COREX商业化生产能力有望达到150万吨/年，传统的高炉炼铁工艺面临直接还原、熔融还原的挑战，但由于高炉炼铁工艺成熟，具有生产效率高等优点，在可预见的将来，高炉仍将是炼铁的主流工艺。

原料是高炉炼铁的基础，精料就是全面改进原燃料的质量，为降低焦比和提高冶炼强度打下物质基础，保证高炉能在大风、高压、高风温、高负荷的生产条件下仍能稳定、顺行。从目前国内高炉的炉料结构来看，大多采用高碱度烧结矿和酸性球团矿合理搭配，一部分生矿作为调剂，并以烧结矿为高炉的主要炉料。烧结和氧化性球团是铁矿粉造块的主要工艺，是现代钢铁制造流程中物质流、能量流通量最大的工序之一。铁矿粉造块工艺技术进步不仅关系炼铁生产的效率、成本，还直接影响到企业整体的经济效益、资源能源利用效率、环境负荷，乃至工业生态链构筑和可持续发展能力。

《铁矿粉造块理论与实践》一书是作者和课题组多名人员近20年在铁矿粉造块领域理论研究与生产应用成果的总结。课题组成员在数以千计的实验室试验和大量理论分析的基础上，提出了铁矿粉造块工艺优化技术措施，促进了烧结矿、球团矿质量改善和高炉精料技术发展。该书主要内容涉及课题组在铁矿粉造块复合添加剂工艺技术、冀东铁矿粉与进口矿烧结特性和配矿结构优化、小球团烧结工艺技术、低硅烧结成矿机理与关键技术、膨润土理化性能及改性技术等领域的理论研究成果和生产应用实践。

铁矿粉造块复合添加剂工艺技术：探明了烧结矿中 SFCA 相及正硅酸钙对烧结矿质量的影响机理，发现了磁铁矿烧结过程中玻璃相成分的变化规律，找出了烧结矿微观矿物组成及结构与质量间的依存关系与规律，明确了矿相对烧结矿产生的有益与有害影响，进而通过实验确定了促进有益矿物生成、抑制有害矿物生成的主要条件，再通过实验室模拟工业生产过程制定技术措施。以理论研究成果为依据，对生产现场工艺及设备进行改造。

小球团烧结工艺技术：通过小球团烧结燃料与熔剂分加方式等研究，弄清了燃料及熔剂添加方式对小球团烧结矿质量影响的原因；揭示了适宜的小球团烧结燃料及熔剂添加方式。此外，熔剂全部外加的烧结矿强度、冶金性能明显改善，具有酸性球和高碱度矿的矿物组成和显微结构特点，阐明了其改善烧结矿质量的原因，揭示了其合理的工艺参数。

冀东铁矿粉与进口矿烧结特性和配矿结构优化：对磁铁矿烧结过程中强度—碱度低凹区的成因提出了新的见解，解决了冀东磁铁矿烧结时产品易粉化，常温强度低，矿相结构不合理这一技术难题。系统研究分析了冀东矿和澳矿、巴西矿等典型进口矿烧结特性，结合冀东矿和进口矿烧结特性和铁矿粉造块的生产实际，有的放矢地开发出综合控制烧结矿微观结构新工艺，优化了烧结配矿结构。

低硅烧结成矿机理与关键技术：定量解析了碱度、配碳量、MgO 含量等对低硅烧结矿液相生成、矿物组成、微观结构的影响，提出低硅烧结成矿机理为针状铁酸钙液相黏结和 Fe_2O_3 再结晶固结；进而提出改变固体燃料分布状态、厚料层烧结、适当延长点火时间、添加铁矿粉造块复合添加剂及喷洒 $CaCl_2$ 等低硅烧结生产关键技术措施。

膨润土改性工艺技术：深入系统地研究了膨润土理化性能对铁矿球团生产过程及球团矿质量的影响，并对钙基膨润土不同改性方法进行了系统研究，提出了铁精粉与膨润土的最佳匹配以及两者之间的关系，优化出了最佳的生产工艺条件。

以上研究分别获得国家自然科学基金、河北省自然科学基金、河北省科技攻关项目等多项课题资助，并与多家钢铁企业展开合作，绝大多数科研成果被企业采用转化为生产力，取得了可观的经济效益。研究成果相继获得河北省省长特别奖 1 项、河北省科技进步一等奖 2 项、二等奖 1 项、三等奖 1 项和多项市厅级奖励，发表论文近百篇，培养博士研究生 2 名、硕士研究生近 20 名。

值此书出版之际，作者谨向多年来为本课题组在铁矿粉造块领域研究成果作出重要贡献，并在本书完成过程中一起讨论、修改，从而使本书内容得以进一步丰富和完善的合作伙伴：李振国高级工程师、尹海生高级工程师、郎建峰教授、邢宏伟博士和李杰、王丽丽等，一并致以深深的谢意。

张玉柱

2011 年 9 月

目　　录

1　硼镁交互作用规律及复合添加剂开发

我国铁矿资源多为贫磁铁矿，选分困难，造成铁精矿粉品位低，SiO_2 含量高，成球困难，致使产品强度低，易粉化，冶金性能差，成为冶金界长期未能解决的一大技术难题。众所周知，烧结矿粉化的主要原因是因为正硅酸钙在降温过程中发生相变而产生膨胀，怎样有效地促进有益矿物的生成和抑制有害矿物的产生及转化是解决粉化和强度问题的关键。

为了减少粉化，提高强度，厂家及研究人员曾寻求利用添加剂的办法加以解决。在铁矿粉造块中应用硼、镁添加剂改善铁矿粉的造块质量已是不争的事实。但硼、镁在烧结矿中的分布规律及其对铁酸钙、硅酸钙及玻璃相等主要矿物生成的影响规律和作用机理等问题尚缺乏较为系统的研究，特别是对磁铁矿烧结时各个矿相的生成及相互转化的机理以及对外部条件的依存关系不甚清楚。因此，配加含硼镁添加剂的烧结矿和球团矿在实验室和工业试验中产生的一系列冶金现象，至今还不能全部从根本上给出合理的解释。

为此，与唐山国丰钢铁公司、唐山钢铁公司及宣化钢铁公司合作，于20世纪90年代初便开始投入该领域的研究，至今已开发出一系列的科研成果并广泛应用于工业生产，取得了显著的经济效益和社会效益。

1.1　硼、镁对铁矿粉造块的作用

在铁矿粉造块中，通过添加某种添加剂生产复合型烧结矿或球团矿，可以有效地改善铁矿粉造块质量及提高造块设备利用系数，这方面的研究越来越受到重视。国外所开发的添加剂主要是蛇纹石、有机黏结剂、橄榄石、钢渣等。含硼、镁的添加剂则是根据我国不同地区资源情况开发的添加剂。我国硼镁矿、低品位硼铁矿储量丰富以及硼化工厂每年都排出大量的含硼废渣（称为硼泥），我国冶金工作者正是根据这一资源特点而开发出各种含硼及硼镁复合添加剂，既利用了工业废料，创造了良好的社会效益，又可以生产优质球团矿和烧结矿，为企业带来了良好的经济效益，是适合我国磁铁矿粉造块的一种非常好的添加剂[1]。

硼、镁在铁矿粉造块中应用的历史可追溯到含硼添加剂的使用，早在20世纪70年代末，凌源钢铁厂为改善保国铁精矿的焙烧性能而提出了添加硼泥，并与东北工学院合作，在8m^2球团竖炉及100m^3高炉上进行了添加含硼添加剂焙烧工艺实验及冶炼试验[1]。在实验中，通过在难于焙烧的竖炉球团配料中加入少量硼泥，取得了明显降低焙烧温度及改善其冶金性能的效果。80年代初，北台钢铁厂为解决自熔性烧结矿粉化问题而添加了贫硼铁矿粉，取得了明显效果，有效地抑制或降低了烧结矿的粉化。

应用硼镁复合添加剂始于20世纪80年代末，在鞍山钢铁公司与鞍山钢铁学院合作进行的加硼烧结矿性能研究及高炉冶炼试验中，以硼镁矿粉作为添加剂，取得了显著改善烧结矿质量的效果。1991年东北大学与鞍钢烧结厂合作，进行了MgO质酸性球团矿焙烧性能的研究。结果表明，MgO质酸性球团矿比普通球团矿有较好的软熔性能和中温还原性能；而配加含硼添加剂后MgO质球团焙烧温度可降低50℃以上，球团矿的滴落温度可保持不变，熔化温度有所降低，而且初渣流动性好，软熔带透气性改善，料层压差明显降低；试验还发现，镁质球团加入含硼添加剂后生球爆裂温度有所降低[2]。

1.1.1 硼对烧结矿和球团矿的作用效果

1.1.1.1 硼对烧结矿的影响

A 抑制烧结矿的风化

国内首钢等钢铁企业烧结配加硼泥的试验与工业生产均表明：加入硼泥可使烧结矿的自然粉化得到抑制或降低。1975年首都钢铁公司钢铁研究所与北京钢铁学院合作进行的试验表明：在烧结矿中配加极少量的硼（元素B含量为0.006%～0.01%）便可抑制烧结矿的风化，硼泥的最小加入量为1.0%～1.6%；随着硼泥加入量的增加，烧结矿的风化基本消除[3]。张店钢铁厂在烧结混合料中配加

1.5% 和 2.0% 的硼泥，可使烧结矿的 24h 风化率分别减少到 3.34% 和 0.24%，10 天的自然粉化率分别减少到 6.47% 和 2.42%[2]。

B 对烧结矿的常温强度的影响

张店钢铁厂在烧结料中配加 1.5% 和 2.0% 的硼泥，使烧结矿的转鼓指数分别提高了 2.06% 和 1.3%[2]。本溪钢铁厂在烧结料中配加 3.0% 的硼灰泥粉，使转鼓指数提高了 8.4%。邢台钢铁厂烧结矿配加 4.0% ~4.5% 硼泥，在 $24m^2$ 烧结机上进行的试验结果为：转鼓指数增加了 3.72%[4]。二六七二工厂配加 2.0% 硼泥在 $24m^2$ 烧结机上进行的试验结果表明：烧结矿的转鼓指数提高了 0.35%。但 1988 年鞍钢东鞍山烧结厂在烧结混合料中配加 1.5% ~2.0% 的硼镁铁矿，使烧结矿中平均硼含量达到 0.032%，实验室试验及 $75m^2$ 烧结机试验均表明：烧结矿的常温强度未见提高，特别是工业试验，烧结矿的转鼓指数还降低了 0.44%[5]。

C 对烧结矿还原性的影响

张店钢铁厂在烧结矿中配加 2.0% 硼泥后，其 900℃ 还原度提高了 3.24%[2]。宣化钢铁厂在烧结矿中配加 2.0% 硼泥，其 900℃ 还原度提高了 5.99%，关系见图 1-1[6]。但鞍山钢铁厂在烧结矿中配加 1.5% ~2.0% 硼铁矿粉，其 900℃ 还原度下降了 0.38%[5]。

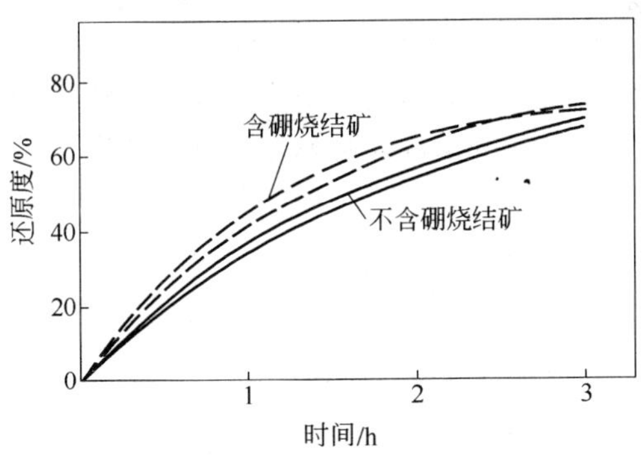

图 1-1 含硼烧结矿的还原度与时间的关系

D 对烧结矿软熔性的影响

张店钢铁厂配加 2.0% 硼泥烧结矿的软化开始温度提高了 68℃，

软化终了温度提高了65℃，软化温度区间缩小了3℃[2]；宣化钢铁厂配加2.0%硼泥烧结矿的软化开始温度提高了30℃，软化温度区间缩小了10～20℃，如图1-2所示[6]。但鞍山钢铁厂配加1.5%～2.0%硼镁铁矿的烧结矿，其软化开始温度却稍有降低[5]。总的来说，含硼添加剂能够改善烧结矿的软熔性。

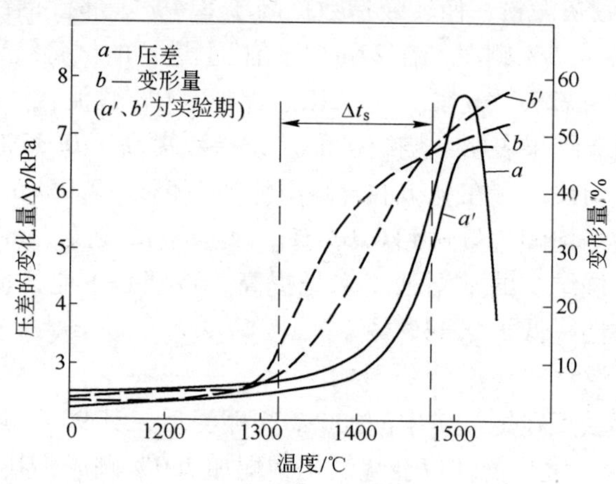

图1-2 含硼烧结矿的软熔滴落曲线

E 对烧结矿低温还原粉化率的影响

张店钢铁厂配加2.0%硼泥的烧结矿，其550℃的还原粉化率由21.35%下降到13.65%[2]；鞍山钢铁厂配加1.5%～2.0%硼镁铁矿，烧结矿的低温还原粉化率下降了5.01%[5]；宣化钢铁厂的实验室结果为：配加2.0%硼泥的烧结矿，其低温还原粉化性能未得到改善[6]。

1.1.1.2 硼对球团矿的影响

A 显著提高球团矿的冷强度

实验室试验研究及工业试验表明[7,8]：对于采用某些原料生产球团矿时配加一定数量的硼，可显著提高球团矿的冷强度。如：1979年9月至1980年4月，凌源钢铁厂在保国铁精矿生球中加入2.0%硼泥及消石灰，碱度为0.53，分别在1150℃、1200℃和1250℃温度下焙烧，抗压强度较未加硼泥时分别提高了1.25、0.29和0.26倍。硼对提高石灰石熔剂性球团矿冷强度的作用更加明显，如1992年北京科技大学试验表明，配加石灰石粉、碱度为1.0的铁精矿生球，在1160℃温度下焙烧，球团矿的抗压强度为2354N/个球，而配加1.5%和3.0%硼泥后，在1160℃温度下焙烧，抗压强度分别达到了2693N/个球和3332N/个球，较未加硼泥时分别提高了339N/个球和978N/个球。

B 改善球团矿的化学成分

由于硼泥中含有对炼铁有用的矿物，如B_2O_3、MgO、CaO、Fe_2O_3等，这些矿物总量可达到50%以上，尤其含MgO量较高，且含SiO_2和Al_2O_3之和也显著低于膨润土。因此，在球团配料中加入一定数量硼泥，并适量减少膨润土数量时，球团矿的铁含量没有多大变化，而扣除CaO和MgO以后的含铁量及二元、三元、四元碱度有所提高，尤其以MgO量增加得较多。

C 对球团矿焙烧温度及焙烧区间的影响

试验表明[7-9]：加硼后，球团的焙烧温度降低、焙烧温度的区间扩大。这可以从表1-1和表1-2看出。由于硼可以降低球团的焙烧温度、扩大焙烧温度区间，从而可扩大低温焙烧区间，因此可以显著提高低温焙烧球团矿的强度，减少欠烧球和过熔块的产生，球团矿的质量均匀性得以改善。硼泥对球团矿的各种性能影响见表1-1和表1-2[9]。

表1-1 凌钢加硼泥球团矿原料配比及生球性能

样 号	保国铁精粉/%	华铜铁精粉/%	消石灰/%	沈阳硼泥/%	膨润土/%	抗压强度/kg·个$^{-1}$	落下强度/次
基准期	75.0	20.9	3.5	—	1.5	2.2	—
试验期	93.2	—	4.8	2.0	1.0	1.8	4.3

表1-2 凌钢加硼泥球团矿试验结果

样 号	抗压强度/N	转鼓指数/%	还原度/%	还原转鼓/%	最大膨胀率/%	膨胀后状态	$T_{10\%}$/℃	$T_{40\%}$/℃	ΔT/℃
基准期	1850	77.3	92.4	38	6.1	完好	1040	1118	78
试验期	2270	86.7	92.9	49	7.7	完好	1050	1118	69

1.1.1.3 含硼球团矿、烧结矿的高炉冶炼效果

A 高炉顺行稳定、产量提高

凌源钢铁厂高炉冶炼配加硼泥球团矿和烧结矿时，炉况稳定顺行，料柱透气性指数平均提高了11%，崩、悬料次数显著减少，入炉风量增加，产量平均提高了8%左右[9]。邢台钢铁厂、宣化钢铁厂等冶炼配加硼泥球团矿和烧结矿亦获得类似效果。

B 生铁质量提高

高炉冶炼配加硼泥球团矿和烧结矿时，在炉渣碱度维持不变或稍有降低的情况下，由于渣铁的热量充沛、流动性好、炉渣活性高、脱硫能力强，因此使生铁含硫量有所降低。

另外，在高炉冶炼条件下有极少量的硼元素被还原进入生铁，生铁中含有少量的硼元素有其独特的好处：将大大提高钢的淬透性，增加钢的硬度和抗拉性能。而且，在生产铸造生铁过程中，生铁中含有微量硼元素会显著提高铸铁的耐磨强度，且符合铸造生铁对硼的最大允许限度为0.005%～0.01%的要求。

C 金属铁损失减少

由于冶炼加硼球团矿和烧结矿时，渣铁热量充沛、流动性好，因此在渣铁沟和铁水罐中的凝铁数量会减少，金属铁的消耗量相应地降低。

D 石灰石等辅助材料消耗量减少

由于冶炼配加硼泥球团矿和烧结矿时，炉渣脱硫能力加强，允许降低炉渣碱度进行操作，从而可降低焦比，这样就可使石灰石消耗量减少，并可减少或取消为改善炉渣流动性而加入的炉渣稀释剂。

E 焦比降低

凌源钢铁厂和鞍钢等的一些高炉冶炼配加硼泥球团矿和烧结矿时，焦比都有所降低，有的降低得很明显。

F 炉尘吹出量减少

由于配加硼泥的球团矿和烧结矿冷强度高、自然粉化被抑制、低温还原粉化得以改善等原因，高炉透气性改善，从而使高炉冶炼时煤气灰吹出量减少。

鞍钢高炉冶炼配加硼泥试验指标校正结果见表1-3[5]。

表 1-3 鞍钢 9 号高炉加硼泥试验指标校正结果

校正量	日产量 /t·d^{-1}	一级品率 /%	综合焦比 /kg·t^{-1}	综合强度 /t·(m^3·d)$^{-1}$	参数			
					透气性指数	崩料	坏风口 /个·万吨$^{-1}$	坏渣口 /个·万吨$^{-1}$
基准期	1925.7	56.25	549.75	1.088	2010.0	0	0.260	1.039
试验期	2013.0	64.09	535.80	1.114	2011.3	1	0.191	0.764
比较值	+87.3		−13.95					
实际校正	+38.26	+7.84	−4.48	+0.026	+1.3	+1	−0.069	−0.275

1.1.2 镁对烧结矿和球团矿的作用效果

1.1.2.1 镁对烧结矿的影响

A MgO 对烧结矿冷强度的影响

一般认为，MgO 对烧结矿的冷强度会产生不利的影响。文献报道，MgO 含量每增加 0.1%，烧结矿转鼓强度降低 0.6%。S. C. Panigraphy 等人[10]认为，MgO 对烧结矿常温强度的影响与 $w(MgO)/w(CaO)$有关，在 $w(MgO)/w(CaO)<0.6$ 时，强度随 MgO 增加而下降；当 $w(MgO)/w(CaO)>0.6$ 时，强度随 MgO 增加而提高。然而，邢钢烧结生产试验[11]的结果与此恰恰相反，图 1-3、图 1-4 给出了该厂烧结矿 MgO 含量与落下强度和转鼓指数的关系曲线。

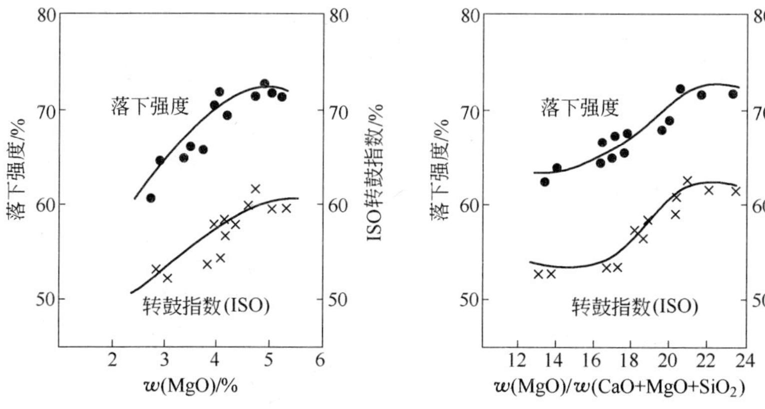

图 1-3 MgO 含量与落下强度和转鼓指数的关系

图 1-4 $w(MgO)/w(CaO+MgO+SiO_2)$ 与烧结矿强度的关系

显然，在邢钢烧结试验中，随 MgO 含量的提高，烧结矿落下强度和转鼓强度都得到了不同程度的改善。

B 镁对烧结矿高温性能的影响

包钢试验表明[12]，普通高碱度烧结矿开始软化温度为1116℃，当烧结矿中 MgO 增加到3%以上时，软化温度普遍提高到1170～1200℃，提高了50～80℃。

文献报道[11,12]，实验室烧结高 MgO 烧结矿熔化温度可提高130～160℃，但某次工业试验中开始熔化温度仅提高88℃，熔化终了温度提高28.5℃（这可能与现场条件有关），虽然该厂在当时条件下工业试验中熔化温度提高幅度不大，但适量增加 MgO 有提高熔化温度的趋势是毫无疑问的。

C 镁对烧结矿低温粉化率的影响

据报道[13]，烧结矿中 MgO 含量每增加0.1%，小于3.15mm 烧结矿的还原粉化率增加0.35%，即烧结矿粉化性能变坏；但有试验表明，MgO 含量从1.7%增加到1.9%，小于3.15mm 烧结矿的还原粉化率从28.8%减少到27.7%，即低温粉化率得到改善。图1-5、图1-6所示为邢钢烧结矿 MgO 含量与自然粉化率的关系曲线[11]。

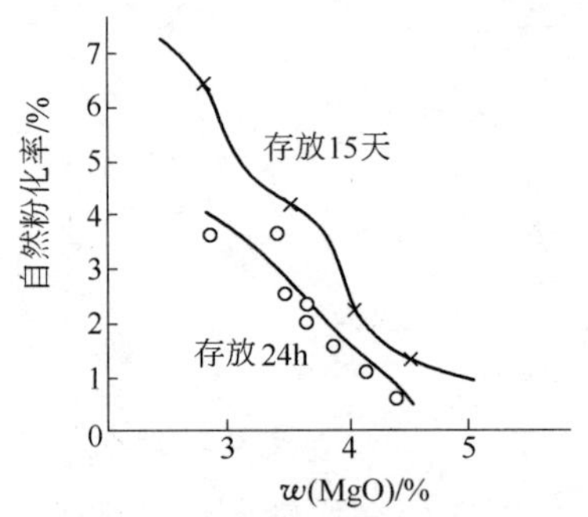

图1-5 MgO 含量与自然粉化率的关系

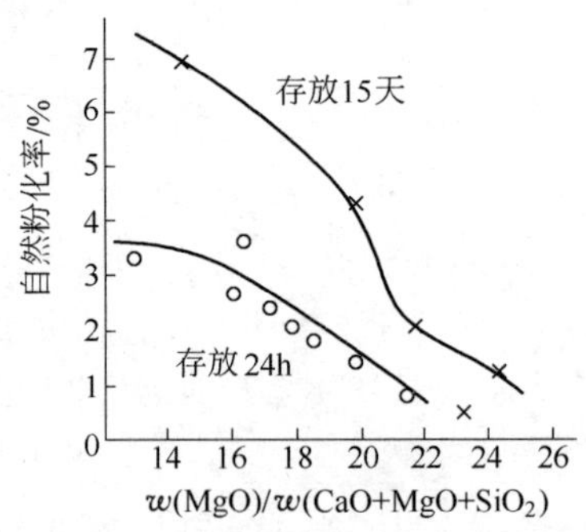

图1-6 $w(MgO)/w(CaO+MgO+SiO_2)$ 与自然粉化率的关系

D 镁对烧结速度或烧结机利用系数的影响

文献报道[14]，通过添加白云石把 MgO 含量从0.8%提高到

1.7%，烧结利用系数从32.4t/(m^2·d)下降到28.8t/(m^2·d)，返矿量增加，烧结矿强度降低。但二六七二工厂的试验表明，其厂生产高MgO烧结矿使烧结机利用系数提高6.17%，其主要原因是加镁后烧结矿转鼓强度提高，粒度组成均匀，成品率提高（提高4.44%）；同时，加镁消除了烧结矿在生产碱度条件下的粉化现象。图1-7、图1-8所示为邢钢烧结矿MgO含量与烧结生产率之间的关系曲线[11]。

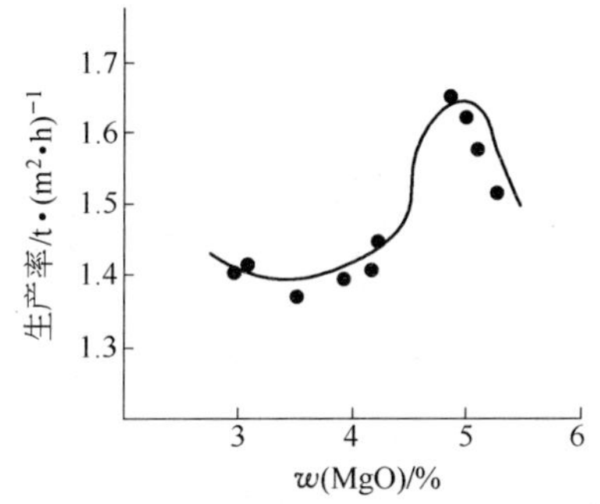

图1-7 MgO含量与烧结生产率的关系

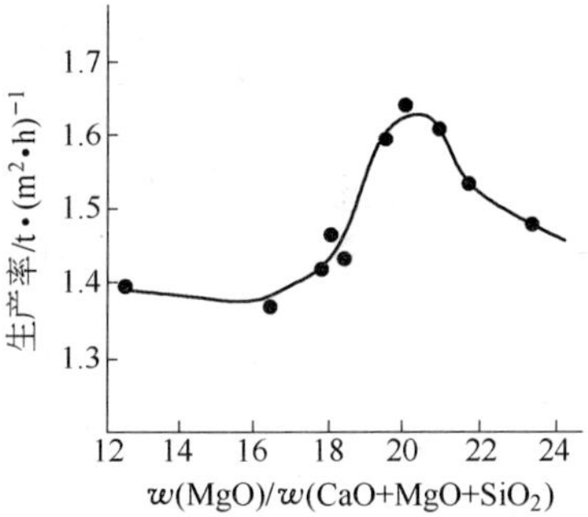

图1-8 $w(MgO)/w(CaO+MgO+SiO_2)$与烧结生产率的关系

E 镁对烧结矿还原度的影响

MgO使烧结矿中温还原度降低，高温还原度改善，这在很多文献中都有报道。图1-9所示为包钢高MgO烧结矿与高碱度烧结矿不同还原温度下的还原度比较曲线[13]。该图表明，当温度为950℃时，高MgO烧结矿的还原度比普通烧结矿低，而当温度升高到1100℃以上，则高MgO烧结矿的还原度比普通烧结矿高。因此，高MgO烧结矿的高温还原性能好。图1-10[13]所示为温度在950℃时不同MgO含量烧结矿的还原度曲线。该曲线说明950℃时烧结矿的还原性能随着MgO的增高而降低。所以，高MgO烧结矿的中温还原性能不好。

F 镁对烧结矿粒度组成和成品率的影响

前苏联的科木纳尔钢铁公司烧结厂研究了MgO对高碱度烧结矿质量的影响，结果表明[15]，MgO含量由1.3%提高到2.0%时，热烧结矿中0~5mm粉末含量减少了1.2%，据计算为每1% MgO减少

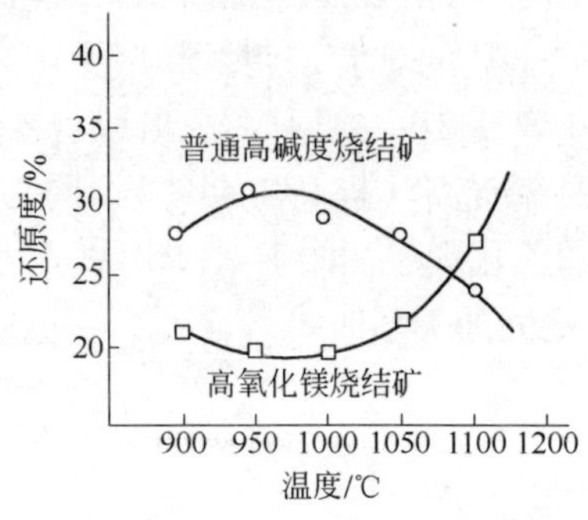

图 1-9 高 MgO 烧结矿与高碱度烧结矿不同还原温度下的还原度比较

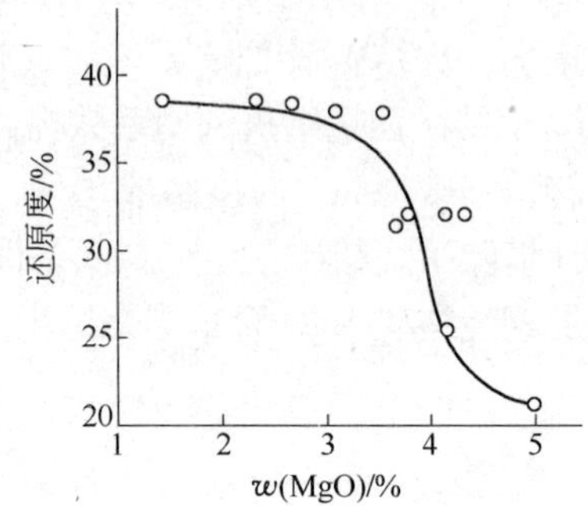

图 1-10 不同 MgO 含量烧结矿的还原度（还原温度 950℃）

2%。二六七二工厂生产表明，高 MgO 烧结矿粒度组成均匀，小于 5mm 粒级减少 5%，大于 25mm 粒级增加 12.3%，5～10mm 和 15～25mm 粒级变化不大。这对中小高炉来讲是比较合理的粒度组成。图 1-11、图 1-12 所示为邢钢烧结矿 MgO 含量与成品率的关系曲线[11]。

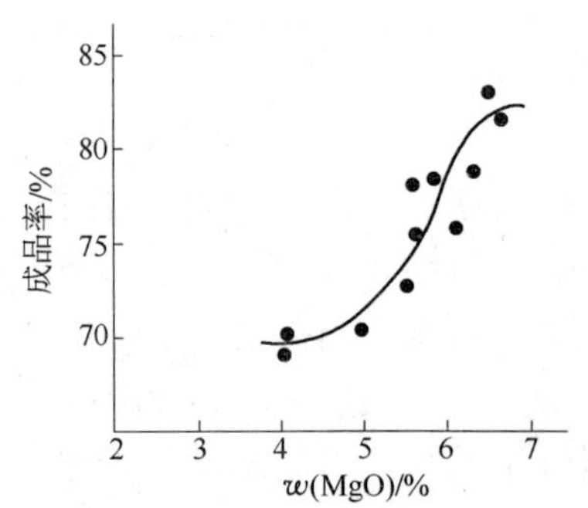

图 1-11 MgO 含量与成品率之间的关系

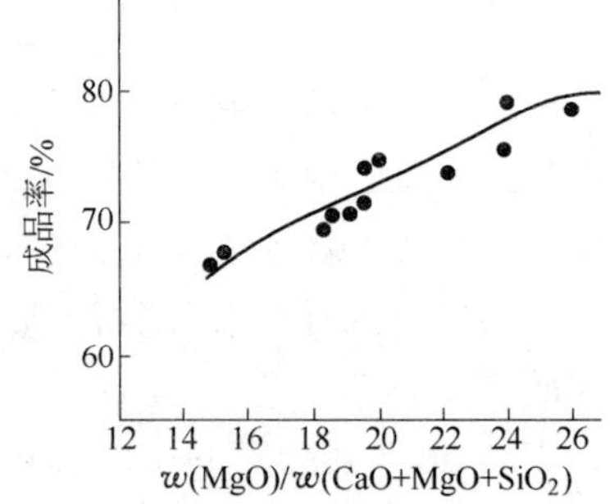

图 1-12 $w(MgO)/w(CaO+MgO+SiO_2)$ 比值与成品率的关系

G 镁烧结矿的高炉冶炼效果

包钢提高烧结矿 MgO 含量后[12]，炉内料柱透气性有所改善，冶炼强度略有提高，高炉料柱透气性指数提高了 1.03%，冶炼强度由

1.006t/(m^3·d)提高到1.027t/(m^3·d)。对试验数据的回归计算表明，在相同碱度和［Si］含量条件下，每增加1% MgO，脱硫系数 L_s 增加4.59。这是因为，适量的MgO提高了三元碱度，增加了氧负离子浓度，从而有利于炉渣脱硫。试验还表明，随MgO含量提高，炉渣排碱能力增强，与基准期相比，试验期炉渣排碱率提高了2.74%。这是因为，提高渣中MgO含量，可使炉渣中碱金属（K_2O+Na_2O）活度降低，其在炉内挥发数量减少，因而有利于炉渣排碱。

1.1.2.2 镁对球团矿的影响

A 镁对球团冷强度的影响

东北大学对马钢铁精矿生产MgO质酸性球团矿的可行性研究实验表明[16]，随 $w(MgO)/w(SiO_2)$ 比值的提高，球团矿的抗压强度下降（图1-13曲线3）。实验还表明，当膨润土用量增加时，$w(MgO)/w(SiO_2)$ 比值对生球的落下强度影响明显，但其趋势是：

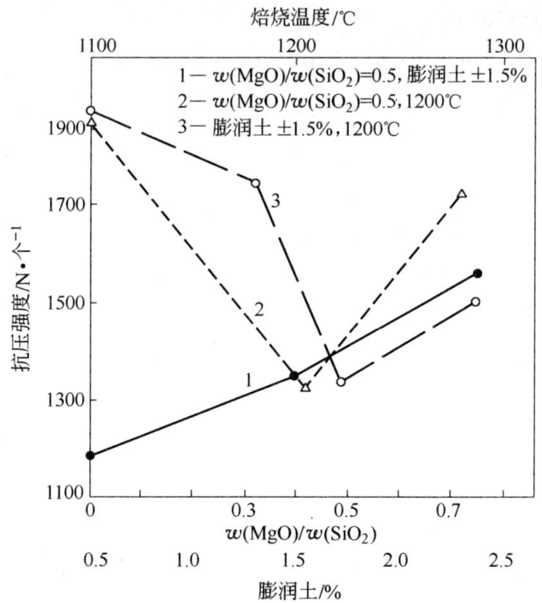

图1-13 球团抗压强度同焙烧温度、膨润土用量和 $w(MgO)/w(SiO_2)$ 比值的关系

随着 $w(MgO)/w(SiO_2)$ 比值的增加，生球落下强度提高。

B 镁对球团矿焙烧温度的影响

实验表明，MgO 质球团要求较高的焙烧温度。提高焙烧温度能显著地提高球团矿抗压强度，图 1-13 为东北大学的实验研究结果[16]，曲线 1 很好地体现了这种趋势。

C 镁对球团矿软熔性能的影响

杨兆祥等人的研究表明[16]，球团矿配加 MgO 后，开始软化温度与普通酸性球团矿相差不大。但熔化温度和滴落温度随 $w(MgO)/w(SiO_2)$ 比值的提高而升高。软化区间随 $w(MgO)/w(SiO_2)$ 比值的提高而扩大，但不足以影响料层透气性。同时，配加 MgO 后熔融区间基本不变，但此区间的最大压差较普通酸性球团矿的要低得多（由 800×9.8Pa 降至约 400×9.8Pa）。图 1-14[16] 所示为 MgO 含量与荷重软化温度的关系曲线。该图说明，随 MgO 含量的增加，球团矿的软化开始温度和熔化温度都有所提高。

D 镁对球团矿还原性能的影响

图 1-15 为东北大学对 MgO 质酸性球团还原性能的实验研究结果[17]。该图表明，MgO 质酸性球团的高温还原性能较好。鞍钢钢研

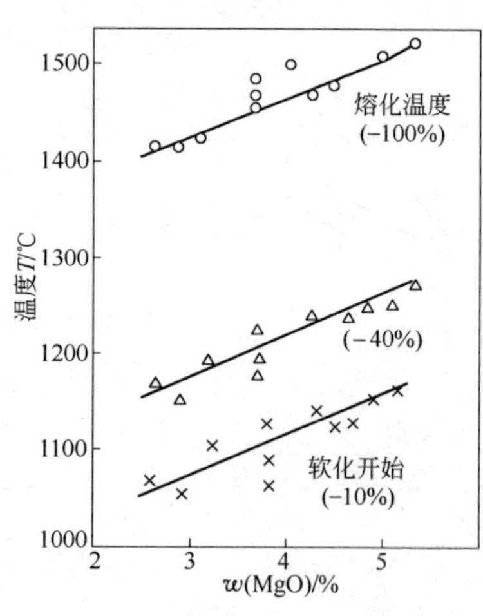

图 1-14 MgO 含量与荷重软化温度的关系

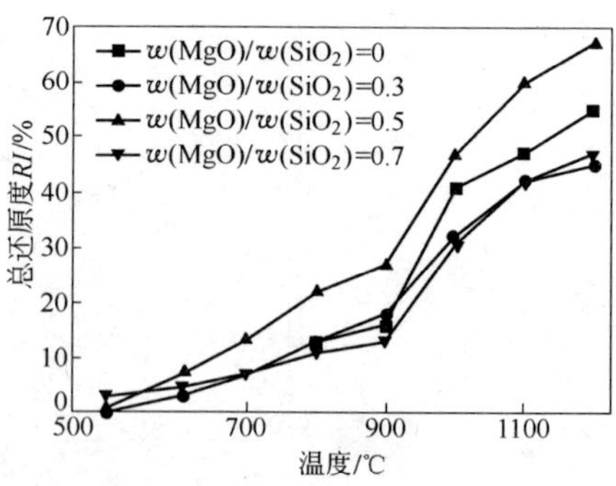

图 1-15 不同 $w(MgO)/w(SiO_2)$ 比值的球团矿的还原曲线

所研究表明，随 MgO 含量的增加，球团矿的低温还原率降低。当 MgO 为 4% 左右时，低温还原率由不加 MgO 的 76.04% 降到 61% 左右；而 MgO 同样为 4.0% 的自熔性球团矿还原率升高到 88.30%，如图 1-16 所示。

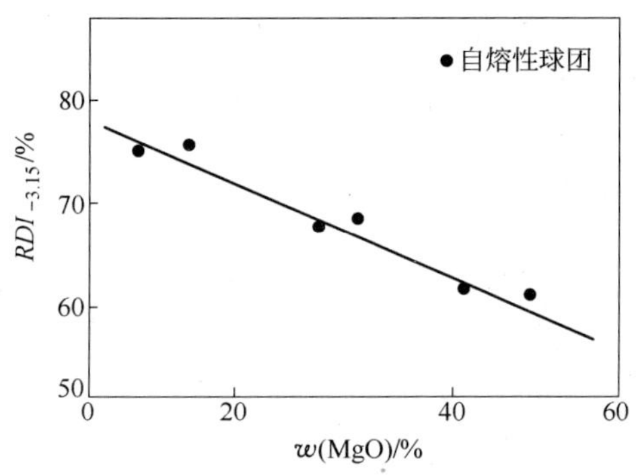

图 1-16 MgO 对低温还原粉化率的影响

E 镁对球团矿膨胀率和还原后抗压强度的影响

加 MgO 有利于降低球团矿的膨胀率和改善还原后球团矿的抗压强度。东北大学实验表明[17]，$w(MgO)/w(SiO_2)$ 比值从零增加到 0.5 时，膨胀率从 13.97% 降至 11.93%，还原后的抗压强度从 330N/个升高至 379.5N/个。图 1-17 为鞍钢钢研所对加 MgO 的酸性

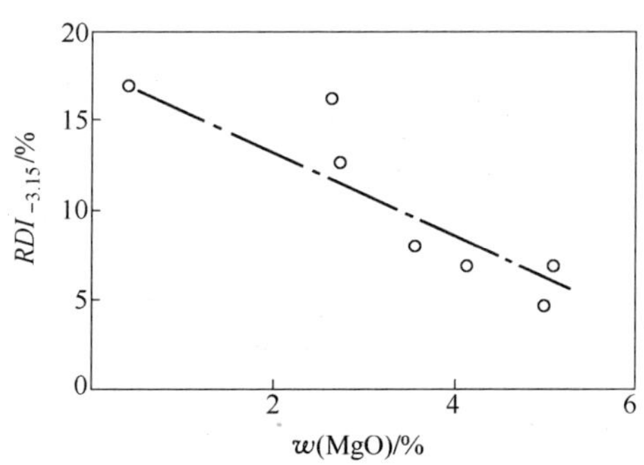

图 1-17 MgO 含量对酸性球团矿还原粉化率的影响

球团还原粉化率的测试结果[18]。该图表明，随球团矿中 MgO 含量提高，还原粉化指数降低。鞍钢钢研所还给出了中温还原膨胀率及球团抗压强度与 MgO 含量之间的关系曲线，如图 1-18 所示[18]。

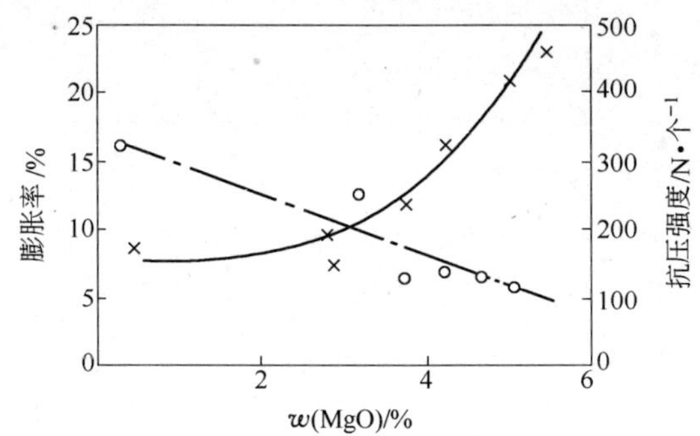

图 1-18 MgO 含量膨胀率及抗压强度的关系（900℃还原率 30%）

1.1.3 含硼、镁烧结矿和球团矿的工业应用试验效果

在对铁矿粉造块中同时加入含硼及含镁物质的实验研究中，发现 B_2O_3 与 MgO 具有明显的交互作用，B_2O_3 与 MgO 相互弥补各自对烧结矿和球团矿冶金性能的不利影响。同时加入 B_2O_3 与 MgO 比单独加入任何一种物质，对改善烧结矿质量更为有效。

1.1.3.1 硼镁复合烧结矿的试验效果

在与唐山国丰钢铁公司联合在 $24m^2$ 烧结机和 $180m^3$ 高炉上对加入硼镁复合添加剂的烧结混合料进行了试验。烧结试验表明，配入硼镁复合添加剂后，转鼓指数从基准期的 68.99% 提高到 72.89%，烧结机利用系数从基准期的 1.565t/(m^2 · h)提高到 2.093t/(m^2 · h)，机烧返矿从基准期的 135.15kg/t 下降到 46.84kg/t，燃料消耗由 92.85 kg/t下降到 54.04kg/t；高炉冶炼试验表明，加入硼镁复合添加剂的烧结矿入炉冶炼，焦比从基准期的 630.43kg/t 降低至 519.69kg/t，高炉利用系数从基准期的 2.315t/(m^3 · d)提高至 3.955t/(m^3 · d)，冶炼强度由基准期的 1.459t/(m^3 · d)提高到 1.536t/(m^3 · d)。

1.1.3.2 硼镁复合球团矿的试验效果

东北大学对活性 MgO 和硼镁复合球团矿的试验表明[17]，使用活性 MgO 作为单一添加剂或复合添加剂，可提高球团抗压强度 300～800N/个，因此，球团焙烧温度可降低。在鞍钢总厂实验室的大焙烧杯上模拟带式焙烧机的热工制度试验证明，活性 MgO 和硼镁复合添加剂加入后，可使球团矿抗压强度提高 400～1300N/个，耐磨指数和转鼓指数均有明显改善。

东北大学对 $w(CaO)/w(SiO_2)$ 为 0.5 的加硼 MgO 质酸性球团矿的软熔性和还原性进行了实验[17]。结果表明，MgO 质酸性球团加入含硼添加剂后，球团矿滴落温度保持原来的较高水平，熔融区间加宽或不变，但软熔层透气性明显改善；虽然球团矿的中、高温还原性有所降低，但仍超过或不低于普通酸性球团矿。图 1-19、图 1-20 和图 1-21 所示为本次实验的软熔特性曲线。

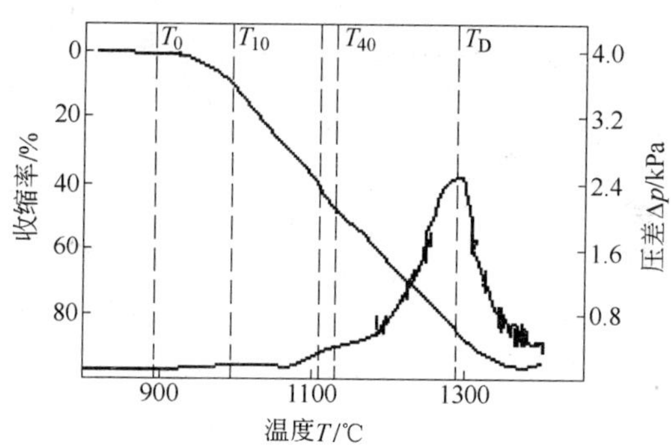

图 1-19 普通酸性球团矿软熔特性

凌源钢铁公司对铁精矿加氧化硼球团矿进行了试验，结果表明，球团中加入适宜的硼，可使焙烧温度降低 70～100℃，球团矿质量得到显著改善，球团矿抗压强度达到 2000～2200N/个球，ISO 转鼓指数达到 84%～86%，球团矿还原后不破裂、外形完好，还原转鼓指数提高 13.8%。此球团矿在 $100m^3$ 高炉冶炼，炉况顺行，利用系数从 $1.4t/(m^3 \cdot d)$ 提高到 $1.74t/(m^3 \cdot d)$，焦比从 716kg/t 降低至 630kg/t。

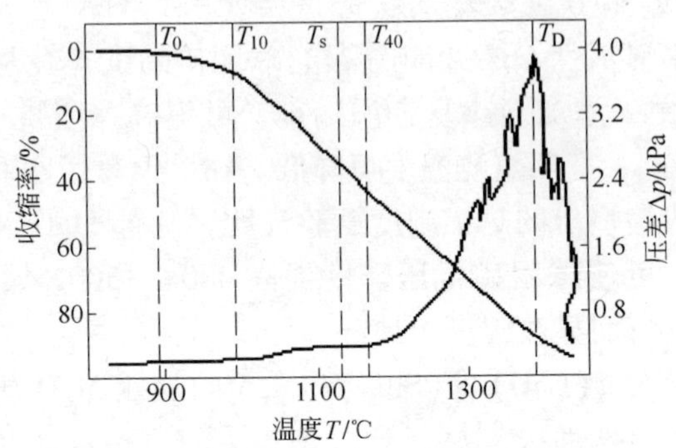

图 1-20 $w(MgO)/w(SiO_2)$为 0.5 的酸性球团矿的软熔特性

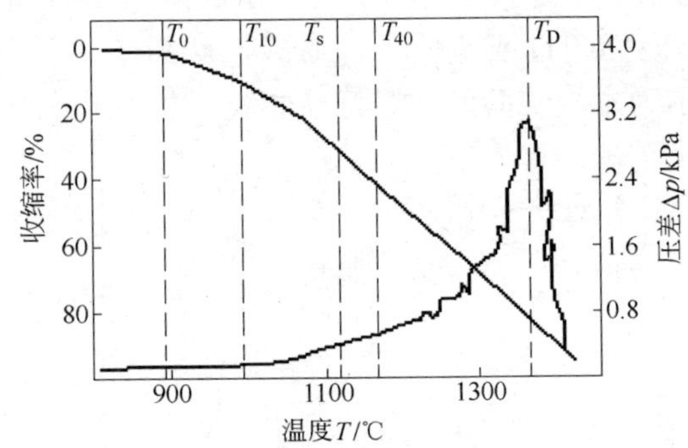

图 1-21 硼镁复合球团矿的软熔特性

1.2 铁矿粉造块应用硼镁添加剂工艺试验

1.2.1 硼源、镁源的选择

1.2.1.1 含硼添加剂简介

含硼添加剂最早用于烧结，20 世纪 80 年代开始用于球团。工业上常用的含硼添加剂主要有：硼泥、硼灰泥粉、硼铁矿等。

A 硼泥

硼泥是硼化工厂用硼镁石和硼镁铁矿石为原料制取硼砂（$Na_2[B_4O_7]\cdot 10H_2O$）或硼酸（H_3BO_3）的残余物，是多种无机化合物的混合物。硼泥的主要成分是 $Mg(OH)_2$ 和 $3MgCO_3 \cdot Mg(OH)_2$，主要矿物有方解石（$CaCO_3$）、镁橄榄石（$2MgO \cdot SiO_2$）、磁铁矿（Fe_3O_4）、蛇纹石（$Mg_6[Si_4O_{10}](OH)_8$）等。硼泥中含有一定数量的 B_2O_3（约4%），含 MgO 很高，其中含 CaO、MgO、Fe_2O_3 等对烧结球团矿有用的矿物在50%以上，含 SiO_2 10%～25%，含 Na_2O、K_2O 之和小于1%。硼镁石和硼镁铁矿石经过高温焙烧，矿物结构发生变化，脱去结晶水形成疏松多孔的物质，因此使硼泥具有较高的化学活性。其 pH 值为9.8，呈碱性。硼泥的比表面积为3500～3800 cm^2/g，具有较好的可塑性和黏结性。硼泥的粒度很细，-0.096mm 粒级可达100%。但在露天存放时，常因风干黏结成大小不同的硼泥块，故在使用前需细磨至-0.074mm 粒级达到80%以上才可用作球团添加剂，粉碎到0～3mm 后可用作烧结添加剂。

B 硼灰泥粉

近年来，某些化工厂为了综合利用硼泥和治理环保，将硼泥加工成更适合烧结需要的一种新型添加剂——硼灰泥粉。它与硼泥有所不同，其化学组成中 SiO_2 比硼泥略低，反应活性大，粒度细，不成团结块，即使冬天也不易冻结，在烧结上的应用价值优于硼泥。

C 硼铁矿

我国硼资源主要在辽宁、吉林的硼镁石矿（俗称白矿，$2MgO \cdot B_2O_3 \cdot H_2O$）和硼铁矿（俗称黑矿，$3MgO \cdot B_2O_3(FeMg)O \cdot B_2O_3$，亦称硼镁铁矿），在青海的钠硼解石（$Na_2O \cdot 2CaO \cdot 5B_2O_3 \cdot 16H_2O$）、柱硼镁矿（$MgO \cdot B_2O_3 \cdot 3H_2O$），在西藏的天然结晶硼砂、含硼湖泥、含硼湖水，在四川的含硼卤水中。目前工业上开采利用的主要是硼镁石矿（用于制硼砂），但由于其产量低，现已面临资源枯竭的危险。硼铁矿是硼铁共生的复合矿，其中还有相当数量的对炼铁生产有用的 MgO 成分。因此，综合利用硼铁矿是个十分迫切的任务。硼铁精矿粉的成分为 $w(Fe)$50%～54%，$w(B_2O_3)$6%～8%，$w(MgO)$13%～15%，$w(SiO_2)<5\%$，硼铁矿粉的成分为：$w(Fe)$约30%，$w(B_2O_3)$6%～7%，$w(MgO)$24%～25%，$w(SiO_2)$10%～19%。

D 硼酸

硼酸是 B_2O_3 的水溶物 H_3BO_3，一般纯度高达96%以上，B_2O_3

(即硼酐)是酸性氧化物，它有两种结晶变态(其熔点分别为294℃和465℃)，通常以玻璃体出现，600℃左右熔融，约在1800℃沸腾，有吸湿性。

1.2.1.2 含镁添加剂简介

目前，工业生产中常用的含镁添加剂主要有蛇纹石、白云石、高镁石灰、菱镁矿以及橄榄石等。

A 蛇纹石

蛇纹石属于层状结构的硅酸盐矿物，其化学组成为 $w(MgO)$ 43%，$w(SiO_2)$ 44.1%，$w(H_2O)$ 12.9%。常含类质同象混入物Fe、Mn、Ni、Cr、Al等。一般呈显微叶片状、显微鳞片状、致密块状集合体，也有的呈胶状。其物理性质，蛇纹石颜色有绿色、深绿、黑绿、黄绿，常具有蛇皮状青、绿色的斑纹；块状的呈油脂光泽或蜡状光泽，纤维状的呈丝绢光泽；硬度2~3.5，相对密度2.2~3.6。蛇纹石主要是由超基性岩，如橄榄石和辉石岩等经过热液蚀变而形成的。造块中加入蛇纹石主要是利用其高镁含量来改善烧结矿、球团矿的高温性能，但由于其 SiO_2 含量高，只适用于低脉石的铁矿粉造块。

B 白云石

白云石属于碳酸盐矿物，其化学组成为 $w(CaO)$ 30.41%，$w(MgO)$ 21.86%，$w(CO_2)$ 47.73%。常含Fe、Mn类质同象混入物，偶含Co、Zn、Pb的类质同象混入物。常呈菱面体晶形，晶面常弯曲成马鞍状。集合体常呈粗粒至细粒状，有时呈多孔状、肾状。其物理性质，纯者为无色透明，通常多为白色，含铁者为黄褐色或褐色，含锰的微显淡红色，玻璃光泽，硬度3.5~4；相对密度2.85，含锰的可达2.9，铁白云石为2.9~3.1，性脆。

C 高镁石灰

高镁石灰的主要成分为 $w(CaO)$ 47%~57%，$w(MgO)$ 27%~38%。高镁石灰是CaO与MgO天然的混合物，消化后呈一种微细的粉末状，MgO能均匀地分布在混合料中。高镁石灰粒度细，比表面积大，从而弥补了MgO本身反应能力差的不足，易于分布在各黏结相并充分矿化，形成晶形较完好且稳定性好的黏结相。

D 菱镁矿

菱镁矿是常见的碳酸盐矿物，其化学组成为 $w(MgO)$47.81%，$w(CO_2)$52.19%。常含有 Ca、Mg、Fe，有时含有 Co、Ni 等。$MgCO_3$ 和 $FeCO_3$ 之间可形成完全类质同象系列。其物理性质，白色或灰白色，含 Fe 呈黄色或浅褐色，含 CaO 呈淡红色，含 Ni 呈翠绿色，玻璃光泽，硬度 3.5～4.5，相对密度 2.98～3.48。

E 橄榄石

橄榄石是镁橄榄石与铁橄榄石完全类质同象系列的中间产物。一般含 $w(MgO)$40%～50%，$w(FeO)$8%～12%，$w(SiO_2)$24%～43%。颜色呈橄榄绿色，或黄绿、浅灰绿、绿黑色，具有玻璃色泽，硬度 6.5～7，相对密度 3.27～4.37（随含铁量的增大而增大）。镁橄榄石是二价元素的正硅酸盐，具有典型的孤立硅氧四面体构造。其化学组成为 $w(MgO)$ 57.2%，$w(SiO_2)$ 42.8%。可含 $w(2FeO \cdot SiO_2)$0～10%。此外尚含有少量 Na_2O、K_2O 和 Al_2O_3 等混合物。斜方晶系，晶体呈三相等长状。集合体具有粒状特征。颜色为白、淡黄或淡绿。硬度 6.5～7，相对密度 3.22～3.33。熔点 1890℃。遇酸分解成胶状。橄榄石作为铁矿粉造块的添加剂，其作用与蛇纹石基本相同，但 SiO_2 含量较蛇纹石的低。

1.2.1.3 硼源及镁源的选择

A 硼源的选择

通过对硼泥和硼酸进行比较，选择了硼酸。最初硼源选择了硼泥，但经过试验表明，其效果极不稳定，时好时坏。经实验室反复进行烧结杯烧结试验、硼泥化学成分测定，发现：使用硼泥不稳定的原因除硼泥易结块分布不均匀外，还存在硼泥中硼含量不稳定的问题，这是使用硼泥所无法克服的问题，因为硼泥是采用硼镁矿制取硼砂时的废料，化工厂在生产硼砂时追求的是硼的浸出率，而浸出率又决定于矿石的品位、焙烧效果等多种因素。这样就造成即使来自同一厂家在不同时期弃出的硼泥，其硼含量也会有较大差别。而硼酸恰能有效地解决上述问题，以硼酸作为烧结球团添加剂，可以以溶液的形式加入，弥散度大、分布均匀，作用发挥充分，而且它带入的杂质少，有利于人造富矿的高品位。鉴于上述原因，硼源决定采用硼酸。

B 镁源的选择

根据我国含镁矿物的特点，过去多数企业选择白云石作为镁源。但经实验发现，加入白云石影响料层透气性，降低烧结生产利用系数。为此选择了高镁石灰作为镁源进行工业试验。试验在 $24m^2$ 烧结机及配套设备上进行。高镁石灰在配料室配入并打水消化。实验结果表明，与未配加高镁石灰相比，混合料的平均直径由 4.51mm 增加到 5.26mm，实测透气性指数由 36.78 增加到 43.46；并且返矿数量减少，粒度均匀性提高，不仅为强化制粒及稳定返矿平衡创造了有利条件，而且也提高了烧结矿的产率。因此，选择高镁石灰作为含镁添加剂的镁源。

综上所述，实验所用硼源、镁源为硼酸和高镁石灰。相比较，硼酸是一种粉状固体，且不含任何杂质，可以以溶剂的形式加入，弥散度高，其分布均匀，作用发挥充分，由于不带入杂质，可以提高烧结矿品位，实验效果理想。与其他含镁添加剂相比，高镁石灰的试验效果好，可以改善烧结料层的透气性，减少返矿，粒度更加均匀，提高了烧结矿的产量和质量。

1.2.2 烧结应用硼镁添加剂工艺试验

1.2.2.1 烧结实验方案

为研究硼、镁在烧结矿中的分布规律及其交互作用对烧结矿矿物组成影响规律，选定以下四种烧结矿进行试验：（1）基准样（编号 0），为不添加 B_2O_3 和 MgO 的烧结矿；（2）加镁样（编号 M），为高镁烧结矿；（3）加硼样（编号 B），为高硼自然镁烧结矿；（4）硼镁复合样（编号 MB），为配加硼镁复合剂烧结矿。

实验所用原燃料条件及粒度组成见表 1-4 和表 1-5，铁精粉为冀东磁选精矿粉。配料指标为：碱度 1.8，配碳量 4%，白灰配比 3%，外加水分 6%，控制加镁样和硼镁复合样烧结矿中的 MgO 含量为 5%，外配返矿 30%。

表 1-4 原燃料化学成分 (%)

品 名	TFe	FeO	SiO_2	CaO	MgO	Al_2O_3	S	P	烧损
铁精粉	66.4	20.5	5.67	0.97	0.80	0.49	0.025	0.007	
石灰石			1.74	49.24	4.33				42.52
白云石			1.26	29.44	21.53				46.80
白 灰			3.25	73.55	8.56				
焦粉灰分			44.12	6.5	1.00				
焦 粉	C：79.59 A：17.43 V：2.98 S：0.58								

表 1-5 原燃料粒度组成 (mm)

品 名	+5	5～3.2	3.2～2.5	2.5～1.25	1.25～0.5	-0.5
石灰石粉	0.3	3.4	7.8	28.4	25.0	35.1
白云石粉	0	3.2	8.9	27.8	20.2	39.9
焦 粉	0.83	18.3	7.3	16.7	18.0	38.8
铁精粉	<0.074mm 占 61.0%					

为研究在烧结过程中各烧结带的化学反应及矿相结构变化规律，采用了间断烧结的实验方法。间断烧结法是在高温反应正在进行时突然停烧，用高压氮气快速冷却使整个过程冻结在反应瞬间的原始状态，分层取样以准确分析出各个矿相的生成地点和时间。与常规烧结的成品矿相比较，采用间断烧结法可以较为直观地研究在烧结过程中各烧结带的化学反应及矿相结构变化规律，实现对高温过程的动态模拟。该方法的要点是在烧结杯上方距炉箅 150mm 和 200mm 处设置两支热电偶，距炉箅 200mm 处的热电偶（1 号）用于测定烧结所能达到的最高温度，距炉箅 150mm（2 号）处的热电偶用于控制烧结停止的时间。当 2 号热电偶达到最高烧结温度时，立即停止抽风，从箅条下部向上通入高压氮气，将烧结矿快速冷却。冷却后，向料柱中灌入环氧树脂，待固化后纵剖，在成矿层至燃烧层取样（取样位置如图 1-22 所示），并进行矿相显微结构分析和 X 射线能谱分析。

各烧结带位置和厚度根据垂直烧结速度和对应的温度范围求出。图 1-23 所示为基准样（试样 0）的烧结温度-时间曲线（其他试样的烧结温度-时间曲线与此相近）。由图 1-23 中最高点温度对应的时间

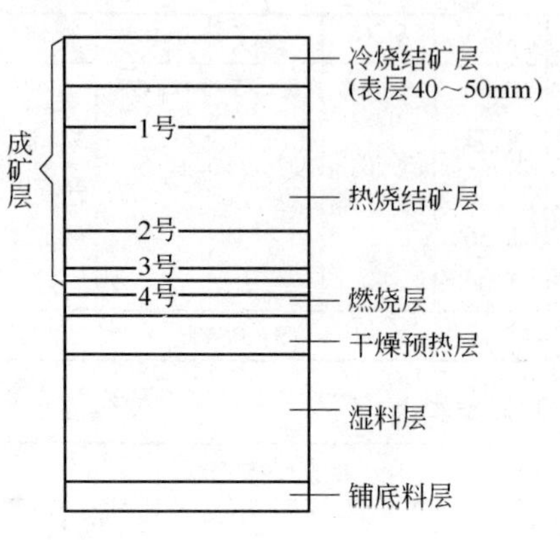

图 1-22　取样位置示意图

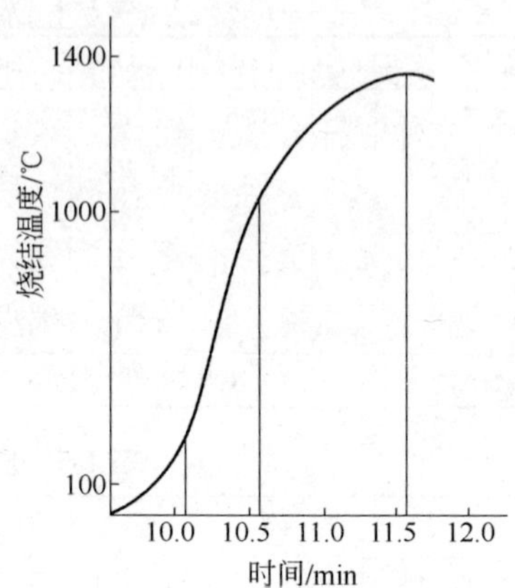

图 1-23　试样 0 烧结温度-时间曲线

和烧结厚度（420 - 150 = 270mm）可求出垂直烧结速度。将干燥预热带开始温度（也是湿料带的结束温度）定为 100℃。根据燃烧特性，将料柱的最高温度定为燃烧层的结束温度。燃烧层的开始温度（即预热带的结束温度）通过下述实验方法确定。当 2 号热电偶分别达到 800℃、900℃、1000℃、1100℃、1200℃时，停止抽风，通入氮气冷却，然后分析化验热电偶所在位置的含碳量。图 1-24 所示为基准样（试样 0）的碳含量-温度曲线。由图 1-24 可知，在温度约为 1000℃时，碳含量开始下降。所以将燃烧层开始温度定为 1000℃。因此，首先求出垂直烧结速度，再由各烧结带的开始和结束温度在烧结温度-时间曲线上对应的时间，求出各烧结带的宽度，便可定出各烧结带在料柱中的位置。然后根据需要进行取样分析。此实验按如下方法取样：

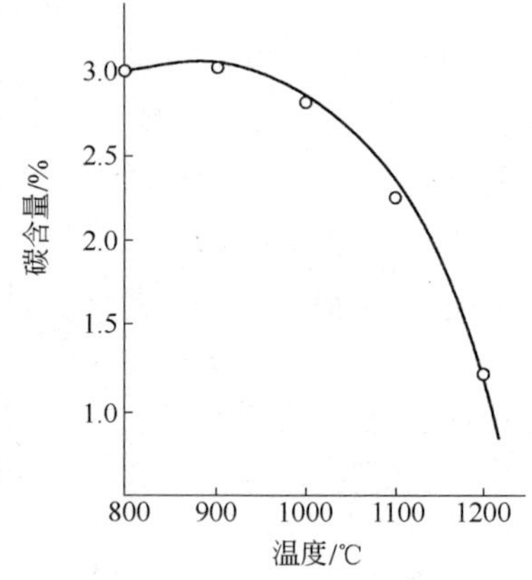

图 1-24　试样 0 的碳含量-温度关系曲线

1号带——热烧结矿层上部；2号带——热烧结矿层中部；3号带——燃烧层后沿；4号带——燃烧层。

这种取样方法，细化了燃烧层和成矿层，忽略了干燥预热层和过湿层，突出各种成分在燃烧层至成矿层的烧结矿形成过程不同阶段变化情况，更有助于分析硼镁在烧结成矿过程中的影响作用。没有在过湿层取样，主要有两个原因：一是因为过湿层是由于点火后混合料中的水分进入废气又被下部冷料冷却而在混合料中凝结形成的，因此该层中各种混合料成分基本未发生化学变化；二是由于操作因素，如混合料加水多少、混合料制粒效果、混合料是否预热以及点火负压和抽风负压的控制等不可能没有波动，因此很难判断硼镁对该层过湿程度和透气性影响的程度。没有在干燥预热层取样，主要是因为该层有部分散料掺混，同一层内不同部分的检验结果误差较大，因此硼镁在其中所起的作用难以定论。不在表面50mm内取样，是因为表面40～50mm烧结温度低，受抽入的冷空气的快速急冷，表层矿物来不及释放能量而析晶，因而玻璃质较多，内应力较大而性脆，在烧结机尾部卸矿时，被击碎筛去进入返矿，对高炉实际生产没有影响，故而忽略。

1.2.2.2 烧结实验结果及分析

所取样品分为两份，分别做化学成分分析和矿相显微分析。取样编号：基准样在1号带取样编号为0-1，在2号带取样为0-2，M试样在2号带取样为M-2……其他试样取样编制相同，如M-1，MB-2等。

A 化学成分分析结果

烧结矿化学成分分析结果见表1-6。

表1-6 烧结矿化学成分 （%）

编号	TFe	FeO	CaO	SiO_2	MgO	Al_2O_3	R_2	B	$w(MgO)/w(CaO)$
0	55.23	15.20	13.32	7.24	1.59	1.59	1.84	0	0.11
M	53.73	13.02	12.20	6.82	5.20	1.11	1.79	0	0.43
B	54.90	15.30	12.96	7.08	1.39	1.39	1.83	0.008	0.11
MB	53.74	13.38	12.77	7.01	5.10	1.17	1.82	0.020	0.40

B 矿物组成及含量

烧结矿矿物组成及体积分数见表 1-7。

表 1-7 烧结矿矿物组成及体积分数 (%)

编号	金属相			黏结相							
	磁铁矿	赤铁矿	浮氏体	铁酸钙	β-2CaSiO$_2$	CMS	黄长石	2FS	玻璃质	CaO	CFS
0-1	50~55	少量		20~25	15~20	2~3			少量		
0-2	55~60			10~15	20~25	少量			2~3		
0-3	55~60	微量		8~10	25~30	少量			5~8		
0-4	50~55	微量	少量	2~3	30~35	3~5			10~15		
M-1	55~60	微量	1~2	20~25	15~20	4~5	5~6		微量		
M-2	60~65	3~5	少量	10~15	20~25	5~6	2~3		1~2		
M-3	60~65	微量	2~3	微量	25~30	5~8	2~3		3~5	微量	
B-1	40~45	1~2		40~45	8~10				1~2		
B-2	45~50	3~5		25~30	15~20		1~2		4~6		少量
B-3	55~60	微量		3~5	20	2	少量		8~10		1~2
B-4	50~55	少量	3~5	1~2	20~25	3~5		少量	15~20	少量	5~8
MB-1	45~50	3~5	少量	20~25	5~6	10~15	少量		1~2	少量	
MB-2	40~45	3~5	少量	15~20	8~10	10~15	1~2		3~5	1~2	少量
MB-3	50~55	微量	10~15	5~8	10~15	8~13	少量		6~8	微量	少量
MB-4	40~45	微量	20~25	4~6	15~20	10~15	少量	微量	8~10	少量	少量

注：CaO 为残余，2FS 为铁橄榄石，CMS 为钙镁橄榄石，CFS 为钙铁橄榄石。

C 矿相结构及显微特征

（1）0-1 试样。0-1 试样磁铁矿多呈他形-半自形晶分布，粒度一般为 0.01~0.16mm；黏结相主要为 β-2CaO · SiO$_2$ 和铁酸钙。硅酸二钙多呈结晶粗大的纺锤状、粒状，部分与磁铁矿共晶，分布不均匀，有局部浮氏体集中的现象。铁酸钙呈针状和粒状，多分布于气孔及粒边缘，与硅酸二钙共同胶结他形磁铁矿成熔蚀结构。矿相结构不太均匀，中间为粒状结构，边缘有交织熔蚀结构。裂隙很多，有的贯通整个矿块。试样矿相结构见图 1-25。

气孔大小不一，形态较规则，分布不均匀，气孔率约 10%。

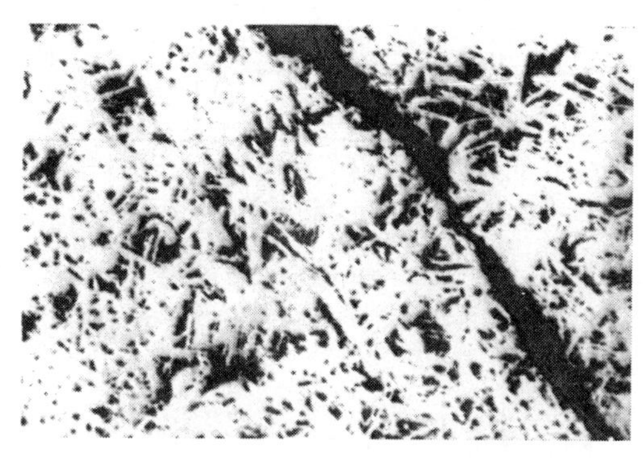

图 1-25 0-1 试样矿相结构照片（反射光 ×90）
灰白色—磁铁矿；蓝灰色—铁酸钙；黑色—硅酸二钙；暗灰色—裂隙

（2）M-1 试样。M-1 试样中磁铁矿含量很多，也多呈他形-半自形晶分布，粒度一般为 0.05 ~ 0.16mm，最大可达 0.32mm。与 0-1 试样区别较大的是磁铁矿颗粒及边缘多被熔蚀，其间被硅酸二钙、钙镁橄榄石及少量黄长石等胶结成粒状结构；黏结相主要为铁酸钙、钙镁橄榄石及 $2CaO \cdot SiO_2$，硅酸二钙在气孔周围有集中出现的现象。矿相结构较均匀，主要为斑状结构，裂隙较少。试样矿相结构见图 1-26。

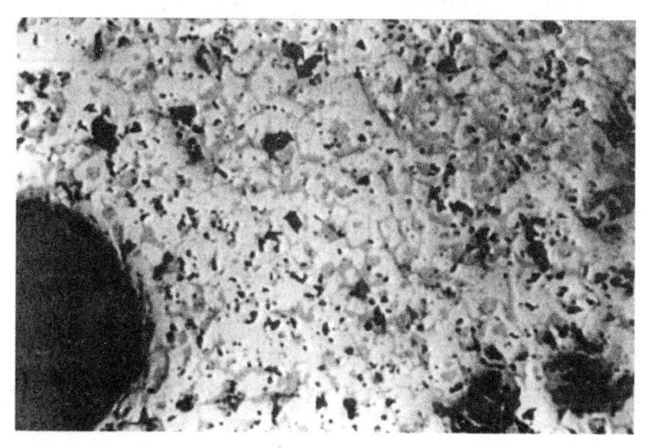

图 1-26 M-1 试样矿相结构照片（反射光 ×90）
灰白色—磁铁矿；蓝灰色—铁酸钙；黑色—硅酸二钙；暗灰色—气孔

气孔大小不一，分布不均匀，气孔率约 25%。

（3）B-1 试样。B-1 试样的显微结构均匀，属典型交织熔蚀结构，即他形细粒磁铁矿被针状、树枝状、片状铁酸钙胶结。磁铁矿多呈他形晶，但与 0-1 及 M-1 试样不同的是，B-1 试样粒度较细，为 0.01 ~0.05mm；局部可见半自形晶，粒度较粗，为 0.08mm，其间被结晶细小的硅酸二钙胶结。铁酸钙为主要黏结相，且分布均匀；赤铁矿含量很少，零星出现于矿块、气孔边缘的磁铁矿中。试样矿相结构见图 1-27。

气孔大小不一，分布不均匀，形态较规则，气孔率约 15%。

图 1-27　B-1 试样矿相结构照片（反射光 ×90）

灰白色—磁铁矿；蓝灰色—铁酸钙；黑色—硅酸二钙；暗灰色—玻璃质

（4）MB-1 试样。MB-1 试样显微结构不太均匀，既有斑状、粒状结构，又有熔蚀结构；磁铁矿多呈半自形-他形晶分布，粒度不均匀，一般为 0.01 ~0.16mm。局部可见骸晶磁铁矿。自形-半自形磁铁矿多被玻璃质及少量黄长石胶结，形成斑状结构；他形磁铁矿多被铁酸钙、硅酸二钙及钙镁橄榄石胶结，成熔蚀或粒状结构。赤铁矿含量较少，分布均匀，主要分布于矿块及气孔边缘；铁酸钙为主要黏结相。铁酸钙多呈他形和板柱状分布于块边缘，胶结他形细粒磁铁矿成熔蚀结构。另见局部集中的浑圆或树枝状的浮氏体。矿块中裂隙及显微裂纹较多。试样矿相结构见图 1-28。

图 1-28 MB-1 试样矿相结构照片（反射光 ×90）
灰白色—磁铁矿；蓝灰色—铁酸钙；黑色—硅酸二钙；深灰色—气孔

气孔大小不一，分布较均匀，气孔率较高，约 35%。

（5）0-2 试样。0-2 试样矿物组成和矿相结构与 0-1 试样相似，不同点是该样品中铁酸钙明显减少。铁酸钙呈他形、针状或树枝状，他形者熔蚀磁铁矿内部或连接两磁铁矿颗粒，树枝状者与硅酸二钙局部集中分布，β-2CaO · SiO_2 较 0-1 试样明显增多。矿相结构相对较均匀，以粒状-熔蚀结构为主。试样矿相结构见图 1-29。

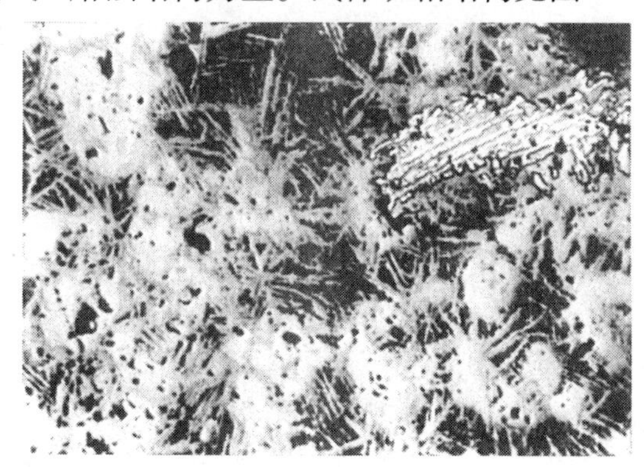

图 1-29 0-2 试样矿相结构照片（反射光 ×90）
灰白色—磁铁矿；蓝灰色—铁酸钙；黑色—硅酸二钙；白色—赤铁矿

裂纹、裂隙很多，气孔少，分布不均，形态较规则，偏小，气孔率约 8% ~10%。

（6）M-2 试样。M-2 试样中，磁铁矿粒度较 M-1 试样小，为他形-半自形晶，他形晶粒度一般为 0.03 ~0.07mm，半自形晶粒度 0.05 ~0.13mm，局部可见骸晶磁铁矿。他形磁铁矿颗粒间被铁酸钙和 β-$2CaO \cdot SiO_2$ 胶结成熔蚀结构，半自形磁铁矿间多被 $2CaO \cdot SiO_2$ 和 CMS 胶结成粒状结构。$2CaO \cdot SiO_2$ 含量明显较 M-1 试样增多。铁酸钙多呈柱状、粒状，分布不均；$2CaO \cdot SiO_2$ 多呈柳叶状，有局部集中的现象。赤铁矿含量较少，呈菱角形状分布于矿块边缘。矿相结构不太均匀，以粒状-熔蚀结构为主。有通气孔的裂隙。试样矿相结构见图 1-30。

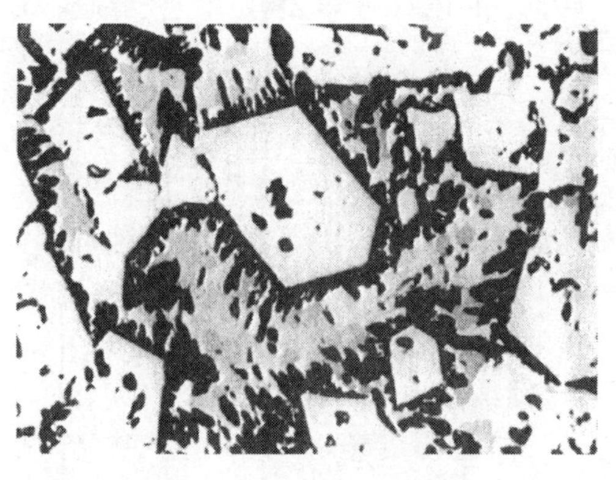

图 1-30 M-2 试样矿相结构照片（反射光 ×90）
灰白色—磁铁矿；蓝灰色—铁酸钙；黑色—硅酸二钙

气孔大小不一，分布不均匀，气孔率约 30%。

（7）B-2 试样。B-2 试样矿物组成和显微结构与 B-1 试样相似，不同点是此样品中赤铁矿含量有所增加，$2CaO \cdot SiO_2$ 结晶粒度增大，光性更明显，有局部集中现象。试样矿相结构见图 1-31。

气孔较多，围绕气孔有同心层状微裂纹分布于磁铁矿，气孔率约 22%。

（8）MB-2 试样。MB-2 试样的显微结构较 MB-1 试样均匀，以

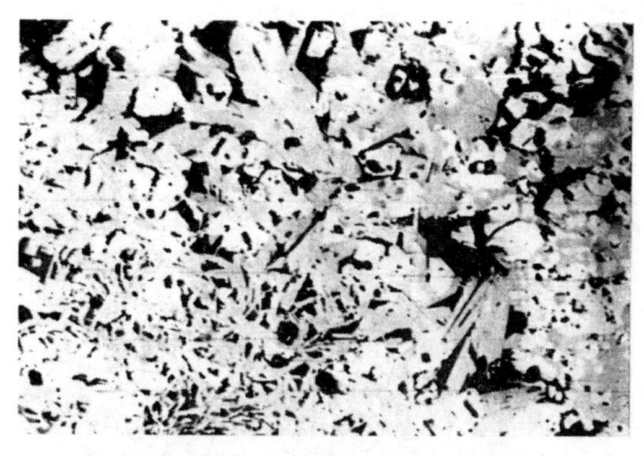

图 1-31 B-2 试样矿相结构照片（反射光 ×90）
灰白色—磁铁矿；蓝灰色—铁酸钙；黑色—硅酸二钙；暗灰色—玻璃质

熔蚀结构为主，其次为粒状、骸晶较高。矿物组成与 MB-1 试样相似，不同点是铁酸钙明显减少，$2CaO \cdot SiO_2$ 有所增加。浮氏体较少，有局部集中分布的残余 CaO。矿片中裂纹较少。试样矿相结构见图 1-32。

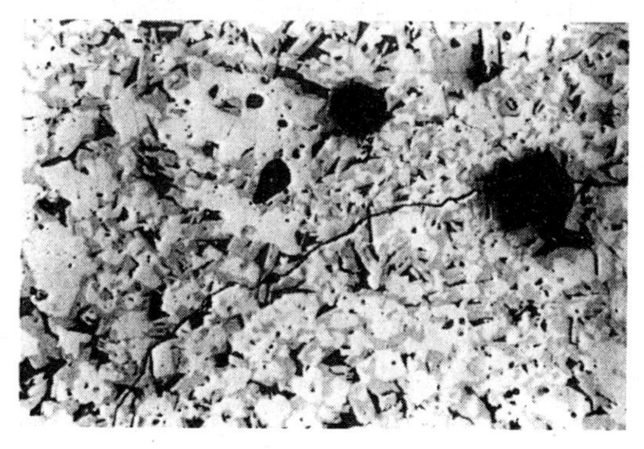

图 1-32 MB-2 试样矿相结构照片（反射光 ×90）
灰白色—磁铁矿；蓝灰色—铁酸钙；黑色—硅酸二钙；线状—裂纹

气孔大小不一，分布较均匀，气孔率约 30%。

（9）0-3 试样。0-3 试样中，磁铁矿多呈半自形，部分呈他形连接成片，局部可见骨架状、骸晶状磁铁矿集中分布。磁铁矿粒度一般为0.02～0.30mm。硅酸二钙和铁酸钙为主要黏结相，前者分布不均匀，多呈柳叶状，大量局部集中分布。含量明显较0-2试样减少，多分布于矿块边缘胶结磁铁矿中，有的呈他形连接于磁铁矿颗粒间。矿相结晶不完全，玻璃相增多。矿相结构不太均匀，黏结相有局部集中的现象，以粒状-熔蚀结构为主，裂隙很多。试样矿相结构见图1-33。

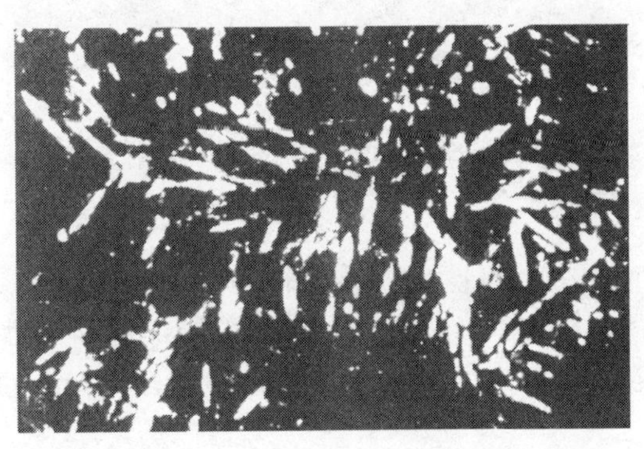

图1-33　0-3试样矿相结构照片（透射光×45）
黑色—磁铁矿；枯黄色—铁酸钙；白色—硅酸二钙

气孔大小不一，形态不规则，气孔率较低，约10%。

（10）M-3试样。M-3试样中，磁铁矿多呈自形-半自形晶，粒度一般为0.02～0.16mm，最大可达0.26mm。其间多被CMS、镁黄长石、$2CaO \cdot SiO_2$等胶结成粒状结构，局部可见集中分布的骸晶磁铁矿；铁酸钙含量很少，呈他形连接磁铁矿颗粒，多分布于块、气孔边缘。裂隙裂纹较多，有的连通气孔。试样矿相结构见图1-34。

气孔大小不一，分布不均匀，气孔率约20%。

（11）B-3试样。B-3试样中，磁铁矿量与B-1试样和B-2试样相比明显增多，粒度不均匀，一般为0.02～0.31mm，其间被少量CMS、β-$2CaO \cdot SiO_2$及玻璃质胶结，形成粒状结构。局部可见集中分布的细粒磁铁矿集合体，与粗粒磁铁矿界限明显，其间被$2CaO \cdot SiO_2$及玻璃质胶结，铁酸钙含量很少，呈他形连接磁铁矿颗粒，其

图 1-34 M-3 试样矿相结构照片（反射光 ×180）
灰白色—磁铁矿；蓝灰色—铁酸钙；黑色—硅酸二钙；暗灰色—钙镁橄榄石

间有大量粒状、纺锤状 $2CaO \cdot SiO_2$。矿相结构较均匀，以粒状结构为主。可见连通整个块矿的大裂隙，并发现有围绕气孔分布的同心层状微裂纹。试样矿相结构见图 1-35。

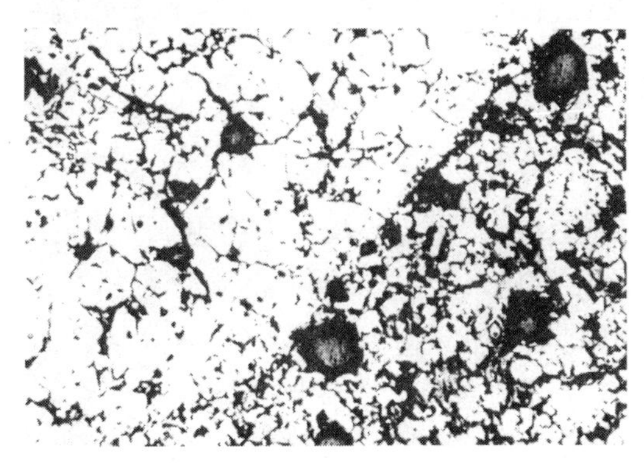

图 1-35 B-3 试样矿相结构照片（反射光 ×45）
灰白色—磁铁矿；蓝灰色—铁酸钙；黑色—硅酸二钙；暗灰色—气孔

气孔大小不一，分布不均匀，偏大，细粒磁铁矿集中处气孔偏多，气孔率约 20%。

（12）MB-3 试样。MB-3 试样磁铁矿结晶粒度不等，他形、自形晶均有，粒度大小不一，一般为 0.03 ~ 0.16mm。局部集中分布的骸晶磁铁矿较多。胶结相主要为 CMS、β-$2CaO \cdot SiO_2$ 和少量铁酸钙等。$2CaO \cdot SiO_2$ 结晶大小不一，分布不均匀，多呈柳叶状和针状与 CMS 等胶结磁铁矿形成粒状结构。赤铁矿分布于裂隙两侧磁铁矿中。浮氏体含量较多，分布于气孔及矿块边缘，其间被 CMS 黏结。矿相结构不均匀，以粒状结构为主，局部有骸晶及熔蚀结构，胶结相有局部聚集现象。结晶极不完全，裂隙较多。试样矿相结构见图 1-36。

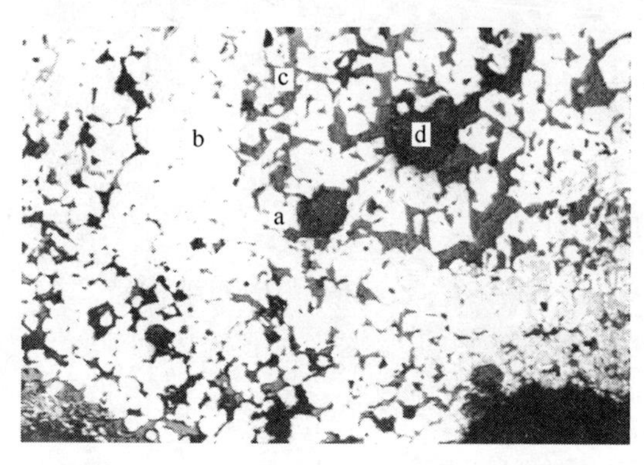

图 1-36 MB-3 试样矿相结构照片（反射光 ×90）
a—磁铁矿；b—奥氏体；c—钙镁橄榄石；d—气孔

气孔少，分布不均，偏大，气孔率约 15%。

（13）0-4 试样。0-4 试样与 0-3 试样相比，样品中铁酸钙含量明显减少，硅酸盐玻璃质明显增多。矿相结构明显不均匀，中间为半自形-自形磁铁矿被大量硅酸盐玻璃质及少量黄长石胶结形成的斑状结构，其他部位为他形磁铁矿连接成片，其间被少量 $2CaO \cdot SiO_2$ 和铁酸钙胶结形成粒状结构。赤铁矿含量很少，呈条状分布于裂隙附近的磁铁矿中。结晶极不完全，裂纹较 0-3 试样少。试样矿相结构见图 1-37。

（14）B-4 试样。B-4 试样中，磁铁矿呈不完整的他形-半自形，粒度大小不一，分布不均，多连接成片。其间被少量 $2CaO \cdot SiO_2$ 及玻璃质胶结，他形磁铁矿分布于块边缘并被他形和针状铁酸钙胶结形成熔蚀结构。$2CaO \cdot SiO_2$ 为主要黏结相，多呈粒状和柳叶状，颗

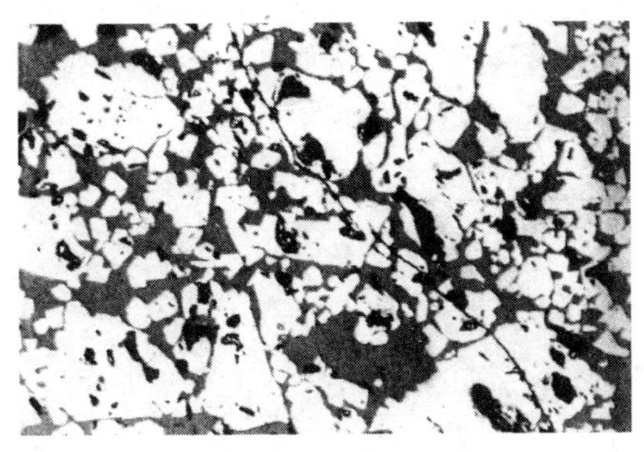

图 1-37 0-4 试样矿相结构照片（反射光 ×90）
灰白色—磁铁矿；暗灰色—玻璃质；线状—裂纹

粒大小不一，分布不均匀，局部可见大量柳叶状 2CaO · SiO_2 聚集。矿块边缘出现了局部集中分布的浮氏体，其间被 CFS 胶结。矿相结构不均匀，以粒状熔蚀结构为主，裂纹较少；有局部集中分布的残余 CaO。试样矿相结构见图 1-38。

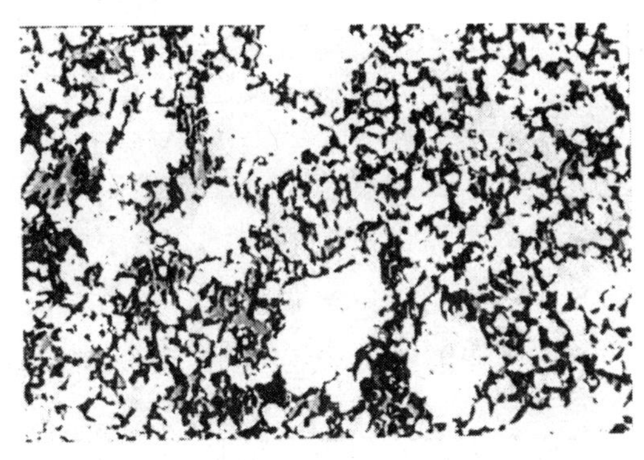

图 1-38 B-4 试样矿相结构照片（反射光 ×90）
白色—磁铁矿；蓝灰色—铁酸钙；黑色—硅酸二钙；暗灰色—钙镁橄榄石

气孔大小不一，分布不均匀，偏大，气孔率约 20%。

（15） MB-4 试样。MB-4 试样的矿相结构和显微结构与 MB-3 试样相似，不同点是该样品中浮氏体和钙镁橄榄石明显增多。边缘出现由针状或他形铁酸钙胶结他形细粒磁铁矿形成的交织熔蚀结构。裂纹较多。试样矿样结构见图 1-39。

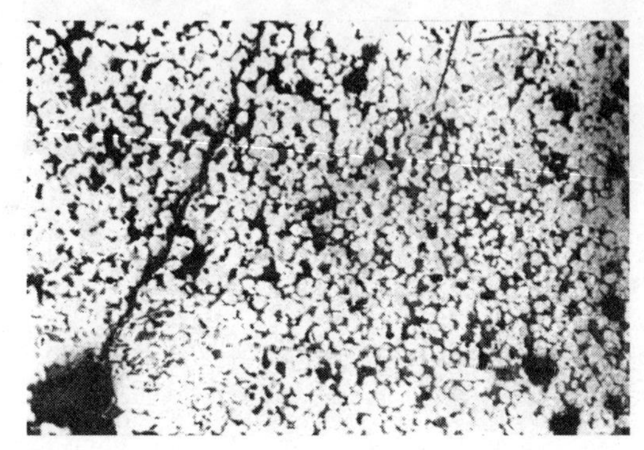

图 1-39 MB-4 试样矿相结构照片（反射光 ×90）
黏结相—钙镁橄榄石

气孔分布不均，气孔率明显增大，约 35%。

1.2.3 氧化性球团应用硼镁添加剂工艺试验

1.2.3.1 球团实验方案

球团矿实验主要包括三种球团矿（不加硼自然镁球团矿、加镁球团矿、硼镁复合球团矿）的焙烧和测试。其中测试项目主要包括抗压强度测定，氧化速率测定，矿相成分及含量鉴定，扫描电镜及能谱分析，具体实验过程如下。

A 造球

造球料的主要成分为磁铁精粉，配加 2% 膨润土，以 MgO 和硼酸作为硼源和镁源，其配比见表 1-8。实验所用铁精粉及膨润土化学成分与粒度组成见表 1-9 和表 1-10。

B 焙烧

球团焙烧实验是在相同的条件下进行的，各阶段升温时间和温度控制范围见表 1-11，焙烧温度为 1280℃。

表 1-8 球团实验硼镁配加指标

序 号	MgO 配加量/%	配硼（B）量/%
1	0	0
2	2	0
3	4	0
4	4	0.003
5	4	0.005

表 1-9 球团实验原料的化学成分 （%）

品 名	TFe	SiO_2	CaO	Al_2O_3
铁精粉	66.21	6.09	1.04	
膨润土		62.58	1.66	6.55

表 1-10 球团实验原料粒度组成 （%）

品 名	+0.074mm	0.074~0.043mm	-0.043mm
铁精粉	39.74	26.54	33.72
膨润土	5.70	44.10	50.20

表 1-11 实验焙烧制度

阶 段	温度/℃	时间/min
干 燥	400~600	10
预 热	600~1000	20
焙烧、均热	约 1280	30
冷 却	约 200	15

1.2.3.2 球团实验结果及分析

A 抗压强度

球团矿的抗压强度测定结果见表 1-12。

表 1-12 球团矿抗压强度测定结果

序 号	抗压强度/N	序 号	抗压强度/N
1	1600	4	1321
2	1071	5	1521
3	1000		

B 球团矿的氧化速率

对1号、2号、3号和5号试样在950℃进行了氧化增重测定实验。实验时每组试样选取质量相当的5个球进行焙烧，对增重和时间进行记录。按如下简化算法计算各个阶段被氧化的Fe_3O_4百分比。

（1）计算球团中的Fe_3O_4含量。

$$Fe_3O_4 \longrightarrow 3Fe$$

$$232 \qquad 56\times 3$$

$$X \qquad 试样重\times w(铁精粉)\times w(TFe)$$

根据上式，球团矿中的Fe_3O_4可按下式进行计算：

$$X = 试样重\times w(铁精粉)\times w(TFe)\times 232/(56\times 3)$$

式中 试样重——取本组欲焙烧球的平均值；

w(铁精粉)——参加配料的铁精粉占混合料的比例；

w(TFe)——磁铁精矿粉品位。

（2）近似计算被氧化的Fe_3O_4量。由于实验所用球团矿的主要成分是磁铁矿粉（98%），因此被氧化的物质主要是Fe_3O_4。根据实际情况，近似计算时可以将球团的增重全部视为Fe_3O_4转化为Fe_2O_3的氧化增重。

$$Fe_3O_4 \rightarrow \frac{3}{2}Fe_2O_3 \rightarrow 增\frac{1}{2}O$$

$$232 \qquad\qquad 8$$

$$Y \qquad\qquad 增重$$

根据上式，被氧化的Fe_3O_4的百分比为：

$$\frac{已氧化的\ Fe_3O_4\ 量}{原始\ Fe_3O_4\ 量}\times 100\%$$

$$=\frac{Y}{X}=\frac{232\times 增重/8}{试样重\times w(铁精粉)\times w(TFe)\times 232/(56\times 3)}\times 100\%$$

将各个时间段被氧化的Fe_3O_4与时间的对应关系绘成曲线（图1-40），比较不同球团矿试样的氧化速率差异。

C 球团矿显微分析

本部分包括对各球团矿试样进行矿相成分与含量的鉴定、扫描

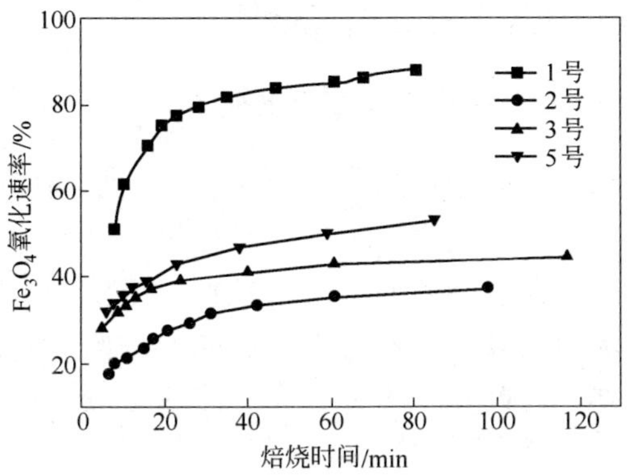

图 1-40 Fe_3O_4 氧化速率与时间的关系

电镜和能谱分析。

(1) 矿物组成及体积分数。球团矿矿物组成及体积分数见表 1-13。

表 1-13 球团矿矿物组成及体积分数

试 样	矿物组成/%						
	赤铁矿	磁赤铁矿	磁铁矿	石英	玻璃质	铁橄榄石	硫化物
1	70 ~ 75	—	2 ~ 3	20 ~ 25	2 ~ 3	微	—
2	70 ~ 75	4 ~ 5	少量	15 ~ 20	2 ~ 3	少量	微
3	65 ~ 70	20 ~ 25	少量	8 ~ 10	1 ~ 2	微	微
4	75 ~ 80	10 ~ 15	微	8 ~ 10	2 ~ 3	1 ~ 2	少量
5	75 ~ 80	8 ~ 10	微	10 ~ 15	3 ~ 5	少量	微

(2) 矿相结构及显微结构。显微镜下观测表明，5 个球团矿样品中，2 号 ~ 5 号的矿物组成基本相似，只是各矿物含量有所不同(表 1-13)。金属相主要为赤铁矿，其次为磁赤铁矿，少量磁铁矿及微量硫化物，加镁球团矿出现大量磁赤铁矿，黏结相含量很少，主要为硅酸盐玻璃质，在硅酸盐玻璃质中有少量的铁橄榄石。残余石英较多，球团矿气孔率较大。1 号样的金属相较简单，以赤铁矿为主，含少量残余磁铁矿，未见磁赤铁矿和硫化物，黏结相与 2 号 ~ 5 号相同。总的来看，5 个样品矿物组成简单，矿物分布较均匀。

1.3 硼、镁在烧结矿中的分布规律

1.3.1 烧结矿中硼含量的测定与分布规律

硼在烧结矿中的分布规律有两个假说：一是硼以固溶体形式存在于正硅酸钙中，根据是 B^{3+} 的原子半径较小；另一观点认为硼散布于玻璃相中。但由于硼的原子系数较低，用单一的物理方法或化学方法难以准确测定其含量和分布，因此两种假说均没有试验或实验数据作为依据。为此，采用分光光度法测定硼含量，所采用的实验设备是 721 型分光光度计。

721 型分光光度计是一种简易型的可见光区的分光光度计，其主要技术指标如下：波长范围为 360 ~ 800nm；波长精度为 360 ~ 600nm 范围内 ±3nm，600 ~ 800nm 范围内 ±4nm。721 型分光光度计采用自准式光路，其光路图见图 1-41。其优点是：结构简单、紧凑（电源、测试、显示三合一）、操作方便，钨灯耗电量少、寿命长等。缺点是：应用范围仅限于可见光区、单色器的狭缝不能调节、光的单色性不理想，难于测绘复杂的吸收光谱。

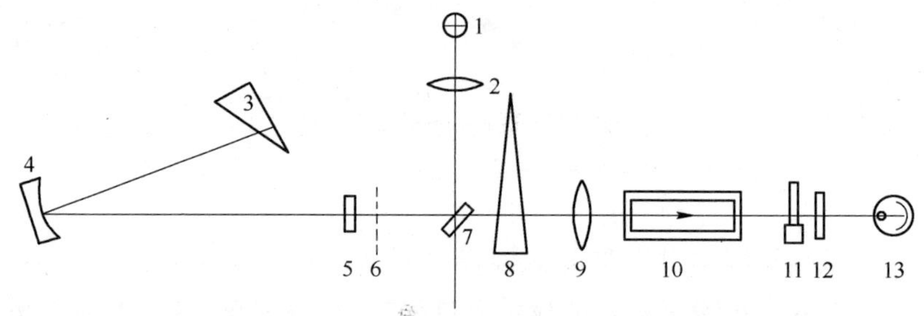

图 1-41 721 型分光光度计光路图

1—钨灯（12V，25W）；2—透镜；3—玻璃；4—准直镜；5，12—保护玻璃；6—狭缝；7—反射镜；8—光栏；9—聚光透镜；10—吸收池；11—光闸；13—光电管

1.3.1.1 测硼化学体系的确定

采用分光光度法测定烧结矿中硼含量，可采用姜黄素、罗丹明

B、变色酸、苦杏仁酸+孔雀绿、铍试剂Ⅲ等。

姜黄素与硼酸形成的红色配合物极不稳定，测定结果与原始硼含量差别较大，实际价值小。变色酸，因其本身就不稳定，在实验过程中与硼酸根形成的配合物也极不稳定，无实验价值。硼-苦杏仁酸-孔雀绿体系，在室温与弱酸介质中硼与苦杏仁酸形成配合阴离子，再与孔雀绿阳离子缔合，生成具有较大疏水基团的有色缔合物。因为孔雀绿的颜色较深，即试验中背景色较重，造成空白值太大，从而此体系不适宜测定硼。

罗丹明B测硼体系，反应过程如下：在聚乙烯醇（PVA）存在的条件下，罗丹明B与硼钼杂多酸发生离子缔合显色反应，形成罗丹明B-硼钼杂多酸离子缔合物，其最大吸收波长为570nm。反应机理为：利用硼与电负性配位体形成的配合阴离子与罗丹明B碱性染料阳离子组成缔合物，PVA增稳、增溶、增敏，从而建立了这一显色体系。但在进行试验中，需先让硼形成硼钼杂多酸，再加入罗丹明B形成缔合物。因此，试验的影响条件大大增多，试验难度增大，试验的灵敏度也大大降低。试验表明（以1mL浓度为1μg/mL的硼标准溶液为准），硼钼杂多酸形成的最佳酸度为10mL体积中加入1.5~2.5mL的浓度为0.25mol/L的硫酸溶液；缔合物形成最佳酸度为加入8~11mL的浓度为0.25mol/L的硫酸溶液。单由以上两项可以看出，此体系只到形成缔合物这一步，溶液体积已经达到20mL，加上PVA及罗丹明B，体系的体积将在25mL左右，再用25mL的比色管进行试验，显然无法进行精确操作，试验结果也不尽如人意。

铍试剂Ⅲ测定硼含量的试验操作比较简单，体系稳定性也好，取得了令人满意的结果。试验反应过程如下：在弱酸介质中（由缓冲溶液 NH_4Ac-HAc 提供），硼与铍试剂Ⅲ经水浴加热一定时间后发生配合反应；用 $SnCl_2$ 溶液隐去多余的铍试剂Ⅲ，待隐色完全后加入掩蔽剂，即可测定其吸光度。

因此，采用的化学体系是铍试剂Ⅲ测定硼含量。

1.3.1.2 铍试剂Ⅲ测硼的标准曲线

A 主要试剂及仪器

(1) 硼分析用水：D_{564} 树脂交换柱（ϕ1.5cm×38cm），先通过

0.05mol/L NaOH 溶液 20mL，用蒸馏水洗至中性，再通过 0.5mol/L HCl 20mL，最后用水洗至中性。将普通蒸馏水流经树脂柱即可（无特别说明外，所用水均指硼分析用水）。

（2）铍试剂Ⅲ：0.04% 水溶液。

（3）硼标准溶液：准确称取 40 ~ 50℃ 烘干 1h 的高纯度硼酸 0.2850g 放于石英烧杯中，用硼分析用水溶解后转入 100mL 容量瓶中，定容（此时硼标准溶液的浓度为 500μg/mL）。逐级稀释到浓度为 10μg/mL 的硼标准工作溶液。

（4）缓冲溶液：于 100mL 50% NH_4Ac 溶液中加入 220mL HAc，用精密酸度计进行酸度调整，使其 pH 值为 3.6（用时现配）。

（5）$SnCl_2$ 溶液：称 1g $SnCl_2$ 放于石英烧杯中，加入 1∶1 HCl 4mL，加热溶解，用水稀释到 50mL（用时现配）。

（6）三乙醇胺溶液：浓度为 1∶1 的三乙醇胺水溶液。

（7）EDTA 水溶液：浓度为 10% 的 EDTA 水溶液。

（8）721 型分光光度计。

（9）PHS-2C 型精密酸度计。

B 实验方法

于 25mL 的无硼比色管（即石英比色管）中，加入适量的硼标准工作溶液、3.0mL 缓冲溶液、3.0mL 铍试剂Ⅲ溶液，摇匀，于 80℃ 水浴加热 15min，取出冷却后，加入 $SnCl_2$ 溶液 1.0mL，35min 后加入三乙醇胺 3.0mL、EDTA 水溶液 1.0mL，用水稀释到刻度，摇匀。用 0.5cm 比色皿以试剂空白为参比测量其吸光度。

C 试验结果

a 配合物形成最佳条件

（1）显色温度。于 25mL 的比色管中，加入 1.0mL 的硼标准工作溶液、3.0mL 缓冲溶液、3.0mL 铍试剂Ⅲ溶液，摇匀，分别于 40℃、60℃、70℃、80℃、90℃、100℃ 水浴加热 15min，取出冷却后，加入 $SnCl_2$ 溶液 1.0mL，35min 后加入三乙醇胺 3.0mL、EDTA 水溶液 1.0mL，用水稀释至刻度，摇匀。以试剂空白为参比，测量其吸光度。

从显色温度-吸光度曲线（图 1-42）可以看出，硼与铍试剂Ⅲ发

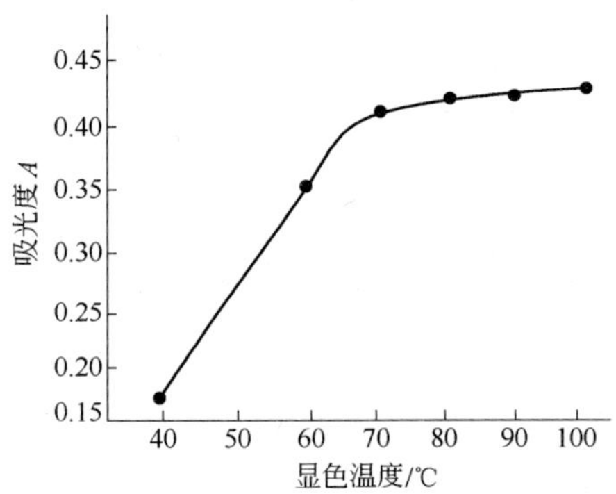

图 1-42 显色温度-吸光度

生配合反应，经 80℃水浴加热即可（即溶液的吸光度比较稳定）。

（2）显色时间。于 25mL 的无硼比色管中，加入 1.0mL 的硼标准工作溶液、3.0mL 缓冲溶液、3.0mL 铍试剂Ⅲ溶液，摇匀，于 80℃水浴分别加热 4min、8min、12min、16min、20min、30min，取出冷却后，加入 $SnCl_2$ 溶液 1.0mL，35min 后加入三乙醇胺 3.0mL、EDTA 水溶液 1.0mL，用水稀释至刻度，摇匀。以试剂空白为参比，测量其吸光度。

从显色时间-吸光度曲线（图 1-43）可以看出，硼与铍试剂Ⅲ发生配合反应，经 80℃水浴加热 15min 即可。

（3）酸度的影响。于 25mL 的比色管中，加入 1.0mL 的硼标准工作溶液，分别加入 pH 值为 2.54、2.99、3.21、3.41、3.50、3.60、3.81、4.02、4.52、5.05、5.54 的 NH_4Ac-HAc 缓冲溶液，加入 3.0mL 铍试剂Ⅲ溶液，于 80℃水浴加热 15min，取出冷却后，加入 $SnCl_2$ 溶液 1.0mL，35min 后加入三乙醇胺 3.0mL、EDTA 水溶液 1.0mL，用水稀释至刻度，摇匀。以试剂空白为参比，测量其吸光度。

从酸度-吸光度曲线（图 1-44）可以看出，酸度 pH 值在 3.6 ~ 3.8 之间，溶液的吸光度比较稳定，本实验取缓冲溶液的 pH 值为 3.7。

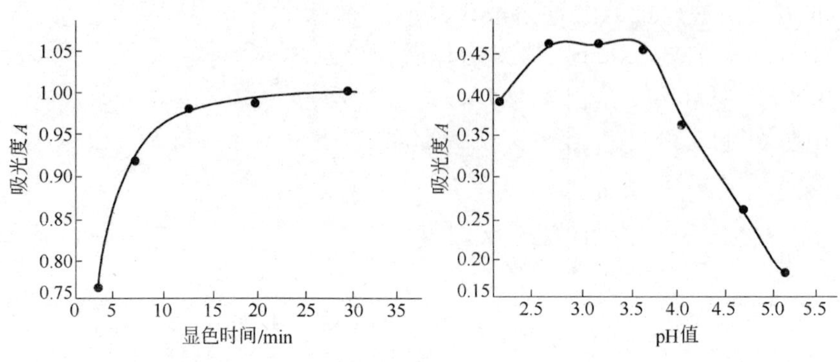

图 1-43 显色时间-吸光度　　图 1-44 酸度-吸光度

（4）显色剂用量。于 25mL 的比色管中，加入 1.0mL 的硼标准工作溶液、3.0mL 的缓冲溶液，分别加入铍试剂Ⅲ 1.0mL、2.0mL、2.25mL、2.5mL、2.75mL、3.0mL、4.0mL、5.0mL、6.0mL，于 80℃水浴加热 15min，取出冷却后，加入 $SnCl_2$ 溶液 1.0mL，35min 后加入三乙醇胺 3.0mL、EDTA 水溶液 1.0mL，用水稀释至刻度，摇匀。以试剂空白为参比，测量其吸光度。

从显色剂用量-吸光度曲线（图 1-45）可以看出，铍试剂Ⅲ取 2.75mL 可以使 1.0mL 的硼标准工作溶液反应完全。本实验取铍试剂Ⅲ 3.0mL。

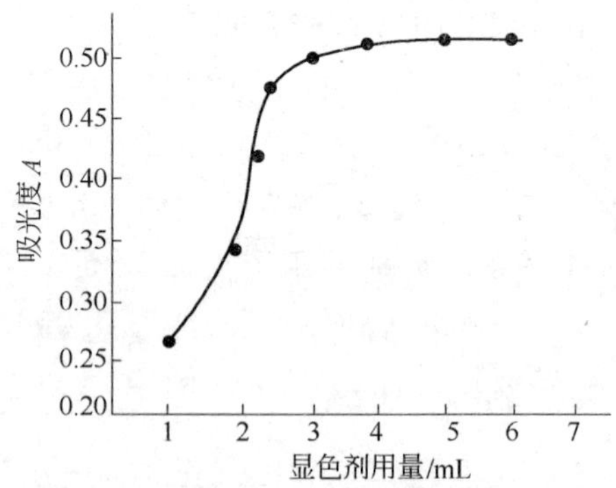

图 1-45 显色剂用量-吸光度

（5）隐色剂用量。于 25mL 无硼比色管中，移入适量的硼标准工作溶液，加入缓冲溶液 3.0mL、铍试剂Ⅲ 3.0mL，摇匀。在 80℃水浴加热 15min，取出冷却后，分别加入 $SnCl_2$ 溶液 0.5mL、0.8mL、1.0mL、1.2mL、1.5mL、2.0mL，待隐色基本完全后，用水稀释至刻度，摇匀。在波长为 552nm 处以试剂空白参比，测量其吸光度。

当 $SnCl_2$ 溶液取 0.5mL、0.8mL 时，隐色较缓慢（0.5mL 时，完全隐色两小时之久；0.8mL 时，完全隐色约 40min）；当 $SnCl_2$ 溶液取 1.0mL 或更多时，隐色进行较快，但当 $SnCl_2$ 溶液取 1.5mL 以上时，配合物的吸光度反而比 $SnCl_2$ 溶液取 1.0mL 时低，估计可能是过量 $SnCl_2$ 溶液破坏了配合物的稳定性。因此，隐色剂用量在 0.8～1.2mL 比较适宜。

b 配合物特征

（1）配合物吸收光谱。硼与铍试剂Ⅲ形成的配合物的吸收光谱见图 1-46（配合物与试剂空白均未隐色，即显色后直接用水稀释到刻度，摇匀后以试剂空白作参比测量其吸光度）。从图中吸收曲线可以看出，配合物的吸收峰位于 550～555nm，本实验取配合物的特征波长为 552nm。

（2）线性范围。依实验方法，分别加入硼标准工作溶液 0mL、0.5mL、1mL、1.5mL、1.8mL、2.0mL、2.2mL、2.4mL、2.6mL，在 552nm 处分别测其吸光度（以试剂空白为参比）。以硼含量为横坐标、吸光度为纵坐标，相应得出标准曲线，见图 1-47。

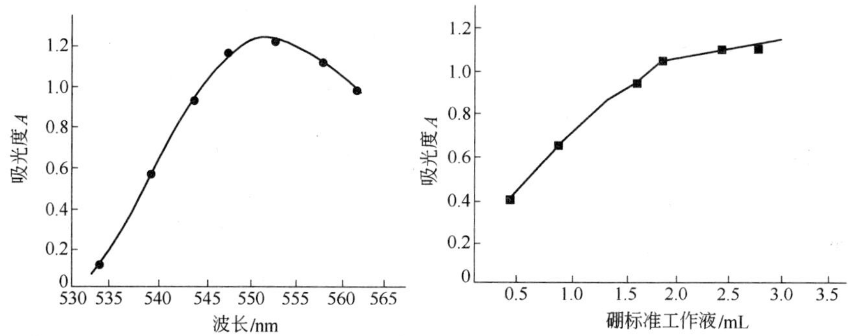

图 1-46 配合物吸收光谱图

图 1-47 标准曲线

从图 1-47 可以看出，硼含量在 0 ~ 2.0μg/25mL 之间符合比尔定律。实验数据回归曲线见图 1-48，相关系数 $\gamma = 0.992$，误差 SD = 0.0376。

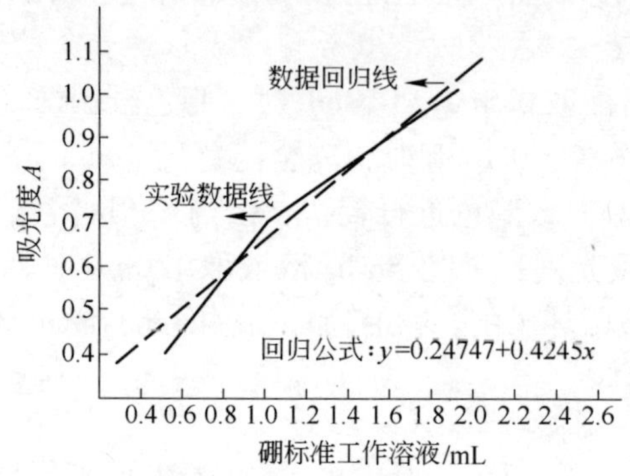

图 1-48 回归曲线

（3）隐色后配合物的稳定性。取 1.0mL 的硼标准工作溶液完成显色后，加 2.0% 的氯化亚锡溶液 1.0mL，待隐色基本完全后，稀释至刻度，测其吸光度。过 3h 之后，再测其吸光度。可以看出，配合物的吸光度发生了变化，吸光度在变小。经试验，加入 EDTA 和三乙醇胺可以使配合物的稳定性大大提高。这可能是过量的氯化亚锡破坏了硼与铍试剂Ⅲ形成的配合物离解平衡，使得配合物缓慢地离解，而本实验采用 3.0mL 1∶1 三乙醇胺和 1.0mL 10% EDTA 作为过量氯化亚锡的抑制剂，配合物至少可以稳定 4h。

（4）共存离子的干扰及其消除。试验表明，对于 10μg 硼/25mL 允许外来离子量（mg）如下：Cl^-；SO_4^{2-}（800）；NO_3^-（400）；F^-（1）；Na^+（200）；Ca^{2+}、Mg^{2+}（1）；Al^{3+}（0.5）；Fe^{3+}（0.02）。在测定烧结矿硼含量的实验中，烧结矿中硼是在 pH≥10 的条件下上 D_{564} 硼特效树脂交换柱的，在这样的碱性环境中铁和铝会发生如下的变化：在含有 $[Fe(H_2O)_6]^{3+}$ 和 $[Al(H_2O)_6]^{3+}$ 的合成溶液中，随着 pH 值的增加，Fe 逐级水解形成胶体沉淀，其形态是由 $[Fe(H_2O)_5OH]^{2+}$ → $[Fe(H_2O)_4(OH)_2]^+$ → $Fe(OH)_3$ 转变，Al 则由 $[Al(H_2O)_5OH]^{2+}$ → $[Al(OH)_4]^-$ 转

变，而 H_3BO_3 加合（OH）$^-$形成[B(OH)$_4$]$^-$。因此在 pH < 10 时带正电荷的 Fe 和 Al 的羟基水合物沉淀会吸附阴离子[B(OH)$_4$]$^-$，使得上柱液中 B 的浓度降低，回收不完全。而当 pH≥10 时，溶液中有足够的［OH］$^-$形成 $Fe(OH)_3$ 和 $Al(OH)_3$ 或[Al(OH)$_4$]$^-$，不会造成硼酸根被吸附，从而使得上柱液 B 的浓度不致降低。

1.3.1.3 烧结矿中全硼含量测定

为了更为准确地测定烧结矿中的全硼含量以及分析硼的分布规律，特制备了不同硼含量的烧结矿试样。烧结混合料配料时分别加入硼含量为 0.003%、0.004%、0.005% 和 0.006%，对应试样编号为 1 号、2 号、3 号和 4 号，四种烧结矿样的矿物组成见表 1-14。

表 1-14 烧结矿矿物组成 (%)

样 号	赤铁矿	磁铁矿	铁酸钙	正硅酸钙	玻璃相
1	微量	45	39	12	2
2	1	43	41	9	4
3	2	42	41	7	6
4	2	38	44	7	7

A 矿样处理

准确称取烧结矿矿样（过 180 目筛）0.2g，放在预先盛有 1g NaOH 的石墨坩埚中，上面覆盖 2g Na_2O_2，在 700 ~ 800℃ 熔融 10min。冷却后放于石英烧杯中，热水浸取，煮沸 15min，冷却后，用 6mol/L HCl 调节 pH 值为 10 ~ 13（pH 试纸检查）。溶液转入 50mL 石英容量瓶中，用 0.05mol/L NaOH 溶液冲洗烧杯并稀释至刻度，摇匀。经塑料漏斗干过滤后，试样溶液以 1mL/min 的速度通过 D_{564} 硼特效树脂交换柱，然后用水冲洗烧杯并用水洗淋树脂柱到流出液体近中性。最后用 0.5mol/L HCl 洗脱 B，洗脱液用 100mL 容量瓶承接至刻度后，摇匀待用。分取部分溶液按实验方法进行硼含量的测定。

B 全硼的测定结果

本实验对烧结矿中四种不同含硼量的试样进行分析，其结果见表 1-15。

表 1-15 烧结矿中硼含量分析结果

试 样	B 加入量/μg	测量值/μg	B 的含量/%
1	0	0.579	0.02975
	2.0	2.548	0.0274
	4.0	4.584	0.0292
	6.0	6.607	0.0303
	8.0	8.552	0.0276
	平均值：B 的含量：0.0289%	S = 0.0013	参考值 0.03%
2	0	0.773	0.03865
	2.0	2.778	0.0389
	4.0	4.781	0.0391
	6.0	6.809	0.0405
	8.0	8.765	0.0383
	平均值：B 的含量：0.0391%	S = 0.0008	参考值 0.04%
3	0	0.979	0.0489
	2.0	3.04	0.0520
	4.0	4.981	0.0491
	6.0	6.794	0.0397
	8.0	8.87	0.0435
	平均值：B 的含量：0.0467%	S = 0.0049	参考值 0.05%
4	0	1.207	0.0604
	2.0	3.192	0.0596
	4.0	5.183	0.0591
	6.0	7.107	0.0553
	8.0	9.164	0.0582
	平均值：B 的含量：0.0585%	S = 0.0020	参考值 0.06%

注：参考值为烧结混合料配料时加入的硼含量。

1.3.1.4 硼在烧结矿中的分布规律

A 分离方法依据

以磁铁矿为主要原料所得到的高碱度烧结矿矿相组成经岩相

偏光显微镜测定，主要为磁铁矿、赤铁矿、复合铁酸钙、正硅酸钙及玻璃相等。在这些物质中，只有磁铁矿具有磁性，可通过磁选先予以分离。在剩余的矿相中，赤铁矿及复合铁酸钙可以被酸液溶解，正硅酸钙和玻璃相则可采用二碘甲烷重液进行分离。

B 分离过程

（1）称取适量的烧结矿矿样（过180目筛，经充分混匀），选适当强度的磁铁，通过磁选，将磁铁矿（Fe_3O_4）从烧结矿样中分离出来。

（2）将剩余的矿样用1mL的草酸（别名乙二酸，分子式$C_2H_2O_4 \cdot 2H_2O$）溶解，过滤。滤液为被草酸溶解的赤铁矿和复合铁酸钙，滤渣为正硅酸钙和玻璃相的混合物。

（3）将滤渣洗至中性，烘干。再用二碘甲烷重液分离法将玻璃相与正硅酸钙分离开来。

将分离开的各相调整到硼上树脂柱的条件（即 $pH \geqslant 10$），然后进行硼的富集、洗脱，最后依据试验方法进行硼含量的测定。

采用标准加入法测定烧结矿各相中硼的含量，测定结果（各相中硼含量对烧结矿矿样总量的百分数）见表1-16。

表1-16 烧结矿各相中硼含量分析结果 （%）

试 样	磁铁矿	赤铁矿＋铁酸钙	正硅酸钙	玻璃相
1	0.00386	0.00207	痕量	0.0210
	0.00397	0.00194		0.0198
	0.00364	0.00198		0.0201
	均值：0.00382	均值：0.0020	均值：痕量	均值：0.0203
2	0.00471	0.00249	痕量	0.0304
	0.00459	0.00214		0.0286
	0.00465	0.00227		0.0293
	均值：0.00465	均值：0.00230	均值：痕量	均值：0.0294

续表 1-16

试　样	磁铁矿	赤铁矿 + 铁酸钙	正硅酸钙	玻璃相
3	0.00567	0.00294	痕量	0.0357
	0.00571	0.00297		0.0341
	0.00574	0.00283		0.0348
	均值：0.00571	均值：0.00291	均值：痕量	均值：0.0349
4	0.00576	0.00321	痕量	0.0469
	0.00581	0.00324		0.0473
	0.00583	0.00315		0.0457
	均值：0.00580	均值：0.00320	均值：痕量	均值：0.0466

表 1-17 为烧结矿各相中硼含量占全硼含量的相对量。可以得到硼在烧结矿中的分布规律，烧结矿中硼主要（约 70%）存在于玻璃相中。

表 1-17　烧结矿各相中硼占全硼的相对量　（%）

试　样	磁铁矿	赤铁矿 + 铁酸钙	正硅酸钙	玻璃相
1	13.2	6.92	痕量	70.2
2	11.9	5.88	痕量	75.2
3	12.2	6.23	痕量	74.7
4	9.9	5.51	痕量	79.6

1.3.2　烧结矿中镁的分布规律及对其主要矿相的影响

1.3.2.1　烧结矿中镁的分布规律

常规烧结实验发现，镁在烧结矿中的分布与添加的物质种类、粒度及烧结矿碱度有关。现将一些实验烧结矿试样的 X 射线能谱分析测定结果列入表 1-18 ~ 表 1-20 中。

表 1-18 在添加 5mm 白云石烧结矿中 MgO 在各相中的体积分数 (%)

碱 度	磁铁矿	复合铁酸钙	正硅酸钙	玻璃相
0.6	95	微量	微量	5
1.0	94	3	微量	3
1.4	89	11	微量	微量
1.8	68	32	微量	微量

表 1-19 在添加 3mm 白云石烧结矿中 MgO 在各相中的体积分数 (%)

碱 度	磁铁矿	复合铁酸钙	正硅酸钙	玻璃相
0.6	92	微量	微量	8
1.0	92	3	微量	5
1.4	84	16	微量	微量
1.8	64	36	微量	微量

表 1-20 添加高镁石灰烧结矿中 MgO 在各相中的体积分数 (%)

碱 度	磁铁矿	复合铁酸钙	正硅酸钙	玻璃相
0.6	90	微量	微量	10
1.0	90	4	微量	6
1.4	83	12	1	4
1.8	59	36	2	3

由表 1-18 ~ 表 1-20 可以得到 MgO 在烧结矿中的分布规律：在低碱度烧结矿中，MgO 主要分布在磁铁矿中，在高碱度烧结矿中，MgO 主要分布在磁铁矿及铁酸钙中，玻璃相中 MgO 分布量随碱度升高而减少，随白云石粒度减小而升高。用高镁石灰代替白云石可使 MgO 在玻璃相溶入量及在正硅酸钙中的固溶量增加。

1.3.2.2 镁对烧结矿主要矿相的影响

固定碱度 $[w(CaO + MgO)/w(SiO_2)]$ 为 2.0，用 MgO 代替 CaO 对磁铁矿粉进行烧结。$w(MgO)/w(CaO)$ 对主要矿相的影响列于表1-21。

表 1-21 配加 MgO 对主要矿相的影响 (%)

w(MgO)/w(CaO)	赤铁矿	磁铁矿	复合铁酸钙	玻璃相	正硅酸钙
0.06	24	29	30	5	5
0.2	15	42	26	4	8
0.4	8	54	15	6	10
0.6	6	59	8	7	12
0.8	3	62	8	7	9
1.0	3	72	2	7	7

由表 1-21 可以得到 MgO 对主要矿相的影响：在保持二元碱度不变时，以 MgO 代替 CaO，随 w(MgO)/w(CaO) 比值的增加，烧结矿中磁铁矿含量增加，赤铁矿、铁酸钙含量减少。在 w(MgO)/w(CaO) < 0.6 时，正硅酸钙随 w(MgO)/w(CaO) 的增加而增加，在 w(MgO)/w(CaO) >0.6 时，正硅酸钙随 w(MgO)/w(CaO) 值的增加而降低，这与 Panigraphy 等人[15,19-21]对赤铁矿烧结矿的研究结果一致。

1.4 硼、镁对烧结矿主要矿物形成的影响规律

烧结矿是多种矿物组成的复合体，烧结矿的矿物组成及其结构特征对烧结矿的机械强度和还原性等冶金性能有直接影响。一般而言，赤铁矿强度最高，铁酸钙次之，磁铁矿再次之，各种硅酸盐矿物尤其是玻璃相的强度最低。各种矿物的机械强度和还原性并不完全一致，铁橄榄石和某些钙铁橄榄石具有较好的强度，但一般还原性较差；铁酸钙机械强度和还原性均较好，而玻璃质均差；赤铁矿和磁铁矿是容易还原的矿物，其还原性不仅与自身晶粒大小和存在状态有关，还与黏结相种类和数量有关。因此，通过研究硼、镁对矿物形成的影响规律，则可采取相应的工艺措施，以促进有益矿物生成，改善烧结矿质量。

1.4.1 硼、镁对铁酸钙形成的影响规律

1.4.1.1 铁酸钙的形成机理

铁酸钙是烧结矿中一种极为重要的黏结相，其在烧结矿中存在

的数量及微观形态对烧结矿的质量有重要的影响。烧结矿中铁酸钙为 Fe_2O_3-CaO-SiO_2-Al_2O_3 四元系复合铁酸钙，化学式为 $5CaO \cdot 2SiO_2 \cdot 9(Fe,Al)_2O_3$，简写为 SFCA，并含有 MgO、MnO、FeO 等成分。根据铁酸钙中 $m(Fe_2O_3)/m(CaO)$ 比值分为铁酸半钙 $CaO \cdot 2Fe_2O_3$、铁酸一钙 $CaO \cdot Fe_2O_3$ 和铁酸二钙 $2CaO \cdot Fe_2O_3$，其中铁酸半钙为针状铁酸钙，还原性最好。

关于烧结过程中铁酸钙的形成机理，文献已有报道[22,23]。当采用赤铁矿烧结时，在预热带除了石灰石分解反应外，便有较多的高钙型铁酸钙生成；在燃烧带大量生成针状铁酸钙，同时有较多赤铁矿被还原为磁铁矿；在高温氧化带（指温度在 1100℃ 以上的冷却带），部分磁铁矿再氧化，针状铁酸钙进一步明显增加，铁酸钙形成交织结构或与磁铁矿形成交织熔蚀结构，并将原生及再生赤铁矿黏结起来。采用磁铁矿烧结时，预热带主要是熔剂的分解反应，铁酸钙生成数量极少；在燃烧带铁氧化物仍主要以磁铁矿存在，只生成少量片状高钙型铁酸钙，CaO 大量固溶于磁铁矿中，以及与 SiO_2、Al_2O_3 等形成硅酸盐液相；在高温氧化带的温度和气氛下，大量磁铁矿氧化，新生的赤铁矿遂与硅酸二钙等成分大量形成针状铁酸钙。

A 烧结矿初期液相的形成

现将 F. Matsuno 等人[23]研究赤铁矿烧结过程矿相生成变化及机理示于图 1-49。

由表 1-7 中的实验数据和矿物组成可以看出，磁铁矿烧结过程中，矿物形成机理与图 1-49 所述的赤铁矿烧结大不相同。其初期液相不可能是 CaO-Fe_2O_3 系，而应是 FeO_n-SiO_2 系。实验结果说明，在预热带 CaO 主要以自由状态存在，Fe_2O_3 及铁酸钙生成量极少。在燃烧带，温度达到最高，应是液相生成量最多的区域，但由于碳激烈燃烧夺氧，使燃烧带呈弱还原气氛，燃料中铁氧化物仍主要保持磁铁矿状态。此外，还有相当数量的浮氏体形成，且 FeO 含量高于原始混合料，Fe_2O_3 的含量极少。铁酸钙基本上不能产生，只是在个别缺少焦粉的区域生成少量的高钙铁酸钙。所以，磁铁矿烧结过程中的初期液相不可能是铁酸钙熔体。燃烧带经氮气冷却后生成的玻璃相，为烧结初期液相急冷形成，经电子能谱分析组成为：$w(FeO)$

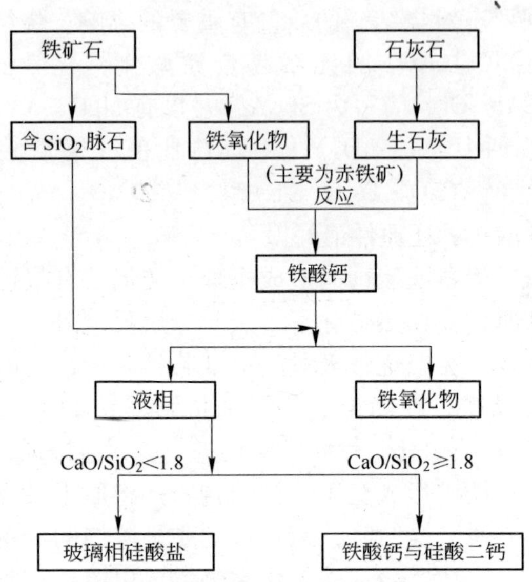

图 1-49 烧结过程中矿相生成机理

24%，$w(CaO)$36%，$w(SiO_2)$35%。这一实验结果进一步证实，初期液相形成 FeO_n-CaO-SiO_2 系。

B CaO 的熔解及铁酸钙的形成机理

图 1-50 为 CaO-SiO_2-FeO_n 三元系相图在 1400℃时的等温截面图。设最早出现的液相成分为相图中的 L 点，石灰成分用 S 点表示。根据杠杆规则，当石灰熔入液相时，随着石灰的不断熔解，液相总成分将沿着 LS 直线由 L 点向 S 点改变。如果石灰全部熔解后，其液相成分位于 LM 段，则不会有 2CaO · SiO_2 产生。如果石灰熔解后，液相的总成分位于 MO 段，这时石灰与初期液相反应就会析出 2CaO · SiO_2。当少量 2CaO · SiO_2 饱和的液相在氮气气氛下冷却时，则会随着温度的降低 2CaO · SiO_2 的析出量增多。当上述液相被空气冷却时，由于较强的氧化气氛，使得 FeO 及 Fe_3O_4 被热风氧化为 Fe_2O_3。这时，一方面液相由 CaO-SiO_2-FeO_n 系向 CaO-SiO_2-Fe_2O_3 系转化，从而在冷却过程中析出铁酸钙；另一方面由于与液相接触的磁铁矿在热风的作用下氧化为 Fe_2O_3，从而与液相中的 CaO 反应析出铁酸钙。

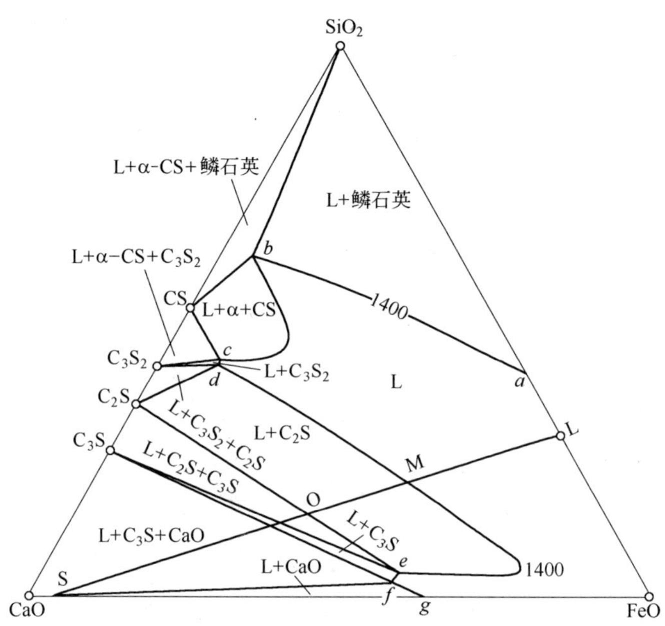

图 1-50 CaO-SiO_2-FeO_n 三元系相图在 1400℃时的等温截面图

在烧结过程的冷却带，其氧化与降温过程同时发生，因此，在析出铁酸钙的同时，会伴随着 2CaO · SiO_2 的析出。其析出铁酸钙与硅酸钙的相对量，决定于燃烧带气氛及冷却气体氧化性的强弱。燃烧带的还原性越强，冷却气体的氧化性越弱，析出的 2CaO · SiO_2 量越多、铁酸钙越少；反之，析出的铁酸钙越多、2CaO · SiO_2 越少。

1.4.1.2 硼、镁对铁酸钙形成的影响规律

A 铁酸钙量的变化规律

为了查明铁酸钙的变化规律，根据表 1-7 的实验数据，将各烧结试样在各料柱位置铁酸钙的变化情况绘制成图，如图 1-51 和图 1-52所示。

由图 1-51 和图 1-52 可知，铁酸钙的成矿具有以下规律：无论对哪一种烧结矿试样而言，从燃烧层到成矿层，黏结相中铁酸钙数量的变化趋势是向逐渐增加的方向发展；铁酸钙在 1 号带（成矿层）

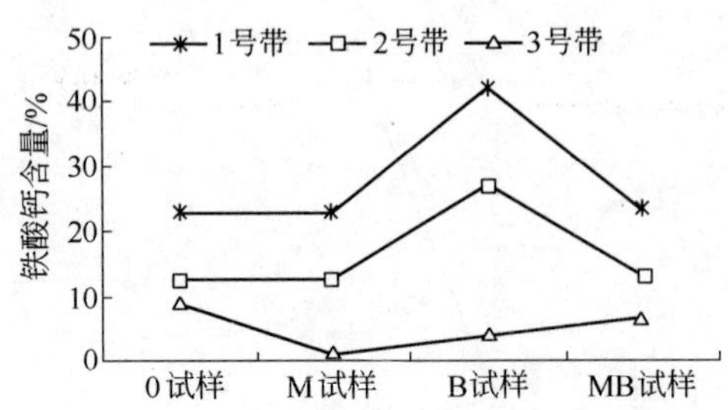

图 1-51 各烧结矿试样铁酸钙含量的变化

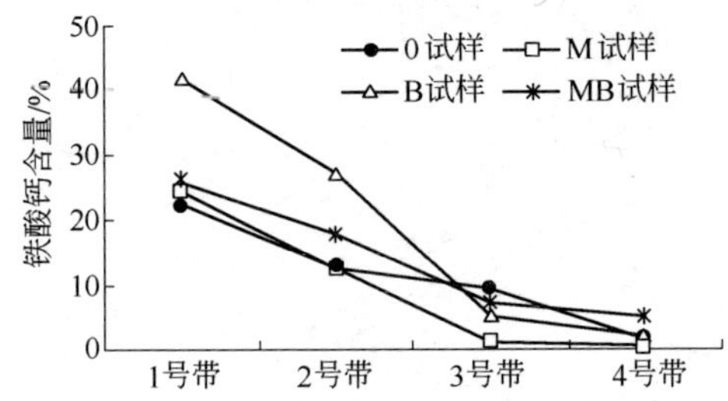

图 1-52 烧结矿各层铁酸钙含量的变化

含量最多，在 4 号带（燃烧带）含量最少；加硼烧结矿试样铁酸钙的生成量在成矿层明显增多，硼镁适当复合后铁酸钙生成量增加。硼镁复合样较单一加硼样铁酸钙少的原因是一部分 CaO 生成了钙镁橄榄石（CaO · MgO · SiO_2）的缘故。

对于上述结论，由铁酸钙的成矿机理不难理解。烧结矿加硼后，铁酸钙的生成量增多是因为：在烧结过程中产生的液相由于 B_2O_3 的存在而增多，且液相黏度降低，烧结料层的透气性变好，氧化气氛增强；并且有利于液相中的 Ca^{2+} 向 Fe_2O_3 表面扩散，使得铁酸钙易于形成。

B 铁酸钙的能谱分析

为了搞清硼镁对铁酸钙的作用机理，对不同试样进行 X 射线能谱（EDX）分析。

图 1-53 和图 1-54 是 M-2 试样与 MB-2 试样烧结矿铁酸钙的 X 射线能谱图，表 1-22 是将各种元素换算为相应氧化物后各氧化物成分

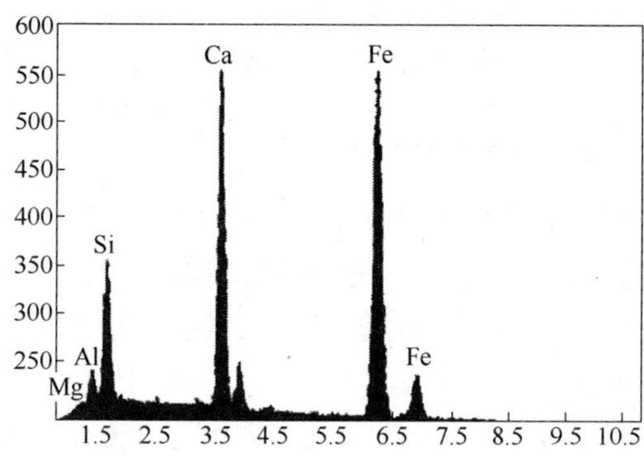

图 1-53 铁酸钙（不加硼）X 射线能谱图

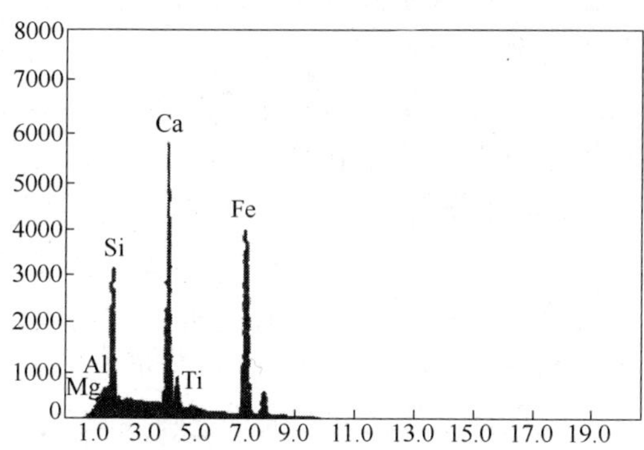

图 1-54 铁酸钙（加硼）X 射线能谱图

的质量分数。

表 1-22 加镁烧结矿与硼镁复合烧结矿铁酸钙的化学成分

类 型	编 号	化学成分/%				
		MgO	Al_2O_3	SiO_2	CaO	Fe_2O_3
高钙型	M-2	0.44	2.54	10.13	24.82	62.07
	MB-2	0.46	1.61	9.81	25.69	62.43
低钙型	M-1	1.31	2.26	6.96	15.39	74.08
	MB-1	1.65	3.71	5.23	0.95	81.56

由表1-22可见，无论是高钙型铁酸钙，还是低钙型铁酸钙，其中都有镁的固溶。硼镁复合样中镁的固溶量比单独加镁样多。这说明，镁比较容易进入铁酸钙晶格；加硼可强化镁在铁酸钙中的固溶。

C 硼、镁对铁酸钙形成的影响机理

由铁酸钙的形成机理可知，在烧结过程中实际上是 FeO_n 系和 SiO_2 系相互争夺 CaO 的过程，烧结温度越低，烧结气相当中氧化气氛越强，越有利于铁酸钙的形成，反之，则有利于 SiO_2 与 CaO 结合生成 $2CaO \cdot SiO_2$。

硼镁对铁酸钙的影响机理主要是以下三个方面，首先是硼、镁加入后，可以改善原料混匀和造球，增加了混合料层的透气性，烧结速率明显加快，增加了烧结过程中的氧化性气氛，促进了铁酸钙的形成。第二是硼、镁可以使混合烧结料的熔点明显降低，在相对较低的温度下即可得到足够的黏结液相，这样可以减少配碳，即低温强氧化性气氛烧结，这也是铁酸钙形成的条件。第三从硼对烧结初期液相的影响进行分析。烧结初期液相从化学成分上看，是属于硅酸盐熔体；从结构上分析，是属于玻璃结构。在玻璃结构中，[SiO_4] 中的硅是以 SP^3 杂化轨道和氧的 P 轨道形成 δ 和 π 两个共价键的，由于氧的电负性比硅大（分别为3.44和1.90），价电子云会偏向氧原子，所以 Si—O—Si 键又带有一定分量的离子键。根据单键的离子性百分数与电负性差值之间的关系，可得到 Si—O—Si 键的离子性百分数约为45%。在含 B_2O_3 的玻璃中，由于 [BO_3] 是平面结构，B 有时会和 [SiO_4] 中的 O 靠得很近。另外，硼的电负性也比硅大（分别为2.04和1.90），即硼吸引电子的能力大于硅，因此 Si—O—Si 的价电子云会偏向硼原子。硅的 SP^3 和氧的 P 电子云的偏移减少，将削弱 Si—O—Si 键中的 δ 和 π 共价键，同时由于硅的原子荷数的增加，Si—O—Si 键中离子键得以加强。因 Si—O—Si 键中离子键占有的分量仅为45%，所以离子键的增强不足以补偿共价键的减弱，总的 Si—O—Si 键将削弱。另外，在价电子云偏移后，由于硅的荷电荷数增加，使得它比没有发生电子云偏移的硅原子的吸引电子的能力更大些，会使 [SiO_4] 中另外几个顶角上 Si—O—Si 键的价电子云密度增加，键能也相应增加。总的来讲，B_2O_3 的加入，将使玻璃结构中一些键的键能增加、一些键的键能削弱，导致玻璃结构的黏程活化能下降；同时一些键缩短、一些键伸长，破坏了［SiO_4］的对称性，这也会引起黏度下降。同样镁的加入也可以改善液相的流动性，降低液相的黏度。硼镁复合后，对改善烧结矿初期液相的流动性更为明显。因此，由于烧结矿初期液相的黏度降低，流动性变好，增加了铁氧化物与 CaO 的接触几率，并且烧结过程中的氧化性气氛增强，有利于铁酸钙的形成。

综上可见，磁铁矿烧结过程中，矿物形成机理与赤铁矿大不相同，其初期液相不可能是 $CaO\text{-}Fe_2O_3$ 系，而应是 $FeO_n\text{-}SiO_2$ 系。在烧结过程中，实际是 FeO_n 系和 SiO_2 系相互争夺 CaO 的过程，FeO_n 系与 CaO 的结合，首要的问题是要先氧化成 Fe_2O_3。烧结温度越低，烧结气相中氧化气氛越强，越有利于 FeO_n 氧化生成 Fe_2O_3，Fe_2O_3 与 CaO 的亲和力较 SiO_2 与 CaO 的要大，这有利于铁酸钙的生成；反之，烧结温度高，氧化气氛弱，不利于 FeO_n 的氧化，也就不利于铁酸钙的生成，而有利于 SiO_2 与 CaO 的结合，生成 $2CaO \cdot SiO_2$，FeO_n 相一部分以铁橄榄石的形式进入玻璃相，一部分以 Fe_3O_4 晶相析出，另一部分被氧化后夺得 CaO 生成铁酸钙。

加入硼镁后，首先，改善了原料的混匀和造球，增加了混合料层的透气性，烧结速率明显加快，增加了烧结过程中的氧化性气氛，促进了铁酸钙的形成。第二，硼、镁可以使混合烧结料的熔点明显降低，在相对较低的温度下即可得到足够的黏结液相，这样可以减少配碳，燃料降低的结果是在同样风量下，气氛的氧化性增强，保持在适当低温下烧结。第三，硼、镁可以明显降低黏结液相的黏度，使其流动性变好，增加了铁氧化物与 CaO 的接触几率，硼镁二者复合后，使上述作用变得更为明显。综上所述，低配碳、强氧化性气氛、较好的料层透气性和液相流动性是铁酸钙生成的必要条件，结论是硼镁复合添加剂有利于铁酸钙的生成。

1.4.2 硼、镁对正硅酸钙形成的影响规律

烧结矿中的正硅酸钙是引起烧结矿自然粉化的主要原因，因为在烧结矿冷却过程中 Ca_2SiO_4 由 β 晶型（密度 $3.28g/cm^3$）向 γ 晶型

（密度 2.97g/cm^3）转变而产生体积膨胀导致烧结矿粉化。硼镁添加剂的使用，可以有效地抑制或降低烧结矿的自然粉化，并且硼镁复合后其作用效果更为明显。

1.4.2.1 正硅酸钙的形成及在烧结过程中的变化

A 正硅酸钙的形成机理

正硅酸钙形成机理与铁酸钙相似。由 CaO 的溶解及铁酸钙的形成机理分析可知，在烧结过程中 CaO 与初期液相反应生成正硅酸钙（$2CaO \cdot SiO_2$），被空气冷却时，在析出铁酸钙的同时，会伴随着 $2CaO \cdot SiO_2$ 的析出。其析出的铁酸钙及 $2CaO \cdot SiO_2$ 的相对量，决定于燃烧带气氛还原性及冷却气体氧化性的强弱。燃烧带的还原性越强，冷却气体的氧化性越弱，析出的 $2CaO \cdot SiO_2$ 的量越多、铁酸钙越少；反之，析出的铁酸钙量多、$2CaO \cdot SiO_2$ 量少。常规烧结试验中 $2CaO \cdot SiO_2$ 与碱度的关系及 $2CaO \cdot SiO_2$ 与配碳量的关系实验结果，也是上述关于 $2CaO \cdot SiO_2$ 形成机理的实验依据。当配碳量增加时，烧结气氛还原性增强，则冷却过程中析出的 $2CaO \cdot SiO_2$ 量增多，铁酸钙量减少。

B 正硅酸钙在烧结过程中的变化

正硅酸钙在烧结过程中各层的含量见表 1-7，根据表 1-7 的数据，将各烧结矿试样在各料柱位置的正硅酸钙的变化情况绘制成图 1-55。

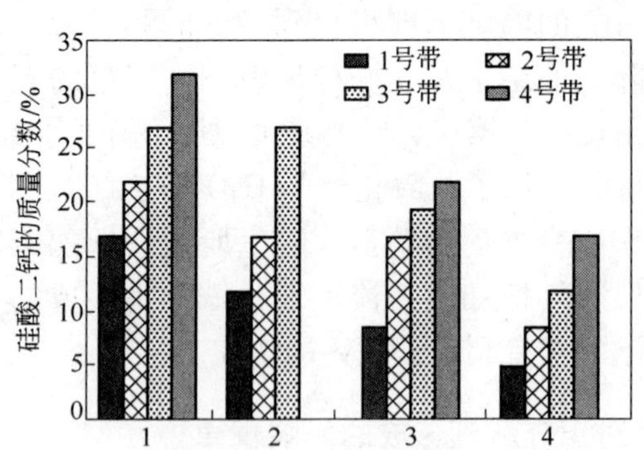

图 1-55 各烧结矿试样硅酸二钙含量的变化趋势

1—0；2—M；3—B；4—MB

由图1-55不难发现，不论哪一种烧结矿，从燃烧层到成矿层，黏结相中正硅酸钙的数量是逐渐减少，正硅酸钙在4号带（燃烧带）含量最多。这一变化规律与铁酸钙的变化规律正好相反。在烧结矿中，加镁或加硼均使正硅酸钙的含量减少，并且硼镁复合对减少正硅酸钙的作用效果更为明显。

1.4.2.2 正硅酸钙的能谱分析

为了研究硼镁对硅酸钙的作用机理，对不同试样进行了能谱分析。

图1-56和图1-57是M-2与MB-2烧结矿硅酸三钙的X射线能谱图，图1-58和图1-59是M-1与MB-1烧结矿硅酸二钙的X射线能谱图，表1-23是将各种元素换算为相应氧化物后各氧化物成分的质量分数。

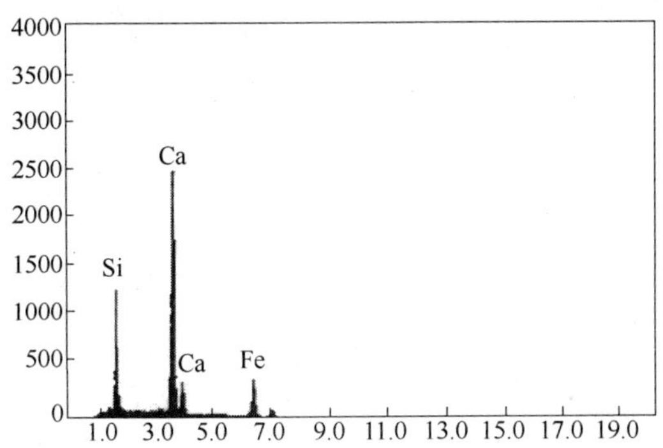

图1-56 硅酸三钙（不加硼）X射线能谱图

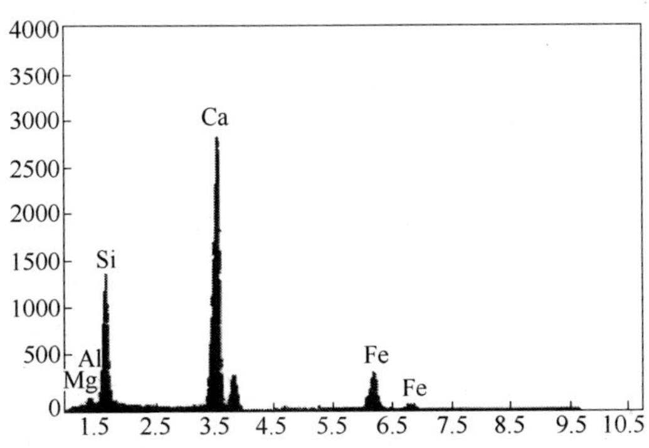

图1-57 硅酸三钙（加硼）X射线能谱图

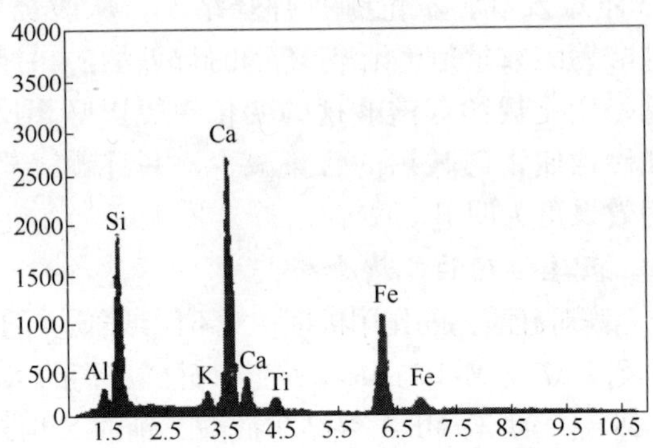

图 1-58 硅酸二钙（不加硼）X 射线能谱图

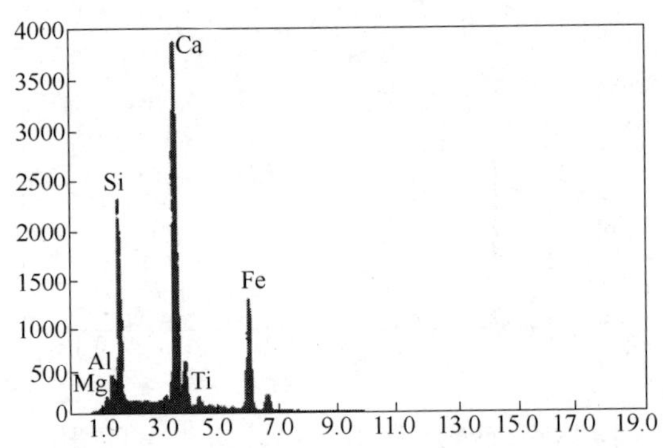

图 1-59 硅酸二钙（加硼）X 射线能谱图

表 1-23 加镁烧结矿与硼镁复合烧结矿硅酸二钙和硅酸三钙的化学成分

类 型	编号	化学成分/%						
		MgO	Al_2O_3	SiO_2	CaO	Fe_2O_3	K_2O	TiO_2
硅酸三钙	M-2	—	2.41	21.44	36.70	34.33	1.47	3.75
	MB-2	0.98	3.43	21.40	39.61	32.13	—	2.46
硅酸二钙	M-1	—	—	22.94	54.25	22.81		
	MB-1	0.49	1.06	21.30	57.25	19.90		

由表1-23可见，不加硼烧结矿矿相中，无论是硅酸二钙，还是硅酸三钙，均未发现有镁固溶；但硼镁复合烧结矿矿相中，硅酸二钙和硅酸三钙中均有镁的固溶。这说明，一般情况下，镁不容易进入正硅酸钙晶格；加硼可促进镁在正硅酸钙中固溶。

此外，由表1-7还可以明显看出，在加硼镁后的矿相中，一种新的矿物钙镁橄榄石（$CaO \cdot MgO \cdot SiO_2$）大量增加，正硅酸钙的含量明显下降，而单一加镁的试样钙镁橄榄石却很低，可以认为是由于硼的加入使得 Mg^{2+} 被激活，固溶入正硅酸钙中取代 Ca^{2+} 而析出新相钙镁橄榄石。两试样钙镁橄榄石的生成量比较如图1-60所示。

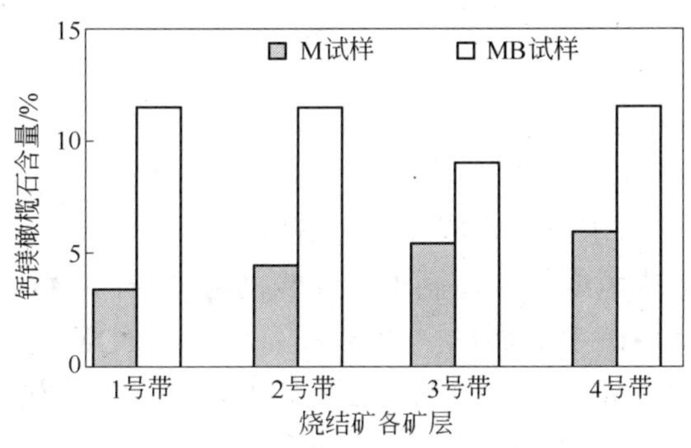

图1-60 烧结矿试样钙镁橄榄石含量的变化规律

1.4.2.3 硼、镁对正硅酸钙形成的影响机理

由正硅酸钙形成机理可知，烧结过程中CaO与初期液相反应生成正硅酸钙（$2CaO \cdot SiO_2$），在被空气冷却过程中，$2CaO \cdot SiO_2$ 与铁酸钙一起析出，因此，烧结过程中的初期液相的性质对正硅酸钙的形成起着非常重要的作用。

研究表明，加入硼镁后，一方面改善了原料的混匀和造球，增加了混合料层的透气性，烧结速率明显加快，增加了烧结过程中的氧化性气氛。其次硼可以使混合烧结料的熔点明显降低，在相对较低的温度下即可得到足够的黏结液相，这样可以减少配碳，燃料降低的结果是在同样风量下，气氛的氧化性增强，保持在适当低温下烧结，有利于铁氧化物的氧化和 Fe_2O_3 的稳定存在。又因为硼、镁可以明显降低黏结液相的黏度，使其流动性变好，有利于液相中的 Ca^{2+} 向 Fe_3O_4 氧化成的 Fe_2O_3 扩散，增加了铁氧化物与 CaO 的接触几率，使得铁酸钙易于生成。又根据铁酸钙形成机理可知在烧结过程中，实际是 FeO_n 系与 SiO_2 系相互争夺 CaO 的过程，铁酸钙生成量增多，则正硅酸钙的生成量必会减少。因此，硼镁不仅促进铁酸钙的生成，同时还抑制正硅酸钙的生成。

1.4.2.4 硼镁的交互作用对正硅酸钙形成的影响机理

通过上述研究发现，烧结矿加入硼、镁后，均使正硅酸钙含量减少，但硼镁复合对减少正硅酸钙的作用更为明显，这主要体现了硼镁交互作用对正硅酸钙的影响，对其影响做了深入的研究。

Panigraphy 等人认为[10]，烧结混合料中加入的镁，在烧结过程中有部分镁替代磁铁矿中的一小部分铁，形成(Fe, Mg) · O · Fe_2O_3，使得磁铁矿被氧化成赤铁矿变难；另有部分镁进入正硅酸钙的晶格中，形成固溶体，抑制了正硅酸钙由 $\beta\rightarrow\gamma$ 的晶型转变。研究发现，含镁烧结矿中加硼后（参见表 1-7），钙镁橄榄石的生成量明显增加，这和形成固溶体的说法是一致的，即 Mg^{2+} 取代了正硅酸钙中的 Ca^{2+} 而形成钙镁橄榄石，其变化情况见图 1-60。

加硼促进钙镁橄榄石生成量增多的原因是：未加硼时，烧结矿中的镁处于惰性状态，多以游离的 MgO 形式存在；当加入硼后，激活了烧结矿中的镁，一方面使惰性 MgO 中的部分 Mg^{2+} 进入铁酸钙中，另一方面，被激活的 Mg^{2+} 取代了正硅酸钙中的部分 Ca^{2+} 发生类质同象反应生成钙镁橄榄石，即由 $2CaO\cdot SiO_2$（正硅酸钙）转化为 $CaO\cdot MgO\cdot SiO_2$（钙镁橄榄石），使正硅酸钙生成量减少，这是硼镁复合添加剂交互作用抑制正硅酸钙生成的根本原因。

硼、镁的交互作用对正硅酸钙的作用机理为：烧结矿中，当硼镁复合加入时，处于惰性状态的镁被激活，一方面使 MgO 中的部分 Mg^{2+} 进入铁酸钙中，另一方面 MgO 熔入 $2CaO\cdot SiO_2$ 当中，取代了一个 CaO 而发生类质同象反应生成钙镁橄榄石（$CaO\cdot MgO\cdot SiO_2$），即由 $2CaO\cdot SiO_2$ 转化为 $CaO\cdot MgO\cdot SiO_2$，使正硅酸钙生成量减少。

1.4.3 硼、镁对玻璃相成分及含量的影响

1.4.3.1 烧结过程中玻璃相的研究

A 烧结过程中玻璃相成分的变化规律

为了寻求烧结过程中玻璃相成分的变化规律，对不同碱度烧结矿中玻璃相进行了化学分析和 X 射线能谱分析。针对不同碱度的烧结矿样进行编号即：1 号、2 号、3 号、4 号。烧结矿样中玻璃相的化学成分见表 1-24。

表 1-24 烧结矿玻璃相的化学成分

样 号	碱度 $w(CaO)/w(SiO_2)$	化学成分/%			
		Al_2O_3	SiO_2	CaO	FeO
1	0.4	5.85	49.59	22.24	22.31
2	1.0	5.45	36.22	37.96	20.37
3	1.4	4.58	34.17	39.19	22.06
4	1.7	3.87	38.23	41.91	15.99

玻璃相中主要组分 CaO 及 SiO_2 含量与碱度的关系如图 1-61 所示。

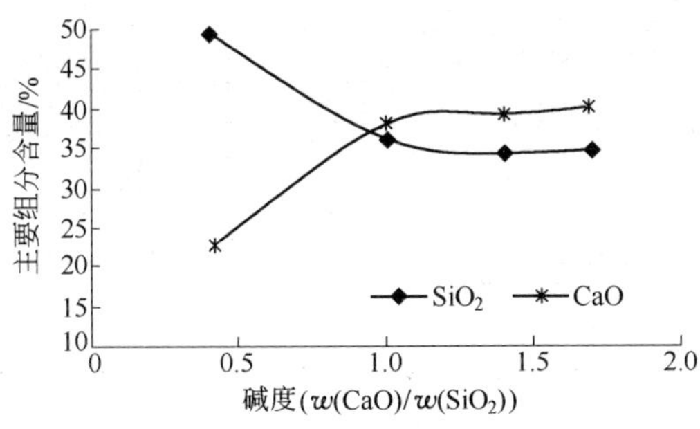

图 1-61 玻璃相中主要组分与碱度的关系

由图 1-61 可知，当碱度由 0.4 增至 1.0 时，玻璃相中 SiO_2 含量下降非常明显（由 49.59% 降至 36.22%），CaO 含量增加也很显著（由 22.24% 升至 37.96%）；而在碱度大于 1.0 以后，玻璃相的成分

基本不再变化。由试样的 X 射线能谱图更能清楚地表现上述规律（图 1-62 ~ 图 1-65）。

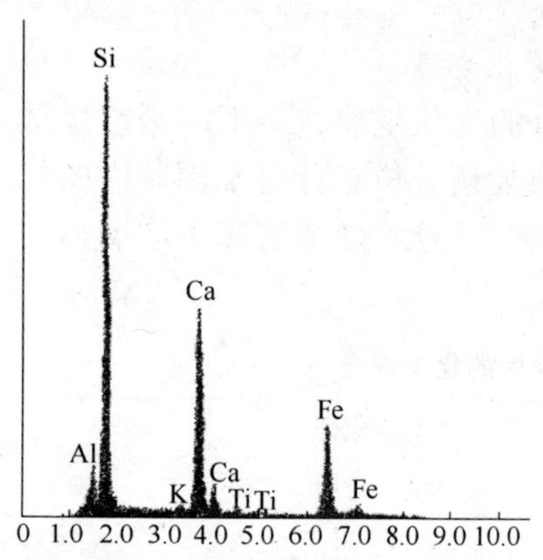

图 1-62　1 号玻璃相 X 射线能谱图

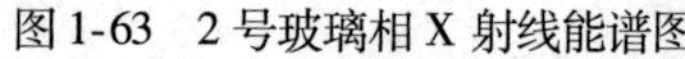

图 1-63　2 号玻璃相 X 射线能谱图

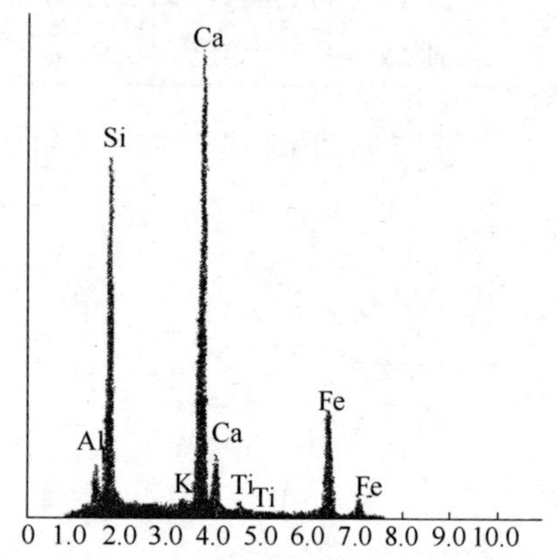

图 1-64　3 号玻璃相 X 射线能谱图

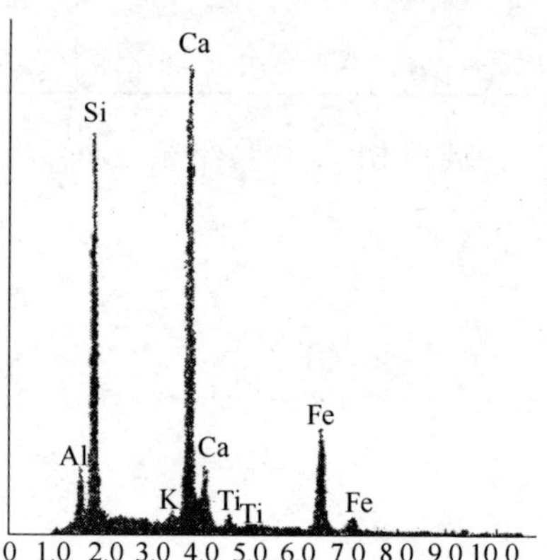

图 1-65　4 号玻璃相 X 射线能谱图

B　强度-碱度低凹区形成机理

SiO_2 含量较高的烧结矿在碱度为 1.2 ~ 1.5 时，有明显的强度低凹区出现。为了弄清楚“强度-碱度低凹区”的形成机理，对不同 SiO_2 含量、不同碱度进行了烧结实验及强度测定，采用转鼓指数和抗磨指数来度量烧结矿强度。实验原料配比及强度测定结果分别列于表1-25~表1-27。

表1-25 SiO_2 含量为6.5%条件下烧结矿碱度及对应的强度数据

序号	碱度 $w(CaO)/w(SiO_2)$	白灰/%	转鼓指数/%	抗磨指数/%
1-1	0.4	1.5	58.4	9.3
1-2	0.6	2.0	57.6	7.9
1-3	0.8	2.0	55.8	7.2
1-4	1.0	2.0	54.8	6.3
1-5	1.2	2.0	54.0	8.0
1-6	1.4	2.0	54.9	7.3
1-7	1.6	2.0	54.5	6.8
1-8	1.8	2.0	56.3	6.2
1-9	2.0	2.0	60.0	5.3

表1-26 SiO_2 含量为7.5%条件下烧结矿碱度及对应的强度数据

序号	碱度 $w(CaO)/w(SiO_2)$	白灰/%	转鼓指数/%	抗磨指数/%
2-1	0.4	1.5	59.5	9.7
2-2	0.6	2.0	57.8	7.9
2-3	0.8	2.0	56.3	7.4
2-4	1.0	2.0	54.8	6.7
2-5	1.2	2.0	55.0	5.9
2-6	1.4	2.0	51.2	5.8
2-7	1.6	2.0	53.9	5.7
2-8	1.8	2.0	56.8	5.3
2-9	2.0	2.0	60.0	4.5

表1-27 SiO_2 含量为8.5%条件下烧结矿碱度及对应的强度数据

序号	碱度 $w(CaO)/w(SiO_2)$	白灰/%	转鼓指数/%	抗磨指数/%
3-1	0.4	1.5	60.0	10.4
3-2	0.6	2.0	58.3	8.6
3-3	0.8	2.0	54.9	7.9
3-4	1.0	2.0	55.6	7.2
3-5	1.2	2.0	53.2	8.0
3-6	1.4	2.0	47.8	7.8
3-7	1.6	2.0	53.0	6.8
3-8	1.8	2.0	54.2	6.3
3-9	2.0	2.0	57.9	5.4

通过对玻璃相的研究，我们可以合理地解释“强度-碱度低凹区的形成机理”。由表 1-25 ~ 表 1-27 的数据绘制成的烧结矿强度-碱度关系曲线（图 1-66）发现，当烧结矿中 SiO_2 含量较高时，有明显的强度低凹区出现，而 SiO_2 含量低的烧结矿不出现明显的低凹区。其原因如下：

碱度由 0.4 增至 1.0 时，玻璃相中 SiO_2 含量由 49.59% 降至 36.22%，CaO 含量由 22.24% 升至 37.96%。按照玻璃结构的网络学说，SiO_2 为网络形成体，Na_2O、K_2O、CaO 等为网络修改体，MgO、Al_2O_3 等为网络中间体。由于 CaO 在玻璃相中起修改体作用，当其含量增高时，会使玻璃相的网络结构受到一定程度的破坏，使玻璃相强度下降。因此，也必然会产生在该碱度范围内烧结矿冷强度随碱度的升高而降低的结果。

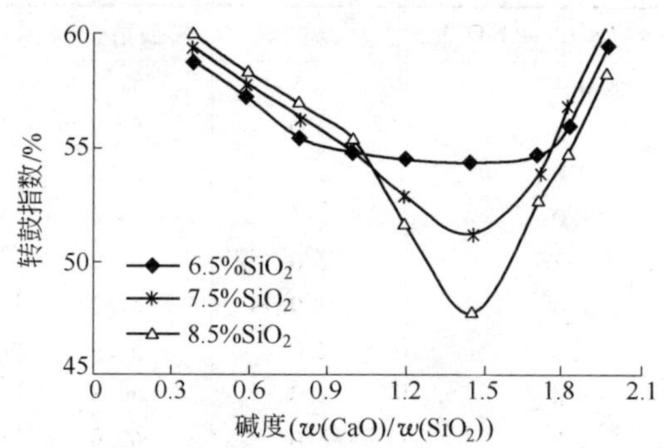

图 1-66 不同 SiO_2 含量时强度与碱度的关系

对于较高 SiO_2 含量的烧结矿，在碱度 1.4 左右时，出现强度的低凹区及低 SiO_2 含量时不出现明显的低凹区。可通过上述的矿相结构测试结果进行解释。以上分析过，在碱度大于 1.0 以后，玻璃相的成分基本不再发生变化，碱度为 1.4 及 1.7 的烧结矿，其玻璃相化学成分基本相同与碱度为 1.0 时玻璃相化学成分接近。

在碱度大于 1.0 以后，虽然玻璃相化学成分不再发生变化，但岩相鉴定表明，在黏结相中玻璃相所占比例随碱度增高而降低，在黏结相中开始出现铁酸钙和正硅酸钙。且铁酸钙及正硅酸钙所占比例随碱度升高而增高。图 1-67、图 1-68、图 1-69 分别是 1.0、1.4 和 1.7 碱度高 SiO_2 含量烧结矿的典型显微结构照片。在图 1-67 中铁酸钙及正硅酸钙基本上不存在，图 1-68 中已见相当数量的铁酸钙及正硅酸钙，图 1-69 中铁酸钙及正硅酸钙已成为主要黏结相。

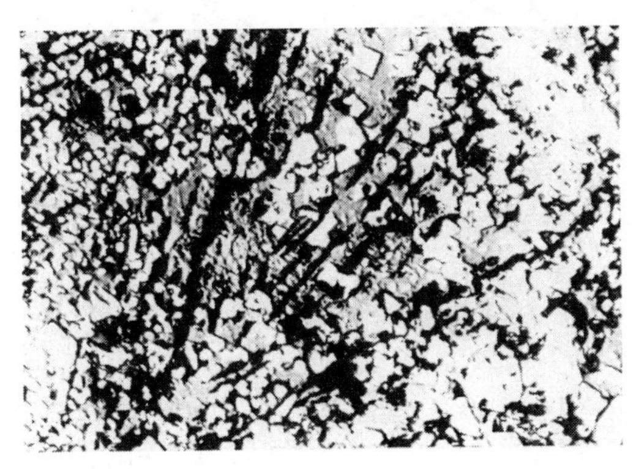

图 1-67 1.0 碱度高 SiO_2 含量烧结矿显微结构照片

图 1-68 1.4 碱度高 SiO_2 含量烧结矿显微结构照片

根据郭兴敏等人的研究结果[24]，铁酸钙的强度大于玻璃质。由于铁酸钙的产生使烧结矿强度增高，而正硅酸钙的产生，由于体积膨胀而使烧结矿强度下降。在碱度小于 1.2 时，黏结相主要是 $2FeSiO_2$，强度较好；在碱度 1.2～1.5 时，黏结相中正硅酸钙对强度

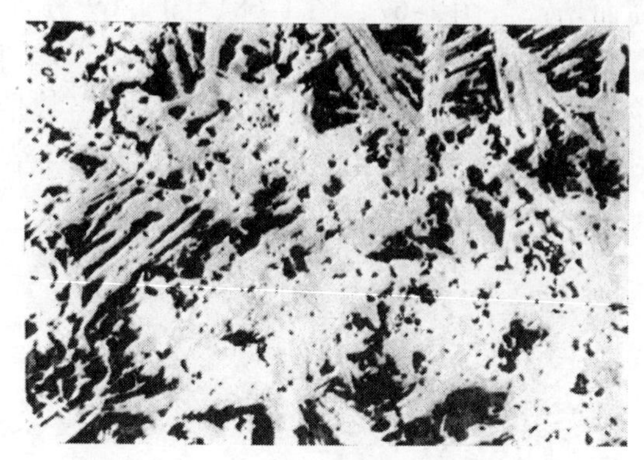

图 1-69 1.7 碱度高 SiO_2 含量烧结矿显微结构照片

的影响起主要作用，因此，随碱度升高，正硅酸钙增多，强度下降，出现低凹区；在碱度大于 1.5 时，黏结相中铁酸钙的影响起主要作用，随碱度升高，铁酸钙增多，强度增高。

对于 SiO_2 含量较低的烧结矿，没有明显的低凹区出现，是由于 SiO_2 含量低时，在各种烧结矿碱度下，其正硅酸钙所占比例均较低。其对强度的影响不占主导地位。

1.4.3.2 硼、镁对玻璃相的作用规律和机理

A 烧结过程中玻璃相的变化规律

各烧结矿试样在不同料柱位置的玻璃相含量以及玻璃质在各烧结矿试样中的含量如图 1-70、图 1-71 所示。

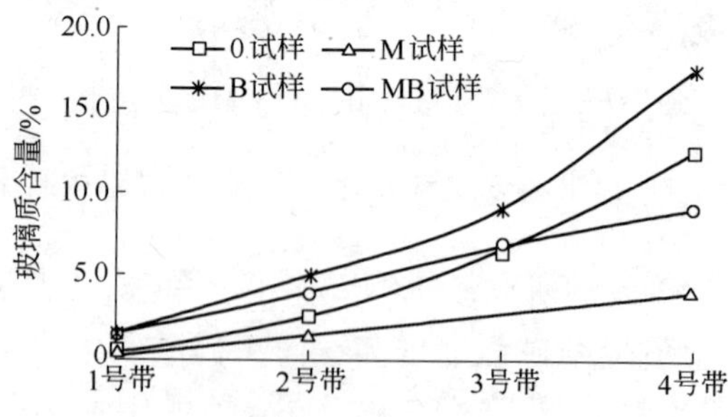

图 1-70 玻璃质在烧结过程中的变化趋势

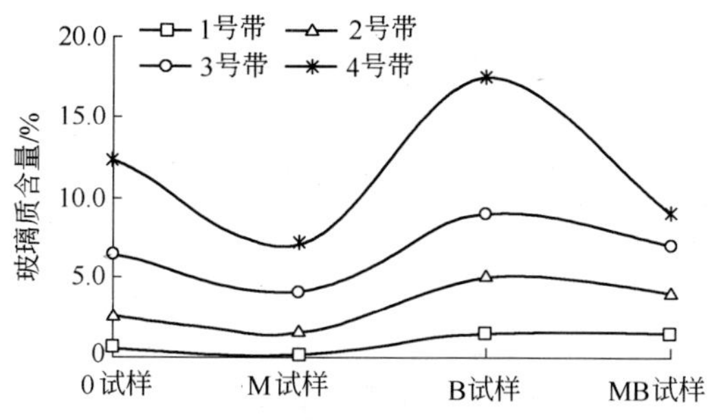

图 1-71 各烧结矿中的玻璃质含量

由图 1-70、图 1-71 可见，同一种烧结矿比较，从燃烧层到成矿层，玻璃相含量逐渐减少；不同烧结矿比较，无论在料柱的什么位置，加硼试样（试样 B）玻璃相含量都要比基准样高，加镁试样（试样 M）玻璃相含量都要比基准样低，而硼镁复合样玻璃相含量介于加硼样与加镁样之间，规律性十分明显。

因为所有烧结矿试样是在烧结过程中突然中断并自下向上通入氮气冷却得到的，因而燃烧层（4 号带）首先急冷，所以生成大量玻璃相是合情合理的，而燃烧带后沿（3 号带）和成矿带（2 号带和 1 号带），在通入氮气之前已经经过一定的冷却时间，生成的玻璃相数量自然要少。对于加镁使玻璃相数量减少，是因为加镁由于生成高熔点含镁物质提高了整个体系的熔点之故；而加硼使玻璃相数量增加，是因为加硼后生成低熔点产物，降低了整个体系的熔点和黏度，从而使液相量增多所致。

B 玻璃相的能谱分析

图 1-72 和图 1-73 分别为 M-2 试样与 MB-2 试样玻璃相的 X 射线能谱图，表 1-28 是将各种元素换算为相应氧化物后各氧化物成分的质量分数。

表 1-28 加镁烧结矿与硼镁复合烧结矿玻璃相的化学成分

编 号	化学成分 w/%						
	MgO	Al_2O_3	SiO_2	CaO	FeO	K_2O	TiO_2
M-2	—	1.96	15.21	39.22	42.87	0.21	0.53
MB-2	0.46	2.98	17.45	35.20	43.92	—	—

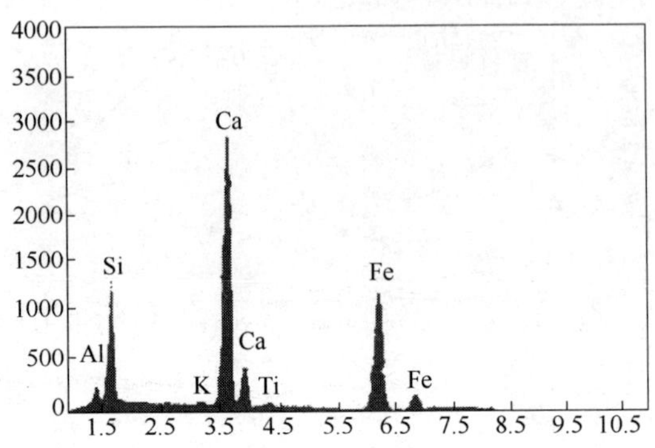

图 1-72 玻璃相（不加硼）的 X 射线能谱图

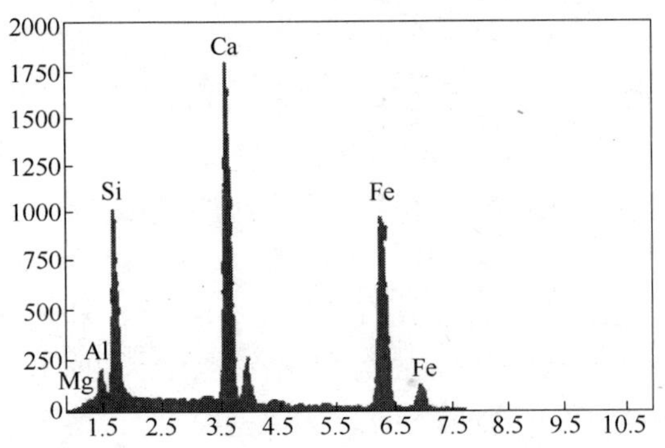

图 1-73 玻璃相（加硼）的 X 射线能谱图

由表 1-28 可见，不加硼时高镁烧结矿玻璃相中未发现有镁存在，而硼镁复合样中却固溶较多的镁。这说明加硼可以促进镁在玻璃相中固溶度。

根据玻璃形成理论，MgO 属于“玻璃修饰体”范畴，B_2O_3 属于“玻璃形成体”范畴。Balta 指出[25]，所有能够形成 σ 键的电子结构的元素，它们的化合物或多或少能够形成玻璃态；玻璃生成体物质在熔融时其原子或离子团仍能得以保持而不至于离解成单个原子或离子，亦即其基本结构单元——配位多面体能够确立而不解体，甚至在一定程度上还可以聚合而形成聚合结构。此外，由于 σ 键的韧性和低配位，其配位多面体之间的连接具有多变性，即键角和键长可随机改变。网络修饰体的原子不可能形成 σ 键，而且它们具有破坏聚合结构链的作用。他还提出，由熔体冷却所形成的玻璃态物质的化学键中或多或少都含有 π 键成分。π 键可叠加在 σ 键上，形成更复杂和更强的键，π 键相互作用造成的配位数增大会引起基本结构单元的变化。如果由于 π 键相互作用叠加在 σ 键上并引起所有键的键能都增加，则玻璃化倾向增大，然而，当结构中含有网络修饰体时，p_π-d_π 相互作用会重新分布，这一作用会降低化学键的对称性，使得结构缺陷随温度升高而急剧增加，这种情况下 π 键叠加在 σ 键上却降低了形成玻璃的倾向。

根据 Balta 的观点，当结构中含有网络修饰体时，不仅会降低化学键的对称性，使得结构缺陷随温度升高而急剧增加，降低形成玻璃的倾向，网络修饰体还会破坏形成玻璃结构的聚合结构链。这是加镁烧结矿玻璃相含量减少的根本原因，也是镁对玻璃相的作用的机理所在。

由硼在烧结矿中的分布规律可知，烧结矿中的硼 70% 以上进入玻璃相当中。进入玻璃相中的 B_2O_3，将使玻璃结构中一些键的键能增加、一些键键能减弱，导致玻璃结构的黏程活化能下降；同时，又使一些键缩短，一些键伸长，破坏了玻璃结构中［SiO_4］的对称性，引起初期液相的黏度下降。笔者研究认为，B_2O_3 的作用不仅于此，尤其是与 MgO 同时加入时，对玻璃相的性能具有更为显著的改善作用。

众所周知，B_2O_3 是典型的玻璃形成体，如果单独加入烧结矿后必然会增加形成玻璃的倾向，导致玻璃相数量增加（图 1-61）。然而，当其同碱土金属 MgO 一起加入时，形成的玻璃体已经不是含 B_2O_3 的普通玻璃，因为此时 B_2O_3 结构中的硼氧三角体［BO_3］将变为硼氧四面体［BO_4］。也就是说，在一定范围内，它们所提供的氧不作为非桥氧出现于结构中，而是使硼氧三角体转变为完全由桥氧组成的硼氧四面体，导致含 B_2O_3 的玻璃从原来两度空间的层状结构部分转变为三度空间的架状结构，从而加强了网络，并使玻璃的各种物理性质变好。

综上分析，镁的加入阻碍了玻璃相的形成，对减少玻璃相的数量有利；硼镁同时加入可改善玻璃的各种物理性质，提高玻璃质强度。

C 硼镁对玻璃相形成的作用规律

根据各项实验数据和微观分析结果，可将硼、镁对玻璃相的作用规律和机理归纳为：MgO 可使烧结矿中玻璃相数量减少，而加硼后，玻璃相数量增加；加硼可促进 MgO 在玻璃相中的固溶量。根据玻璃形成学及相关理论，MgO 阻碍玻璃的形成，而硼、镁同时加入后却可使玻璃从原来两度空间的层状结构部分转变为三度空间的架状结构，从而加强了网络，并使玻璃的各种物理性质变好，因此硼镁复合作用的效果使烧结矿中的玻璃相强度提高，性能改善。

1.5 硼、镁对球团焙烧温度的影响

1.5.1 硼、镁对球团矿质量的影响

各球团矿试样的抗压强度曲线如图 1-74 所示。加 MgO 球团矿抗压强度明显降低，且随球团矿中 MgO 含量的提高，抗压强度下降的幅度逐渐增加，由图中基准球团矿（1 号）、外配 4% MgO 球团矿（3 号）和硼镁复合球团矿（5 号）可见，1 号球团矿抗压强度最高，5 号稍低，3 号最差。这说明，同样条件下，加 MgO 使球团抗压强

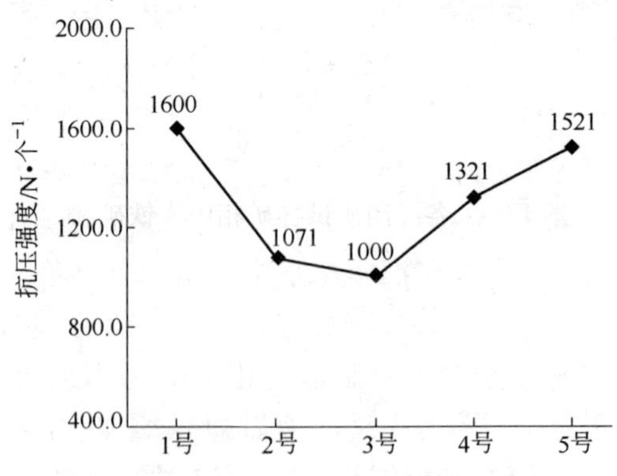

图 1-74 各球团矿抗压强度比较

度明显低于普通球团矿和硼镁复合球团矿。可见，同样条件下，加MgO使球团矿抗压强度明显低于普通球团矿和硼镁复合球团矿；MgO球团矿加入硼后，抗压强度提高。

由球团的氧化速率曲线（图1-40）可知，在相同时间内，加MgO球团试样Fe_3O_4氧化的百分比明显低于基准试样和硼镁复合试样；并且，随着硼的加入量的增加，Fe_3O_4氧化的百分比逐渐提高。可见，MgO对磁铁矿的氧化具有明显的阻碍作用，使得Fe_3O_4的氧化受到抑制而变慢；而含MgO球团加硼后又可使其氧化速率提高。

1.5.2 球团矿的矿相特征

各球团矿试样矿相中赤铁矿和磁赤铁矿的体积分数如图1-75所示。

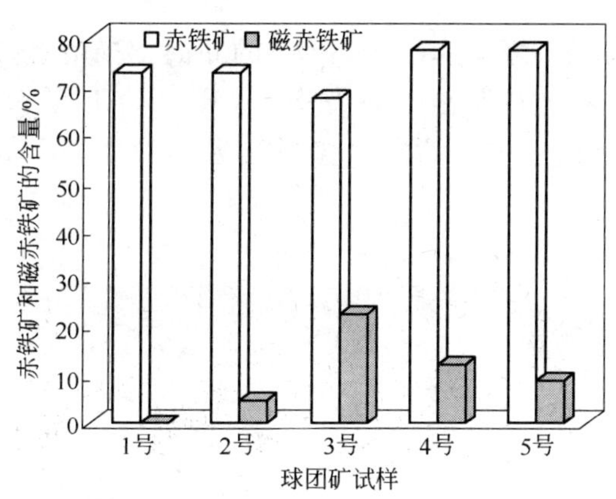

图1-75 各球团矿试样矿相中赤铁矿和磁赤铁矿的体积分数

由图1-75可见，基准样中没有磁赤铁矿，随着MgO加入量的增加，矿相成分中磁赤铁矿逐渐增多；硼加入后，磁赤铁矿减少，且随球团中硼含量的提高，磁赤铁矿有减少至消失的趋向。磁赤铁矿是磁铁矿不充分氧化时生成的产物，这说明加镁后磁铁矿氧化不完全，而加硼则可促进磁铁矿的氧化。

光学显微镜下观测表明，加镁球团矿虽以晶相固结为主，但赤铁矿再结晶长大不明显；赤铁矿粒度不均匀，个别区域粒度偏小，说明加镁赤铁矿氧化不充分，赤铁矿连晶较差，固结发育程度不好；另外，赤铁矿中心存有少量未完全反应的残余磁铁矿，且磁赤铁矿含量较多，在球团表层至中心均有分布，并与细粒或条状赤铁矿共晶。这些都是降低球团矿强度的不利因素。大量磁赤铁矿分散在球团表层至中心，也说明球团矿的氧化不充分。

加入硼后，矿相特征发生明显变化。例如5号球团矿，磁赤铁矿含量明显降低，且多分布于球团外部，而球团矿中心主要表现为赤铁矿晶粒的再结晶连接，没有磁赤铁矿，说明整个球团矿氧化比较充分，赤铁矿连晶较好。因此，硼镁复合球团矿的强度自然会得到提高。

1.5.3 加镁球团矿的扫描电镜和能谱分析

3号球团矿试样（w(MgO) = 4%）的断面扫描电镜照片如图1-76所示。图1-77～图1-79是图1-76中A、B、C三区的X射线能谱图。表1-29是将能谱图的元素定量分析结果换算为相应氧化物的化学成分。

图1-76 3号球团矿扫描电镜照片

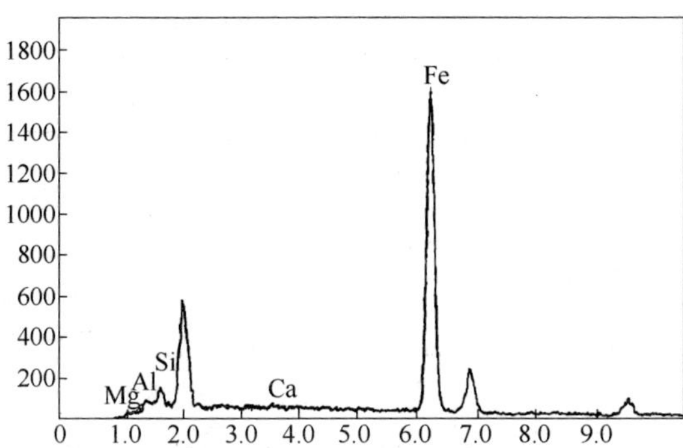

图 1-77 A 区 X 射线能谱图

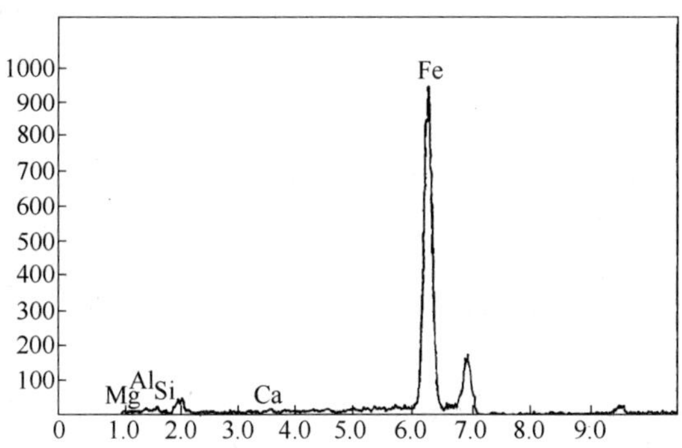

图 1-78 B 区 X 射线能谱图

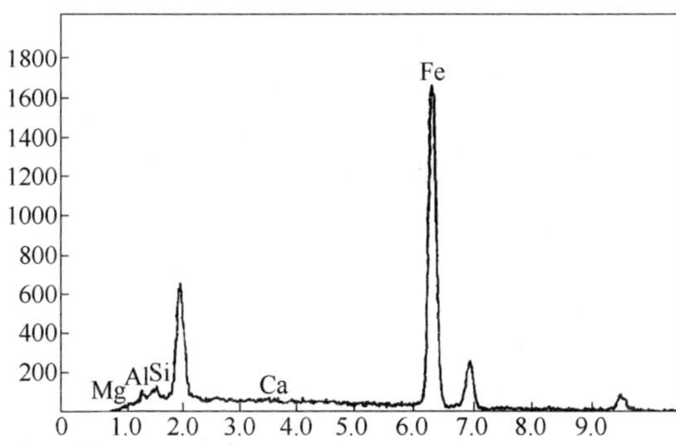

图 1-79 C 区 X 射线能谱图

表 1-29 3 号球团矿 A 区、B 区和 C 区的化学成分

试 样	分析区域	化学成分/%				
		MgO	CaO	Al_2O_3	SiO_2	Fe_2O_3
3 号	A 区	0.09	0.33	2.05	3.79	93.74
	B 区	2.77	0.33	5.62	2.46	88.82
	C 区	1.70	0.35	3.64	3.10	91.21

由图 1-76 可见，高镁球团的矿相中，晶体粒度发育不均匀，部分区域发育较好，部分区域磁铁矿氧化不充分，晶体发育不完善。

A、B、C 三区的能谱分析表明（表 1-29），磁铁矿氧化越不充分，晶体发育越不完善的区域，MgO 含量越高。MgO 含量越低的区域，晶粒越大，连晶越好。这充分说明，MgO 阻碍了磁铁矿的氧化，是导致球团矿强度降低，氧化速率下降的内在机理。

1.5.4 硼、镁对球团矿氧化速率和焙烧温度的影响机理

上述实验和分析表明，球团中加入镁后，增强了磁铁矿的稳定性，使磁铁矿氧化受阻，氧化速率降低，于是导致磁铁矿氧化不完全。在高温焙烧过程中，Mg^{2+} 进入赤铁矿晶格中，进一步阻碍赤铁矿晶粒的再结晶长大，这是磁铁矿球团加镁焙烧后强度降低的内在机理。硼加入含镁球团后，改善了磁铁矿的反应活性，提高了球团矿的氧化速率，促进了磁铁矿的氧化；矿相鉴定结果说明，含镁球团加硼后，可在较低温度时促进相邻颗粒之间的结晶，加强了 Fe_2O_3 再结晶和晶粒长大，分布较均匀，大大提高了球团致密程度，因而球团的强度较高。

硼镁强化氧化性球团固结机理与硼镁对烧结矿中玻璃相形成影响机理相似，可用玻璃形成理论解释：B_2O_3 作为“玻璃形成体”与 MgO（“玻璃修饰体”）一起加入，使硼氧三角体[BO_3]结构转变为硼氧四面体[BO_4]结构，从而加强了连接，提高了球团矿强度。因此，硼、镁的加入改变了磁铁矿的反应活性，使其反应活化能降低或提高，从而使球团的焙烧温度相应地降低或提高。所以通过调整硼镁的合理加入比例，可使球团的焙烧温度适当降低，达到节能降

耗的目的。

1.6 硼、镁复合添加剂工业应用

1.6.1 改进烧结工艺的技术措施

综合分析硼镁复合添加剂基础理论研究结果得出，在烧结矿微观组成中，复合铁酸钙及正硅酸钙是影响烧结矿质量的关键因素。通过烧结过程控制，最终达到使烧结矿具有以针状复合铁酸钙为主要黏结相、正硅酸钙不存在或虽少量存在，但在自然冷却过程中不发生由 β 晶型到 γ 晶型的转变的非均质多孔微观结构时，烧结矿具有最佳的冶金性能。增加烧结气氛的氧化性及改善液相的性质是促进上述有益微观结构产生的有效技术手段。工业试验中以采用硼镁复合添加剂为中心，以控制烧结矿微观结构为出发点，围绕增强烧结气氛的氧化性及改善液相的性质及节能降耗进行技术及工艺的创新。

1.6.1.1 改造台车栏板、增加料层厚度，采用低配碳、慢机速烧结工艺

由烧结矿矿相组成与冶金性能关系的研究可知，在一定碱度下，烧结矿具有以针状 SFCA 相为主要黏结相的微观结构时，烧结矿具有最佳的冶金性能。而 C_2S 对烧结矿质量产生极为不利的影响。由 SFCA 相及 C_2S 的生成过程及机理又可知，增加烧结气氛的氧化性、延长高温氧化时间，是促进 SFCA 相及抑制 C_2S 生成的关键。为达到上述目的，通过改造台车栏板，使料层厚度由原来的 500mm 达到 650mm。平均机速由原来的 1.96m/min 调整为 1.84m/min。料层厚度提高后，其烧结过程料层蓄热能力提高，使得低配碳烧结时仍能保证有足够高的烧结温度。其燃料添加量由过去的 57.0kg/t 降低到 54.3kg/t。

1.6.1.2 改造混料设备，优化混料工艺参数

在料层厚度提高后，其料层透气性必然降低。为了保证在料层厚度提高后有良好的透气效果，要么改造抽风系统，要么改造混料与布料设备、优化混料与布料工艺参数。改造抽风系统，其投资费用将会非常高。因此，对混料系统进行了技术改造，优化了混料工

艺参数，达到了强化制粒效果的目的。在抽风系统设备不变的情况下，保证了厚料层烧结良好的透气性。其采取的主要措施为：

（1）混合机加水方式由雨淋式改为雾化喷水，将原设计的单排加水管改为三排，并依据加水曲线确定每排加水管在滚筒内伸入的位置。

（2）在混合机头部漏斗下设置电动振打用于处理漏斗堵料，规定每隔 15min 电动振打作业一次，禁止利用水冲处理漏斗堵料，这样做不但解决了漏斗经常堵料的难题，而且稳定了混合机加水作业，有利于水分在混合料中的均匀分配，减少混合料水分波动对烧结过程的影响。同时调整一、二混加水比例，将一、二混加水比例由 4：1 改为一混加足水，二混不加水。

（3）对混合机工艺参数进行优化，同时在滚筒内安装刮刀和稀土含油尼龙花衬板，减轻滚筒内壁粘料，确保混合机具有较好的混匀、制粒效果。

表 1-30 列出了混合机改造前后工艺参数的变化。

表 1-30 混合机改造前后工艺参数的变化

项目	时间段	填充率/%	转速/$r \cdot min^{-1}$	倾角/(°)	布料停留时间/s
一次混合机	改进前	12.13	7	2.29	138
	改进后	16.30	7.8	1.36	199
二次混合机	改进前	9.30	7	2	170
	改进后	13.20	7	1.1	275

混料工艺经优化后，明显地改善了制粒效果。表 1-31 列出了在原料条件类同的情况下，工艺改进前后混合料粒度组成的变化。

表 1-31 改进前后混合料粒度组成变化 （%）

时间段 \ 粒级		+8mm	8～5mm	5～3mm	-3mm	+3mm
改进前	一混后	2.10	23.00	15.72	59.18	40.82
	二混后	5.50	25.30	19.74	49.46	50.54
改进后	一混后	5.98	31.14	15.33	47.55	52.45
	二混后	7.01	36.56	17.22	39.22	60.78

由表 1-31 数据表明，混料工艺优化后，混合料中 +3mm 粒级物料一混后提高了 11.36%，二混后提高了 10.24%。

1.6.1.3 改造布料设备、采用偏析布料技术

在布料时设法使混合料沿料层宽度方向均匀、沿料层高度方向合理偏析，也是增加料层透气性的一项关键措施。为此，对布料设备进行了改造。

（1）采用六辊布料器取代了反射板。并通过理论计算及试验将原设计安装倾角由52°调整为40°，得到了最佳的偏析效果。

（2）设计采用了双层疏料器。料层提高后，原有单层疏料器只能保证料层下部混合料的致密度，而上部难以保证，造成料层各部分致密度不一致，透气性差且不均匀。为此，设计安装了双层疏料器，使料层透气性得到进一步改善。

（3）设计安装了浮动刮料板。在厚料层试生产中，发现原有的金属刮料板将表层混合料压得过“死”，不但使台车料面点火效果变差，也恶化了料层透气性。为解决此问题，设计安装了浮动刮料板，收到了很好的平料效果。

1.6.1.4 采用燃料分加技术抑制低凹区效应的不良影响

由前面的研究可知，以冀东矿为原料生产烧结矿，当 SiO_2 含量较高时，在碱度1.4左右存在明显的强度低凹区。采用超高碱度虽可避开低凹区的碱度范围，但在高炉冶炼时必须配加较多量的酸性球团。但由于球团矿生产量不足，难以满足高炉冶炼的要求。采用外购球团其质量又难以得到保证。采用燃料分加工艺，由于混合料制粒及燃料燃烧条件都得到改善，从而使碱度为1.7烧结矿强度明显地提高。在一定程度上抑制了强度低凹区的不良影响。在实施燃料分加过程中，采用了以下几项新技术：

（1）分加焦粉仓采用“自动断料振打”技术，即在称量皮带机上方安装断料报警器，当二次分加焦粉出现断料时，报警器会自动将断料信号反馈到焦仓上方的振打器并开始工作，直到焦粉切出量达到设定值。

（2）在存储焦粉的焦仓与地漏周围安装环绕仓体的保温系统。防止了冬季生产时焦仓内焦粉结块，确保分加焦粉正常切出。

（3）将焦粉切出控制方式由手动改为集中连锁控制。分加焦粉下料量大小可由中控直接调节，称量皮带动作与主体设备相对应。

（4）采用高精度配料称，提高分加焦粉瞬时切出量的精确度。

1.6.1.5 改造余热利用系统设备、提高烧结料初始温度

由正硅酸钙及复合铁酸钙的生成机理的研究结果可知，增加烧结气氛的氧化性减弱还原性，是促进复合铁酸钙生成抑制正硅酸钙生成的有效措施。通过预热烧结混合料，减少燃料加入量是在保证烧结温度不变的条件下，增强烧结气氛氧化性的有效手段。在生产中设计安装了环冷机余热回收系统，利用热废气产生蒸汽，用蒸汽加热混合料。为提高蒸汽的热利用率，设计了一种新型加热器。即在一、二混之间增加了一个中间矿槽，矿槽下部给料设备采用圆辊给料机，通过槽料位的控制，在矿槽下部形成“密闭容器”，将蒸汽通入到“密闭容器”中，让蒸汽与物料直接接触来提高热交换效果。

1.6.2 推广实施效果

唐山国丰钢铁公司、唐山钢铁公司、宣化钢铁公司、津西钢铁公司、邢台钢铁公司、新抚钢铁公司等应用单位生产实践表明，采用硼镁复合添加剂技术后，烧结机利用系数提高、固体燃料消耗下降、冶金性能改善、高炉冶炼焦比下降。表 1-32 ~ 表 1-34 列出了唐山钢铁公司、唐山国丰钢铁公司、宣化钢铁公司采用该技术前后主要技术经济指标。

表 1-32 唐山钢铁公司采用复合添加剂技术前后主要技术指标对比

时　间	利用系数 /t·$(m^2 \cdot h)^{-1}$	强度/%	RI/%	$RDI_{+3.15}$ /%	燃料消耗 /kg·t^{-1}	综合焦比 /kg·t^{-1}
采用前	1.28	72.4	78.4	76.6	57.3	513
采用后	1.32	74.8	81.5	78.9	53.8	505

表 1-33 唐山国丰钢铁公司采用复合添加剂技术前后主要技术指标对比

时　间		利用系数 /t·$(m^2 \cdot h)^{-1}$	强度/%	RI/%	$RDI_{+3.15}$ /%	燃料消耗 /kg·t^{-1}	综合焦比 /kg·t^{-1}
采用前		1.565	68.99	79.20	78.6	92.85	630
采用后	1998 年	2.093	72.89	80.10	85.4	54.04	519
	1999 年	2.325	74.62	81.3	86.31	50.74	501

表1-34　宣化钢铁公司采用复合添加剂技术前后主要技术指标对比

时　间	利用系数 /t·(m²·h)⁻¹	强度/%	*RI*/%	$RDI_{+3.15}$ /%	燃料消耗 /kg·t⁻¹	综合焦比 /kg·t⁻¹
采用前	1.271	66.67	78.6	81.3	71.76	536
采用后	1.322	72.34	79.3	82.2	69.48	530

该技术在唐山钢铁集团有限责任公司等单位实施后，不仅烧结矿质量得到大幅度提高，而且还取得了明显的增产、节能效果。

采用该项新技术及工艺与采用该项技术及工艺前生产技术指标对比见表1-35、表1-36。

表1-35　新旧技术及工艺烧结主要生产技术指标对比

时　间	成品率 /%	固体燃耗 /kg·t⁻¹	转鼓指数 /%	台时产量 /t·(m²·h)⁻¹	层厚 /mm	电耗 /kW·h·t⁻¹	煤气消耗 /m³·t⁻¹
实施前	68.32	57.65	76.6	204.73	500	44.39	58.34
实施后	72.56	54.12	78.2	216.51	650	39.00	56.85
比　较	+4.24	-3.53	+1.6	+11.78	+150	-5.39	-1.49

表1-36　新旧技术及工艺高炉主要生产技术指标对比

时　间	利用系数/t·(m²·h)⁻¹	综合焦比/kg·t⁻¹
实施前	1.96	546.92
实施后	2.02	531.67

由生产指标对比说明，在烧结生产中应用该项技术及工艺使烧结及高炉生产各项技术指标明显提高，经济效益增加显著。

参考文献

[1] 范广权．一种值得引起重视的烧结球团添加剂—硼泥[J]．辽宁冶金，1989(2):54～63.

[2] 张凯，杨兆祥．造块用含硼添加剂的使用研究现状和发展[J]．烧结球团，1998(2)：20～22，28.

[3] 北京钢铁学院，首都钢铁公司联合烧结实验小组．迁安铁石磁选精矿粉的烧结粉化原因分析和防止措施[J]．金属学报，1975(1)：25～33.

[4] 赵玉寰，王叔翀．硼矿泥对烧结矿质量影响的研究[J]．河北冶金，1985(4)：47～61.

[5] 王兆敏，周万强，刘万山，等．烧结矿加硼及高炉冶炼实验总结[J]．辽宁冶金，1989(2)：7～13.

[6] 冯本和，田全生．配加硼泥烧结矿生产及其冶炼效果的实验研究[J]．河北冶金，1993(5)：18～25.

[7] 朱家骥，杨兆祥．球团矿加含硼添加剂的研究[J]．烧结球团，1985(4)：8～16.

[8] 赵庆杰，何长青．烧结和球团添加含硼铁精矿的研究[J]．烧结球团，1996(4)：20～23.

[9] 范广权，王双立．硼泥改善球团矿质量和焙烧工艺的效果[C]．1992 年炼铁学术年会论文集，1992：1～3.

[10] Panigraphy S C. Effect of MgO Addition on Strength Characteristics of Iron Ore Sinter[J]. Ironmaking and Steelmaking，1984，11(1)：17.

[11] 王叔翀．邢钢烧结矿 MgO 含量的选择[J]．烧结球团，1996(3)：29～33.

[12] 杜国萍，段维民．包钢烧结矿提高 MgO 含量工业试验总结[J]．包钢科技，1997(3)：107～110.

[13] 张化桂，郑信樊．高氧化镁烧结矿工业试验[J]．烧结球团，1981(4)：34～43.

[14] 谭金琨，尹海生，李振国．碱度、MgO 含量和白云石粒度对烧结矿常温强度的影响[J]．烧结球团，1990(2)：19～23.

[15] Panigraphy S C. Influence of MgO Addition on Mineralogy of Iron Ore Sinter[J]. Metallurgical Tansactions B，1984，15B(3)：23.

[16] 杨兆祥，杨胜义．马钢铁精矿生产球团矿的可行性研究（之二）——制取 MgO 质酸性球团矿[J]．烧结球团，1999(3)：1～6.

[17] 朱家骥，杨兆祥．加硼 MgO 质酸性球团矿的冶金性能[J]．烧结球团，1993(2)：1～6.

[18] 吴锦文，李贵松，许彦斌．氧化镁对酸性球团冶金性能的影响[J]．烧结球团，1983(4)：14～22.

[19] Zimmermann K A，Peters K H. Mischbett and Sinter-technik ber der Mollervorberitung in Werk Schwelgern der Thyssen Stahl AG[J]. Stahl und Eisen. 1983，103：697～702.

[20] Ichiro Shigaki，Mineo Sawada，Masahiro Maekawa. Melting Property of MgO Containing Sinter[J]. Transactions ISIJ. 1981(21)：862～869.

[21] Haga，Tetsuzo Kasama，Shunji Kozono，Takuma Oga. Evaluation of Melting Characteristics of Fine Iron Ores by the Tablet Sintering Test[J]. Tetsu-To-Hagane/Journal of The Iron and Steel Institute of Japan. 1996，82(12)：981～986.

[22] Dawson P R. Research Studies on Sintering and Sinter Quality[J]. Ironmaking and Steelmaking. 1993，20(2)：137～142.

[23] Matsuno F，Harada T. Changes of mineral phase during the sintering of iron ore-lime stone systems[J]. Transactions ISIJ. 1981(21)：318.

[24] Guo Xingmin，Maeda，Takayuki Ono，Yoichi. Formation mechanism of binary calcium ferrites under stable condition of CaO center dot $2Fe_2O_3$[J]. Tetsu-To-Hagane/Journal of the Iron and Steel Institute of Japan. 1995，81(1)：28～33.

[25] Balta P，Balta E. 玻璃物理化学导论[M]．北京：中国建筑工业出版社，1983.

2 小球团烧结燃料和熔剂添加方式

随着钢铁工业的不断发展和进步，对入炉原料的质量要求越来越高。烧结矿是高炉炼铁的基本原料之一，改善烧结矿质量及冶金性能，对于强化高炉冶炼，降低焦比具有重要作用。在世界范围内，天然富矿粉资源日益减少，为提高入炉品位，细铁精矿的产量日益增加。尤其对于我国来讲，铁矿资源多为共生难选贫铁矿，使得精矿粉粒度越来越细，以这种细精矿粉为原料的烧结生产，料层透气性不好，产量低，质量差，能耗高。在现有生产条件下，不断强化烧结过程，提高产量，改善质量，对于充分发挥现有企业的生产能力，降低成本，有其现实意义。

早在20世纪60年代，我国首钢、中南工业大学就进行过小球团烧结研究，鞍钢开发了适合红矿烧结的双球烧结工艺。90年代，日本钢管公司成功开发了HPS法（Hybrid Pelletized Sinter Process），并在福山厂5号烧结机成功应用于工业生产；国内泰钢、安钢、酒钢等也投入工业生产，取得了良好效果。实践证明，小球团烧结适合于我国以细精矿粉为主要铁料的烧结工业，可提高烧结矿的质量，改善冶金性能，对改变我国长期以来烧结指标落后的状况具有重要意义。

从90年代开始至今，国内小球团烧结发展迅速，是极具生命力的造块技术。熔剂分加、熔剂外加和烧结机焙烧酸性球团矿技术的研究与应用对改善高炉炉料结构、炉料性能，充分发挥烧结机的生产能力必将起到更大的作用。

2.1 小球团烧结工艺特征与应用

小球团烧结法将铁矿粉、返矿、熔剂和部分固体燃料等按一定要求混合制粒，通过圆盘造球机或圆筒造球机造球，并外滚一定量的焦粉或煤粉后烧结，最终生产出一种集球团矿、烧结矿优点于一体的优质人造富矿。

2.1.1 小球团烧结工艺特点

目前，世界上广泛应用的造块方法主要有两种，即烧结法与球团法，二者分别具有约100年和50年的历史。以烧结矿和球团矿为代表的铁矿石人造富矿为稳定高炉操作已做出重大贡献，而且在长期的工业应用过程中，烧结法与球团法在完善生产工艺技术和改进造块质量等方面均达到了相当高的水平。但是这两种造块方法在适用的原料粒度条件等方面还受着一定的限制，而且造块产品的物理机械特性，尤其是冶金性能仍不能满足高炉冶炼的理想要求[1]。

球团矿虽具有粒度均匀、强度高、还原性好等特点，但球团法通常只生产酸性球团矿，且要求将原料粒度控制在44μm以下。烧结法是目前我国铁矿粉造块的主导工艺，可生产各种碱度烧结矿而满足高炉炉料结构需求，但还原性和粒度均匀性稍差，主要用于处理粉矿，细磨铁精矿需强化制粒后才可用于烧结。

小球团烧结法实质是将铁矿粉、返矿、熔剂和部分固体燃料等按一定要求混合制粒，并外滚一定量的焦粉或煤粉（生石灰），制成具有一定粒度的生球，其构造为具有三层的结构形式（图2-1）：核心为富矿粉/返矿，外壳为细精矿，表面黏附部分燃料/生石灰；经烧结后，生产出一种集球团矿、烧结矿优点于一体的优质人造富矿。

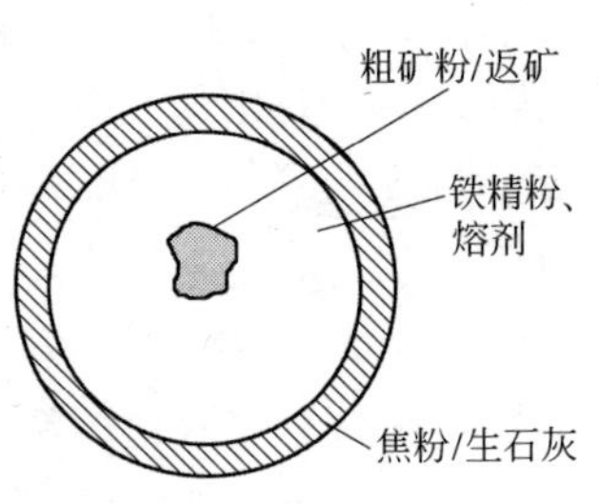

图2-1 生球结构示意图

2.1.1.1 小球团烧结工艺理论基础

根据烧结机生产效率计算式：

$$q = 60Fv_{\perp}\gamma k \tag{2-1}$$

式中 q——烧结机台时产量，t/(台·时)；

F——烧结机抽风面积，m^2；

$v_{\perp}$——垂直烧结速度，mm/min；

γ——烧结矿堆密度，t/m^3；

k——烧结矿成品率，%。

在特定的烧结机上烧结某种烧结矿时，式（2-1）中 F、γ 及 k 基本上是定值，烧结机的生产效率 q 只同垂直烧结速度 $v_{\perp}$ 成正比关系，而 $v_{\perp}$ 又与单位时间内通过的风量成正比，即：

$$v_{\perp} = k' w_0^{n_1} \tag{2-2}$$

式中 w_0——气流速度，m/s；

k'——决定原料性质的系数；

n_1——系数，一般为 0.8～1.0。

因此，提高通过料层的空气量，就可提高烧结机生产效率。但在抽风机能力一定的条件下，要增加通过料层的空气量，就必须减小物料对气流通过的阻力，也就是要改善料层透气性。

透气性是指气体通过固体散料层的难易程度，一定程度上决定了气体在烧结料层内的流动状态及变化规律，进而关系到烧结过程的传热、传质和物理化学反应过程，因而对烧结矿的产量、质量及其能耗等均有很大影响。

根据烧结过程的气体力学理论，气体通过散料层的阻力损失可采用 Ergun 方程描述：

$$\frac{\Delta p}{H} = \frac{150\mu v_0(1-\varepsilon)^2}{\phi d_0^2 \varepsilon^2} + \frac{1.75\rho v_0^2(1-\varepsilon)}{\phi d_0 \varepsilon^3} \tag{2-3}$$

式中 ρ，μ——气体的密度和动力黏度系数；

v_0——空炉速度；

d_0——颗粒的平均直径；

ε——料层的孔隙度；

ϕ——形状系数。

伏依斯在试验的基础上提出了 Voice 经验式描述烧结过程中主要流体力学工艺参数之间的相互关系：

$$P = \frac{Q}{A}\left(\frac{h}{\Delta p \times 9.8}\right)^n \tag{2-4}$$

式中 P——料层的透气性指数，即单位压力梯度下单位面积上通过的气体流量；

Q——通过料层的风量，m^3/min；

A——炉箅面积，m^2；

h——料层厚度，mm；

Δp——料层阻力，Pa；

9.8——mmH_2O 与 Pa 的换算系数；

n——系数，与烧结料粒度大小及烧结过程有关，一般平均值为0.6。

应用 Voice 公式，并结合 Ergun 公式，可以得出：当 h、Δp 不变时，Q/A 与 P 成一次方关系，即：欲提高产量，需改善料层透气性。而透气性指数 P 与烧结料直径 d_0 成正比，与料层孔隙度 ε 成正比。

改善料层透气性措施主要包括：（1）冷态，即原始烧结料层透气性：强化制粒，合理的原料粒度组成；（2）热态，即烧结过程料层透气性：合理配碳、控制燃料粒度、改善燃烧条件、蒸汽预热等措施以控制燃烧带宽度，消除过湿层。

2.1.1.2 小球团烧结工艺的技术特征

A 强化制粒

小球烧结混合料的粒度一般为3～8mm，通过改善混合料粒度组成，减少细粒部分，提高原始混合料小球强度，以从根本上改善料层内气体动力学分布状况，使单位时间内通过单位料层的气体量增加，进而提高烧结矿产量和质量。

实际生产中，严格意义上的小球烧结从配料至一次混合与传统工艺相同，从一混出来的混合料进入圆盘或圆筒造球机进行造球。但其本质是通过采用高效造球设备或延长二混时间，以加强造球作用，改善制粒效果。

B 燃料分加

为克服混合料造球时矿粉深层包裹燃料颗粒从而影响燃料燃烧这一问题，小球团烧结采用燃料分加技术。燃料分加技术通过改善燃烧条件，不仅可以提高燃料利用率，从而降低烧结固体燃料消耗；而且可缩小燃烧带而提高垂直烧结速度，增强料层氧化性气氛而改善烧结矿质量。

小球团烧结工艺中，经造球机造好的小球团进入二次混合机，在小球进入二混前配入外滚焦粉或煤粉，即小球在二次混合机内外滚燃料，之后进入烧结机布料[3]。

C 熔剂分加-外配生石灰

混合料进入二混前，在外配燃料的同时配入生石灰，从而：(1) 由于生石灰具有黏结性，有利于燃料黏结在小球团表面，并可在二混进一步制粒，从而减少小粒级混合料，改善混合料粒度组成；(2) 小球团外滚生石灰，球团表面为高碱度，内核为酸性，但烧结矿（混合料）整体碱度不变，这样一来，由于小球团表面含 CaO 高，生成铁酸钙数量增加，即小球与小球之间为铁酸钙黏结，一方面可提高小球团烧结矿的强度，另一方面也有利于改善烧结还原性[3]。

2.1.1.3 小球团烧结法的特点

小球团烧结与传统烧结法相比，具有以下优点：

(1) 原料的适应范围宽。从普通烧结用原料到高水分的全精矿烧结，从低碱度到高碱度，燃料用无烟煤粉或焦粉都能适应[4]。北京钢铁研究总院曾选用 100% 近北庄精矿进行试验，该精矿 -0.074mm占 40% 左右，此矿直接用于烧结粒度太细，用于球团粒度又太粗，采用小球团烧结法生产出的烧结矿强度、冶金性能均较好，具有较好的还原性和软化开始温度。

(2) 烧结生产指标改善。

1) 提高了垂直烧结速度，提高烧结矿产量。

2) 增加了氧化性气氛，有利于铁酸钙的大量生成，改善了烧结矿的矿相组成，提高烧结矿的强度和还原性。

3) 可实现低负压操作，节省能量消耗。由于料层透气性大为改善，使小球团烧结可以在低负压下进行。当负压仅为普通烧结的 60% 左右时，便可满足小球团烧结的风量需要，电耗可大幅度降低[4]。

4) 小球团烧结更适合于低碳厚料层烧结。通过预先造球可改善原始及烧结过程中的料层透气性；燃料分加，改善了燃料的燃烧条件和热能利用效果；料层加厚，自动蓄热作用得以合理利用，冷却高温段加宽，强化了烧结的氧化过程，造成下层烧结矿 FeO 含量降低。因此，能很好地实现低碳厚料层操作，更加有效地利用热能，降低能耗，并使烧结过程反应更加充分，使烧结矿的矿相组成和结构更加理想[5]。

（3）烧结矿冶金性能改善，有利于高炉顺行。小球团烧结矿中FeO含量降低，介于烧结矿与球团矿之间；容积密度和自然堆角与普通烧结矿基本相近，有利于高炉炉顶布料；小球团烧结矿的转鼓指数高于普通烧结矿，低温还原粉化指数与普通烧结矿基本相近，中温还原性能优于普通烧结矿。高温冶金性能由于单元小球团粒度的降低，促使还原过程中难以形成致密的金属铁壳，大大减缓高温还原停滞现象；小球团烧结矿的软熔性能类似于普通烧结矿[5]。

2.1.2 小球团烧结的固结成矿机理

2.1.2.1 小球团烧结的固结方式

通过对不同原料、不同碱度等条件下得到的小球团烧结矿进行矿相鉴定，认为小球团烧结矿的矿相结构类似于一般烧结矿的矿相结构[6]。

通过料层温度曲线的测定可以发现，小球团烧结法料层温度的变化规律与传统烧结法是一致的。升温快而降温缓慢，随燃烧带下移，这种温度的不对称性越来越显著。热过程的一致性说明小球团烧结法也是一个烧结过程。但测定结果表明，小球团烧结法在低负压，配碳量也较低的情况下，料层温度却明显高于普通烧结法，高温区间也明显高于普通烧结法，如中层最高温度由1335℃升高到1395℃，对成矿起主要作用的1000～1100℃高温区间由3.8min延长到5.3min[7]。

小球团烧结法料层温度的变化规律类似于一般烧结法，这是由于它们的热量来源主要都是固体燃料，随着固体燃料的燃烧，料层温度迅速上升，直到最高点，由于氧大部分消耗于燃料的燃烧，此阶段为弱氧化性气氛。而在燃料燃烧完之后，温度开始缓慢下降，此阶段为高温氧化气氛。在这样的气氛和温度条件下，小球团烧结矿只能形成类似于烧结矿的固结方式，而不是类似于球团矿的Fe_2O_3连晶结构。因为球团法具有长达10～15min的高温氧化焙烧段，整个固结过程都是在氧化气氛下进行的，Fe_3O_4得到充分氧化，Fe_2O_3

可进行充分的结晶和再结晶，形成连晶固结。而小球团烧结法温度上升阶段，氧化气氛较弱，Fe_3O_4 得不到充分氧化；温度下降阶段，高温区只有 2~3min，不能形成以 Fe_2O_3 为主的连晶结构[6]。

2.1.2.2 小球团烧结法成矿过程

烧结过程中，在预热带只发生少数氧化反应，但是大量石灰石已分解，而且，在烧结条件下燃料也只能在较高温度燃烧，故将预热带温度上限定为1000℃左右是恰当的。燃烧带只有少部分片状铁酸钙生成，大量生成的是 $2CaO \cdot SiO_2$。铁酸钙大量生成并发展为针状主要是在燃烧带过后的冷却高温段。在冷却高温段，小球团烧结料受到高温空气的氧化，并进行矿化反应，FeO 含量急剧下降，铁酸钙在球内、球间广泛大量形成，最后完成小球团烧结矿的固结[7]。

北京科技大学孔令坛等人研究表明，磁铁精矿熔剂性烧结矿的固结成矿是在燃烧带和冷却高温带完成的，而且后者起着更大的作用。在燃烧带大量氧气消耗于碳的燃烧，虽有高温但氧化气氛弱，不具备铁酸钙大量生成的条件；燃烧带有一个高温冷却带存在，在1100℃以上的高温冷却带，温度、气氛条件具备，又有较长的持续时间，且磁铁矿的大量氧化放热，更有利于高温时间的延长，氧化和矿化反应得以充分进行，是熔剂性烧结矿极重要的成矿阶段，铁酸钙主要在这一带生成，理想的烧结矿组织结构在这一带完成。而小球团烧结法较之传统烧结法，冷却高温带温度提高，持续时间延长，体现其重要优越性[7]。

2.1.3 小球团烧结工艺在生产上的应用

早在20世纪60年代，我国首钢、中南工业大学进行过小球团烧结的研究，鞍钢开发了适合红矿烧结的双球烧结工艺。而日本钢管公司开发的 HPS 法（Hybrid Pelletized Sinter Process）自 1988 年 11 月在福山厂（Fukuyama）5 号烧结机投产后，获得了成功[8]。而国内继泰（山）钢 1994 年 8 月、安（阳）钢 1995 年 6 月、酒（泉）钢 1996 年 3 月投入工业生产之后，其他大型钢铁企业如首钢、包钢、邯钢等也相继进行了试验或工业生产，都取得了良好效果。而且，国内各科研院所都相继进行了相关研究。表 2-1 和表 2-2 分别列出了部分烧结厂小球团烧结主要工艺参数和生产指标[9]。

表 2-1 部分烧结厂小球团烧结主要工艺参数

烧结厂	生球水分 /%	生球平均直径 /mm	燃料加入量 /%	料层厚度 /mm	精矿粒度 (<0.075mm)/%
安阳水冶	7.33	5.68	4.5	500	42.20
酒 钢	10.3	7.0~7.4	4.0	650	79.73
泰 钢	9	5.35	5.0	400	50

表 2-2 部分烧结厂小球团烧结工艺的生产指标

烧结厂	烧结机面积 /m^2	利用系数 /$t\cdot(m^2\cdot h)^{-1}$	燃料消耗 /$kg\cdot t^{-1}$	转鼓强度 /%	碱度	TFe /%	$w(FeO)$ /%	还原度 /%
安阳水冶	2×24	1.56	47.79	69.26	2.0	55.05	10.10	84.44
酒 钢	130	1.24	52	82	0.3	52.98	10.17	77.2
泰 钢	16	1.84	44.89	67.01	1.45	55.65	13.32	86.56

（1）泰钢与北京钢铁研究总院合作，在16m^2环形烧结机上进行工业试验和生产。其工艺技术特点是在原有的圆筒混料机中加以改造，在原有烧结工艺流程中增加焦粉分加系统，设备上不用大的调整。结果使烧结机利用系数提高，烧结矿质量提高，消耗下降，产量大幅度上升；用于高炉后，由于炉料性能的改善，使高炉产量增加，焦比降低，取得了明显的经济效益。其成功表明，在原有烧结厂设备和原料条件的基础上，只要稍加改造，就能实现小球团烧结新工艺，而所用投资很少，就可取得很大的效益。泰钢的小球团烧结工艺的生产适合老厂改造和细精矿烧结。

（2）安钢与北京钢铁研究总院、北京科技大学合作，进行了各种条件的小球团烧结试验、半工业试验及工业生产。其采用两次配料技术，增加一段预配料工序，即把各种含铁原料在预配料室按合适的数量和成分配比，使进入一次配料室的含铁料为单一品种，然后与熔剂、燃料一起进入二次配料。采用一种新型布料装置使混合料粒度自然形成有序的合理偏析。其烧结生产指标和高炉冶炼指标令人满意，经济效益明显。

（3）酒钢与北京钢铁研究总院合作开展研究，在其新建的 3 号 $130m^2$ 烧结机应用小球团烧结技术，解决了酒钢由于烧结用铁精矿水分大（15% ~16%）、粒度细（ -0.074mm 占 83% 以上）、含有褐铁矿和菱铁矿等难烧矿的技术难题。其工艺特点是设有占烧结面积 10% 的干燥段，以防止生球爆裂和过湿层的产生。其实践证明：采用小球团烧结工艺可获得产量高、质量好、工序能耗低的优质人造富矿，是酒钢解决高炉炉料问题的可行办法。

（4）首钢矿业公司、济钢一烧、三明钢铁厂等也先后进行了相关的烧结试验、工业试验和工业生产，均取得了良好的效果。

（5）日本钢管公司开发的 HPS 法自 1988 年 11 月在福山厂 5 号烧结机成功应用于工业生产。

2.2 小球团烧结制粒参数的确定

小球团烧结工艺的关键就是制粒。小球团烧结中生球粒度组成，即制粒效果，制约着小球团烧结过程，直接影响小球团烧结矿的质量。小球团烧结的制粒既不是球团矿的造球，也不是普通烧结工艺混合机简单地降低角度、提高转速、增大填充率的强化制粒，而是介于这两者之间的制粒。

根据目前国内外试验所采用的小球粒度，一般控制在 3 ~8mm。为保证试验的可比性，需首先确定造球参数：造球盘倾角、转速、加水位置、水分总量及预加与外喷雾化水的比例、成球时间等。

2.2.1 铁精矿制粒理论基础

与造球有关的因素包括：（1）原料：如原料的初始粒度分布、原料的亲水性等；（2）工艺参数：如各种原料的配比、混合料的堆密度、造球盘转速、倾角、填充率、返矿配比等；（3）造球盘结构：如边高、刮刀位置等。

国内外对矿粉造球过程的研究表明[10]，每一小球包括三种颗粒成分，即核颗粒、内层很细的颗粒（它包裹着核颗粒）、外层基体的细颗粒（包含有某些中间粒度的颗粒）。其中大于 0.7mm 的颗粒，最好是 1 ~3mm 是成球的核心，称为核颗粒；小于 0.2mm 则黏附于核颗粒成为小球粒，称为黏附颗粒；0.2～0.7mm则既不是成球的核心，也难以黏结成层，称为中间粒级。这种在黏附颗粒与核颗粒之间粒度的颗粒范围取决于水分，很难参与制粒过程，在过渡带既可起黏附颗粒的作用又可作核颗粒。作为细铁精矿原料的制粒核心，通常有返矿、石灰石、焦粉或煤粉，而铁精粉为黏附物。作为核粒子的返矿、富矿粉、石灰石、焦粉，在制粒过程中均能形成造球核心。其中返矿最好，石灰石、富矿粉次之，焦粉最差。

准颗粒形成的主要过程是细颗粒（黏附颗粒）黏附于粗颗粒（核颗粒）之上的过程。这个过程进行的程度主要取决于混合料中的水分含量。水分增加，则较大的黏附颗粒可以附着，必定产生较大的准颗粒，混合料的粒度分布范围变窄，平均粒度增大。粒核周围的黏附层的形成分两个阶段。首先，在粒核的周围形成很细粒的内层，然后在较细粒的基体中形成中间颗粒的外层。当中间颗粒与较大的准颗粒接触时，如果中间颗粒与黏附层中的细颗粒之间的结合力超过了使中间颗粒与黏附层脱离的力，则中间颗粒便可能黏附于较大的准颗粒上。最终中间颗粒将全部进入黏附层。

2.2.2 制粒参数的确定

造球试验采用ϕ500mm×120mm圆盘造球机，转速为32r/min，倾角可调，盘内设有刮刀。由于造球盘转速固定，因此对造球而言，尚需确定造球盘倾角、成球时间、燃料分加的影响、加水方式等。

（1）造球盘倾角确定。圆盘造球机倾角取决于造球原料的运动状态。将圆盘造球机倾角从30°增加到60°，发现：1）圆盘倾角必须大于造球原料的动休止角，否则物料处于静止状态。因此，当造球盘倾角较小时，混合料容易堆积在刮刀旁，几乎不参与滚动，成球困难，大部分为粉尘。2）倾角过大后，物料不容易被带到圆盘上部，且小球球径不均，存在大球吃小球现象。最后认为将圆盘造球机倾角定为45°是比较适宜的。

（2）成球时间。将成球时间由短到长，发现时间短时，小球粒径处在下限，多为3mm左右的母球；适当延长制粒时间，增加混合料在造球机内的行程，小球球径有所上升，并且小球粒子强度得到提高；但时间过长时，有部分制成粒的小球，由于受到不断冲击，会发生破损，大球“吃”小球，均为大于10mm的大球。最后，将成球时间定为成球5min，外滚燃料3min，球的粒度组成比较理想。

（3）燃料分加对混合料造小球团的影响。固体燃料在烧结混合料中的分布以及它与准颗粒的结合状态对燃烧和烧结过程影响很大。在进行燃料分加试验时，其分加时间与分加量对小球粒度组成及燃料在混合料中的分布均有影响。有关研究表明[11]，燃料分加后混合料的原始透气性略低于燃料分加前。燃料分加量越大，分加时间越晚，对透气性的影响越大。试验表明，燃料分加前混合料在较高水分下造球，有利于混合料成球长大，但因燃料粒度较大，亲水性较弱，成球性差，燃料分加后燃料粘在小球团的表面会阻止球团内部的水向外渗，无法湿润小球团的表面，妨碍球团进一步长大。为提高燃料利用率，燃料最好分加得晚些、多些，但燃料分加得太晚、太多，燃料在球团表面黏结不牢，黏结量少，煤粉都集中在小颗粒混合料中。

（4）加水方式。制粒过程中，小球对水分十分敏感。水分过多，容易形成大球或泥饼状混合料；水分过小则不易成球。并且，对烧结过程而言，水分过大，容易产生过湿现象，影响料层透气性。

此外，由于细粒粉状物料的成粒化，是从粒子被水润湿并形成毛细力后才开始的，因此混合料需要有充分的润湿时间。从理论上讲，当矿粉润湿到一定程度后，在颗粒之间出现毛细水，继续加水后，可使颗粒靠拢，在外力作用下，会聚集成一定大小的球。水量低时，由于添加水被粒子表面吸附，未能形成一定的毛细力，就不可能有足够的力使散装物料聚集成球粒；随水量增加，颗粒之间开始充填毛细水，细粒粉末开始黏附在核粒子上形成黏附层，并不断长大形成“准颗粒”；当水量继续增加时，过剩的水填满小球粒之间的孔隙，小球粒将发生变形和兼并。因此，需要有一定的预混水量和润湿时间。对预混水量，原料含水过低，虽可以在造球过程中补加水分，但成球速度慢，而且由于加水不均匀，使生球脆弱。

在造母球阶段，应控制加料量，使之均匀；然后将水以滴雾状喷向母球表面，及时加料，让母球迅速长大；在造球后期，应严格控制加水量，水以雾状加在造球机中部的“长球区”，同时加水加料互相配合，以促进 3 ~ 5mm 粒级的生球长大成 5 ~ 7mm 粒级的生球，避免新加入的物料滚动成为 3mm 的小粒级的生球，增加中间粒级量，有助于提高孔隙率，改善料层透气性。

根据试验结果，认为将总水量控制在 8% 左右，预混 5% ~ 6% 水分，其余以雾化水加入，润湿 10min，对成球有利。

2.2.3 制粒参数及结果

经过反复试验摸索，将造球盘角度固定在 45°，总水量为 8.0%，预混 70%，外喷 30% 雾化水，成球时间 5min，外滚燃料 3min 作为制粒的操作参数。图 2-2 是该试验生球粒度组成统计值。生球中 3.15 ~ 8.0mm 占 80% 左右，小于 3.15mm 接近 10%，8.0 ~ 12.5mm 占稍高于 10%，无大于 12.5mm 球体，这种小球粒度组成比例，应该说是比较适宜的。

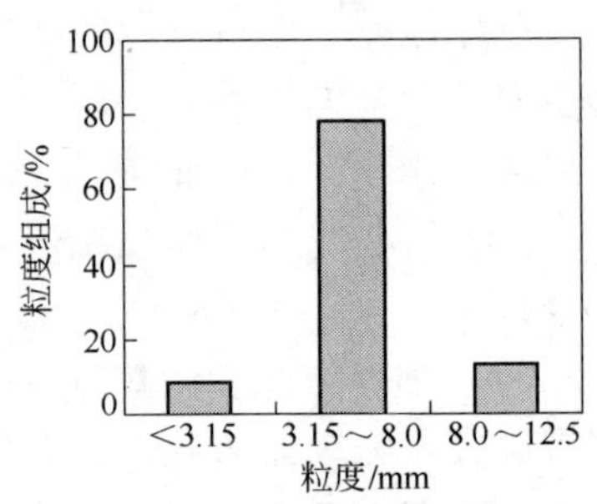

图 2-2 生球粒度组成

2.3 小球团烧结燃料添加方式

烧结是粉状物料在高温作用下黏结成块的过程。烧结料层中燃料（焦粉或煤粉）的燃烧提供了必要的温度和气氛条件，使烧结过程得以进行。因此燃料燃烧状况的好坏直接关系到烧结矿产质量的优劣。

烧结料层内碳粒的燃烧介于单颗碳粒燃烧和碳粒层状燃烧之间，短时间内温度变化极大，且伴随着一系列物理化学反应。动力学研究表明，烧结料层中氧的扩散为碳粒燃烧的限制性环节，燃烧速度与碳粒赋存状态、燃料粒度组成等因素相关。

烧结中，碳粒呈分散状分布在料层中，燃烧过程遵循非均相的燃烧规律。按照这个规律，由塞斯科夫导出的能确定非均相燃烧方面的扩散动力学理论的简单关系式如下：

$$v = \frac{c}{\left(\frac{1}{K_R} + \frac{1}{K_D}\right)} \quad (2\text{-}5)$$

式中 v——燃烧反应速度，mol/(cm^2 · s)；

K_R——化学反应速度常数，cm/s；

K_D——传质系数，cm/s；

c——气相中 O_2 的浓度，mol/cm^3。

在不同条件下，过程总速度取决于化学反应速度和扩散速度中较慢的一个。而烧结过程中，碳粒在料层中的燃烧主要是在由扩散速度决定的扩散区进行的。即：$K_R > K_D$。

$$v = K_D \cdot c \quad (2\text{-}6)$$

$$K_D = A \cdot Re^n \cdot c \cdot D/d \quad (2\text{-}7)$$

式中 A，n——常数和指数；

D——扩散系数，m^2/s；

d——碳粒直径，m；

Re——雷诺数。

由以上分析表明，影响固体燃料消耗的主要因素为含铁原料的物理化学性质、混合料的温度、混合料水分、混合料的粒度组成、固体燃料的粒度、烧结料层厚度、熔剂的性质及添加量等。适当降低焦粒尺寸，改善燃料在烧结料层中的赋存状态，增加气相中 O_2 浓度，都能提高燃烧速度，促进碳的燃烧，提高燃料利用率，降低燃耗。

2.3.1 小球团烧结燃料添加方式试验

2.3.1.1 原燃料条件及烧结料配比

试验用原燃料化学成分见表 2-3，粒度组成见表 2-4。所有原料均为现场提供，仅对焦粉过筛，使粒度小于 3mm，其余未做任何处理。

表 2-3 小球团烧结试验原燃料化学成分 (%)

原燃料名称	TFe	SiO_2	CaO	MgO	烧损
精矿粉	66.21	6.09			
石灰石粉		1.57	48.40	4.94	42
白云石粉		1.29	30.22	21.45	46
生石灰		3.25	73.55	8.56	
焦炭灰分		44.12	6.50	1.00	
焦 粉	固定碳：78.95		灰分：17.43		挥发分：2.98

表 2-4 小球团烧结试验原燃料粒度组成 (%)

品 名	<0.5mm	0.5～1.0mm	1.0～2.0mm	2.0～3.0mm	>3.15mm
白云石	39	15	26.5	12	5.5
石灰石	38.5	15.5	30.5	16	1.5
焦 粉	50	26	20	9	
精矿粉	>0.074mm：39.7		0.074～0.043mm：26.6		<0.043mm：33.7

烧结配料条件：R_2 = 1.9、返矿 25%、w(MgO) 3.0%、白灰 5%、硼酸 0.3kg/t 烧结矿。

2.3.1.2 工艺流程

将精矿粉、熔剂、部分燃料、返矿等按一定比例预先混合，然后在 φ500mm 圆盘造球机造球（根据试验需要将部分燃料外滚），而后进行点火烧结，烧结终了后，对烧结矿进行破碎、筛分处理，最后进行落下以及烧结成品率、烧结矿转鼓指数、抗磨指数的测定。烧结试验工艺流程如图 2-3 所示。

2.3.1.3 烧结试验方案设计

试验方案主要考查配碳量、焦粉内外分加比例和焦粉粒度对小球团烧结矿强度的影响，设定内混焦粉粒度 0～3mm；将配碳量定为 3.5%、4.0%、4.5%；内混与外滚焦粉比例定为 5∶5、2∶8、0∶10；外滚焦粉粒度 0～3mm、0～2mm、0～1mm，具体试验方案见表 2-5。

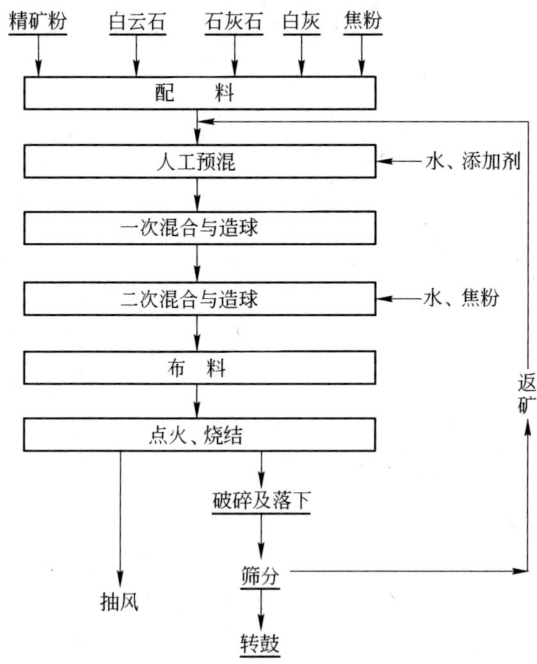

图 2-3 小球团烧结工艺流程

表 2-5 小球团烧结燃料添加方式试验方案设计

样 号	配碳量/%	内配焦粉粒度/mm	外滚焦粉粒度/mm	内混与外滚焦粉比例
1	4.0	0～3	0～1	5∶5
2	4.0	0～3	0～1	2∶8
3	4.0	0～3	0～1	0∶10
4	4.0	0～3	0～2	5∶5
5	4.0	0～3	0～2	2∶8
6	4.0	0～3	0～2	0∶10
7	4.0	0～3	0～3	5∶5
8	4.0	0～3	0～3	2∶8
9	4.0	0～3	0～3	0∶10
10	3.5	0～3	0～1	5∶5
11	4.5	0～3	0～1	5∶5

2.3.1.4 烧结试验结果

烧结试验垂直烧结速度、转鼓指数、烧结成品率、烧结矿粒度组成等相关指标见表2-6。

表2-6 小球团烧结燃料添加方式烧结试验指标

样号	成品率 /%	转鼓指数 /%	抗磨指数 /%	垂直烧结速度 /mm · min^{-1}	烧结矿粒度组成/%				
					6.3 ~ 10mm	10 ~ 16mm	16 ~ 25mm	25 ~ 40mm	>40mm
1	69.1	64.0	5.7	18.9	20.40	13.71	20.58	21.62	23.69
2	62.1	59.3	6.0	18.0	22.12	16.71	19.04	25.85	16.28
3	66.1	62.0	5.8	20.6	21.42	11.74	17.94	27.61	21.29
4	69.4	62.3	5.3	17.1	18.56	17.03	19.25	26.59	18.57
5	63.2	58.7	5.0	20.0	20.99	16.69	25.92	21.74	14.66
6	67.1	60.0	4.7	21.5	18.10	13.80	23.44	26.82	17.84
7	72.1	66.7	4.3	17.6	18.00	16.71	23.79	24.34	17.16
8	65.9	59.5	5.5	17.6	19.50	14.36	18.33	25.94	21.87
9	65.0	63.0	3.7	22.0	18.56	13.86	21.83	26.93	19.12
10	61.0	61.8	5.3	18.5	20.13	16.05	25.10	23.16	15.56
11	69.1	63.6	7.7	16.7	20.96	19.11	26.47	19.98	13.48

2.3.1.5 小球团烧结矿结构

A 小球团烧结矿宏观结构

通过烧结杯卸料过程，观察烧成情况，基本如图2-4所示。图中横线部分基本为单体球，斜线部分为固结块矿，界面部分为球的交结带。

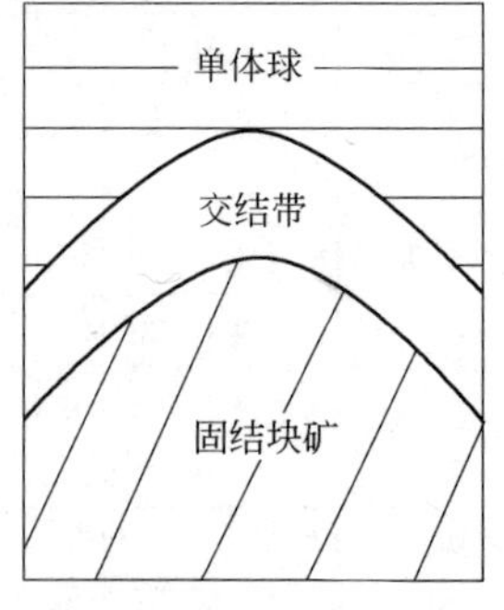

图2-4 小球团烧结烧成情况

从烧结矿宏观结构来看，上部多为散熟球，料层中部及边缘有部分散球，但多为熟球；中间葡萄状连接体上可以看到明显的球界；下部是一固结的烧结块，其熔蚀部分表面光滑，看似液相在气流冲击下冲刷形成，没有明显的过熔现象。整个烧结料柱结构比较均匀。小球团烧结料是由外滚焦粉的球粒组成，加之沿烧结料层高度热量分布固有的不均匀性，因此小球团烧结产品不可避免地会出现散状单体小球、小球堆积黏结体和熔结块三种外形构造。

B 小球团烧结矿矿相结构

由于传统烧结工艺的料层冷却速度快，大量未来得及结晶的液相在冷却过程中变成玻璃相。此外料层的氧化气氛弱，磁铁矿氧化程度有限，而小球团烧结法克服了传统烧结工艺的缺点，为促进合理液相组成的生成提供了条件。

在本试验条件下，将强度较好的7号（外滚燃料粒度0~3mm、燃料分加比例5∶5）试样，分别从烧结杯中上部和中下部取样，进行岩矿相分析：两个烧结矿试样基本相同，矿物组成简单，矿相结构较均匀，以交织-熔蚀结构为主。磁铁矿为主要金属相，多是半自形-他形，粒度一般为0.05~0.03mm。铁酸钙、硅酸二钙、玻璃质为主要黏结相。铁酸钙含量较高，均在30%以上，这也是强度较好的内在因素。

2.3.2 燃料添加方式对烧结矿强度影响的显著性分析

为考查燃料分加比例和外滚燃料粒度何为影响小球团烧结矿强度的主要因素，何为次要因素，对表2-6中所列数据进行数学分析，结果见表2-7。

表2-7 燃料添加方式对烧结矿强度影响的显著性分析

方差来源	平方和	自由度	均　方	F比
外滚燃料粒度	11.22	$m-1=2$	5.61	6.17
燃料分加比例	40.06	2	20.03	22.01
误　差	3.64	4	0.9	
总　和	54.92	8		

并将焦粉分加比例5∶5、2∶8、0∶10和外滚焦粉粒度0~3mm、0~2mm、0~1mm时的烧结矿转鼓指数分别加权平均，将焦粉分加比例和外滚焦粉粒度对烧结矿转鼓指数的影响绘入图2-5。

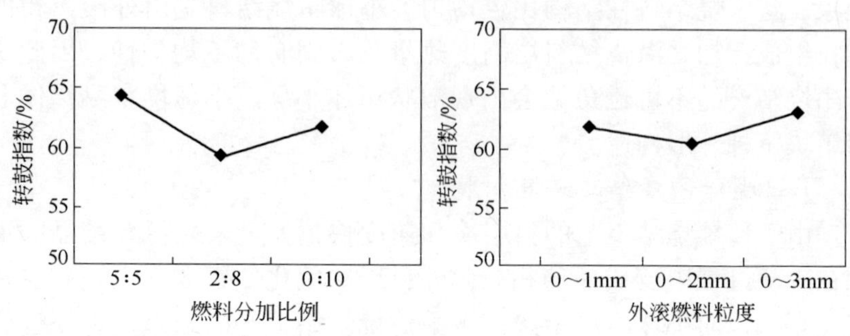

图 2-5　燃料分加比例及外滚燃料粒度对烧结矿强度的影响

由表 2-7 和图 2-5 可清楚看出，燃料分加比例是影响小球团烧结矿强度的主要因素，而外滚燃料粒度的影响是次要因素。

2.3.3　燃料用量

为便于比较，将不同配碳量的烧结矿转鼓指数、成品率、垂直烧结速度变化规律示于图 2-6 ~ 图 2-8。

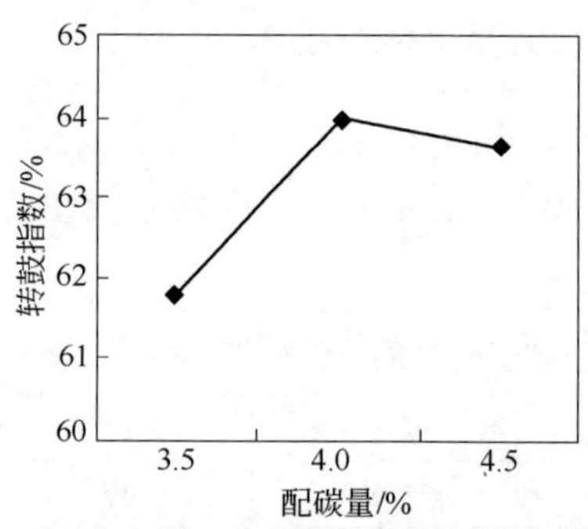

图 2-6　配碳量对烧结矿强度的影响

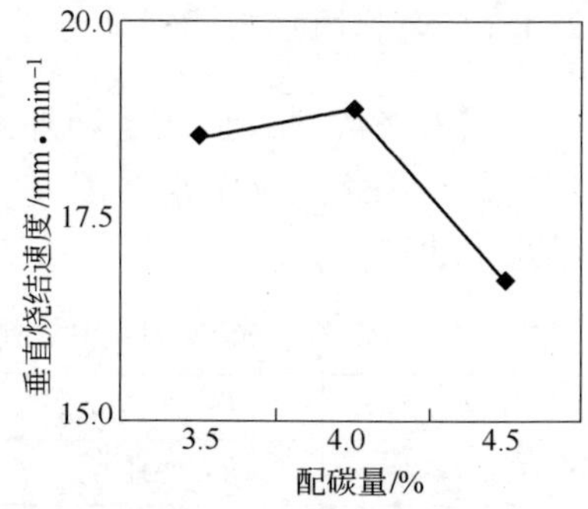

图 2-7　配碳量对垂直烧结速度的影响

由图可以看出，随配碳量升高，烧结矿强度得到改善，成品率升高，而垂直烧结速度先加快后减慢，当配碳量为 4.0% 时达到最高。

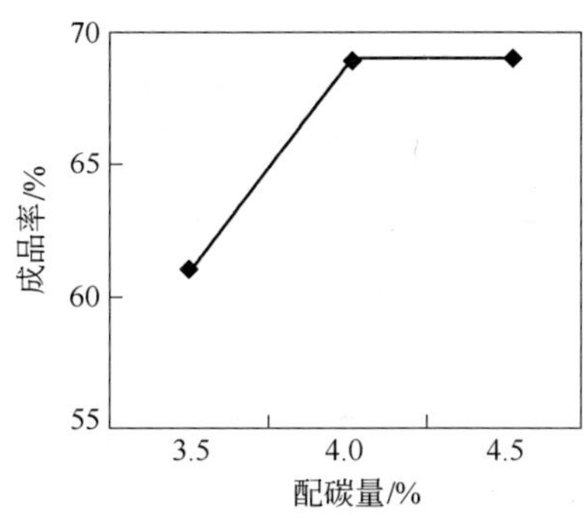

图 2-8 配碳量对烧结成品率的影响

一般而言，小球团烧结法由于采用燃料分加，燃料的利用率提高，燃料的配加量一般较普通烧结工艺低。理论认为，燃料用量太低，则不足以提供烧结赖以完成熔融固结所需热量；燃料用量太多，则使燃耗增加，烧结料过熔。

2.3.3.1 燃料用量对小球团烧结影响

（1）在燃料用量低于 4.0% 时，因燃料不足，需经较长时间才能达到化学反应所需的温度和热量，故垂直烧结速度较慢，而且由于配碳量较低，烧结混合料完成熔融固结所需热量不足，产生液相量少，造成返矿量增加，烧结成品率及烧结矿强度降低。

（2）随着燃料用量的增加，成品率、转鼓指数均有所上升，而垂直烧结速度和转鼓强度在燃料用量为 4.0% 时达到一个峰值。这表明，在此燃料配比附近，燃料燃烧充分，给料层提供了足够的热量，料层温度高，化学反应得以充分进行，Fe_3O_4 再结晶充分，获得较好的烧结指标和性能优良的小球团烧结矿。

（3）当燃料用量为 4.5% 时，燃料分布广，燃烧充分，烧结温度高，燃烧层厚，气体通过阻力增大，导致烧结带移动速度下降，且可能存在过烧现象，垂直烧结速度及利用系数显著下降。随焦粉配比增加，料层还原气氛增加，烧结矿 FeO 含量升高，造成烧结指标有所恶化，烧结矿质量下降。

2.3.3.2 燃料用量对小球团烧结矿矿相结构的影响

取配碳量为 3.5% 和 4.5% 的 10 号、11 号试样进行矿相鉴定，其矿物组成及体积分数见表 2-8。

表 2-8 不同配碳量时小球团烧结矿矿物组成及体积分数 (%)

编 号	金属相		黏结相				
	磁铁矿	赤铁矿	铁酸钙	玻璃质	硅酸二钙	黄长石	残余石英
10 号	30~35	10~15	35~40	少量	15~20	—	—
11 号	35~40	少量	30~35	5~6	20~25	—	—

矿相结构特征为:

10 号：矿物组成简单，矿相结构均匀，以交织-熔蚀结构为主。金属相主要为磁铁矿、赤铁矿。磁铁矿多呈他形细粒，粒度一般为 0.01~0.10mm，大部分为 0.01~0.03mm。赤铁矿含量较多，分布不均匀，主要呈菱形-半自形，分布于块边缘，粒度较粗，一般为 0.03~0.12mm。黏结相主要为铁酸钙、硅酸二钙。铁酸钙多呈他形、针状，与粒状、柳叶状硅酸二钙及少量玻璃质共同胶结磁铁矿呈交织-熔蚀结构。气孔大小不一，分布较均匀，气孔率 20%~25%。试样矿相结构见图 2-9。

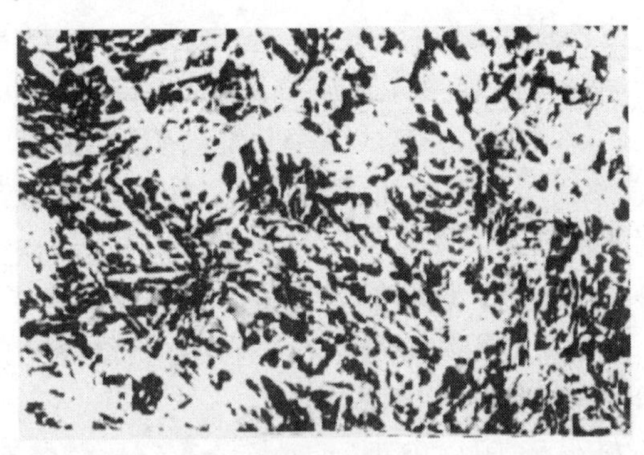

图 2-9 10 号试样矿相结构照片（反射光 ×160）

白色—磁铁矿；蓝灰色、树枝状—铁酸钙；黑色—硅酸二钙；暗灰色—玻璃质

11 号：矿相结构均匀，主要为交织-熔蚀结构。磁铁矿为主要金属相，多呈他形、细粒，局部呈半自形，粒度一般为 0.02~0.10mm。赤铁矿含量很少，分布不均匀，多呈半自形-他形零星出

现。黏结相主要为铁酸钙和硅酸二钙、少量玻璃质。铁酸钙多呈针状、网络状，与硅酸二钙共同胶结磁铁矿呈交织-熔蚀结构。硅酸二钙含量较多，以粒状为主，部分呈柳叶状和梳状。气孔大小不一，分布较均匀，气孔率25%～30%。有连通整个块矿的裂隙。试样矿相结构见图2-10。

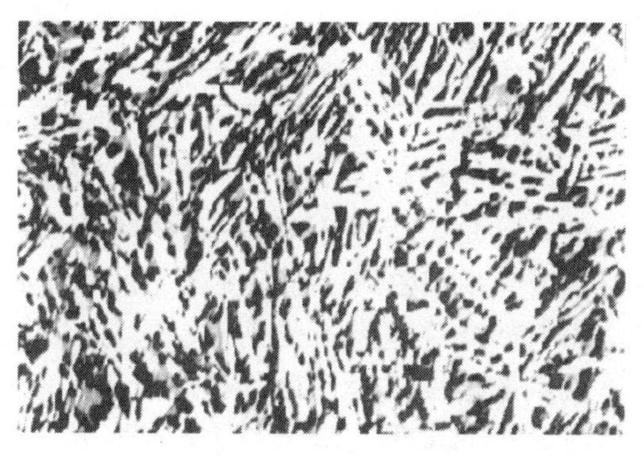

图2-10　11号试样矿相照片（反射光×160）

白色、粒状—磁铁矿；蓝灰色、网络状—铁酸钙；黑色—硅酸二钙；暗灰色—玻璃质

由以上分析得知，在配碳量较高时，金属相中磁铁矿增多，赤铁矿减少，而且铁酸钙黏结相减少，硅酸二钙增加，已生成的铁酸钙发生了分解，成为一种骨架状的残余态，而在其周围生成了Fe_2O_3、$2CaO \cdot SiO_2$和玻璃相，因此造成小球团烧结矿质量下降。有关研究表明[12]，在配碳多，温度高的情况下，铁酸半钙和铁酸一钙为异分熔点矿物，温度过高时发生分解；铁酸半钙分解为铁酸一钙与Fe_2O_3；铁酸一钙又分解为铁酸二钙与液相。由于试验所得铁酸钙是含有SiO_2和Al_2O_3的复合铁酸钙，随着铁酸钙的分解，生成大量$2CaO \cdot SiO_2$。铁酸钙的分解造成铁酸钙含量减少，并生成强度差的铁酸二钙和$2CaO \cdot SiO_2$，造成小球团烧结矿强度降低。

2.3.4　燃料分加比例

随着厚料层烧结技术的日益完善及对烧结研究的进一步深入，燃料分加技术日益被重视。许多国内外试验结果表明，燃料分加不仅可以降低燃耗，而且可以提高烧结生产率，改善烧结矿质量。而且燃料分加后，混合料的燃烧条件得到改善，垂直烧结速度加快，为提高料层厚度提供了条件。对于小球团烧结而言，为克服混合料造球时矿粉深层包裹燃料颗粒从而影响燃料燃烧效果这一问题，采用燃料分加尤为必要。燃料外滚在小球表面，与空气接触好，而且料层透气性好，燃料燃烧条件得到改善，固体燃料能够集中、有效迅速地燃烧，因此可达到更高的料层温度。

日本 HPS 法研究表明[13]，在生球中均匀添加焦粉与非均匀添加焦粉相比，非均匀添加时料层各个位置的理论温度高于均匀添加时对应点的理论温度，这是由于当生球球心的焦粉比例相对高时，其燃烧效率随着氧气进一步扩散到球心所受阻力的增大而降低的缘故。非均匀添加时，焦粉的燃烧速度不受约束，这是因为生球内部焦粉含量相对较低，氧扩散速度可以保证其燃烧所需的氧量。当均匀添加焦粉时，小球内氧扩散过程支配着整个燃烧反应，抑制着焦粉的有效燃烧；当非均匀添加时，球内氧扩散过程对焦粉燃烧反应的抑制作用很小。再者，与球团法不同，在造球烧结法中要求所添加的焦粉也像传统烧结法一样在较短的点火时间（约 1min）内有效地燃烧。因此外滚焦粉是有效的添加方式。

2.3.4.1 燃料分加比例对小球团烧结的影响

由图 2-11 可见，烧结矿强度在内配 20% 燃料时最低，当内配量

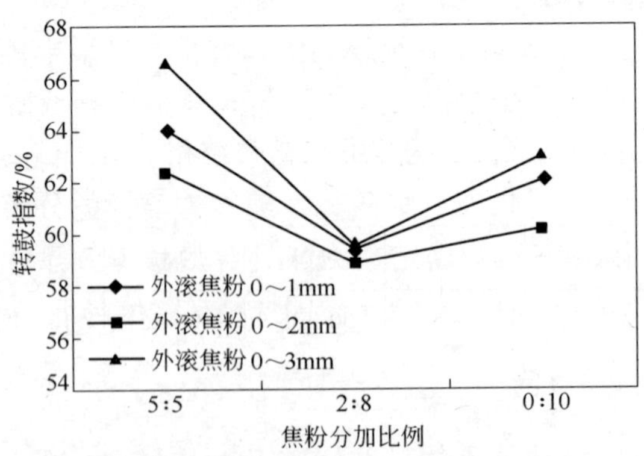

图 2-11 不同焦粉分加比例对烧结矿强度的影响

达到50%时，烧结矿强度最好。

（1）当内配煤占总燃料比例为20%时，成品率和利用系数均出现低谷，这可能是因为有少量的内配煤存在时，球核内既无法产生足够高的核心温度，又因其还原气氛阻碍了 Fe_3O_4 的氧化再结晶；小球内各分层温度梯度增大，产生差异膨胀，出现裂纹，导致其强度大幅度下降。

（2）当燃料全部外配时，由于外配焦粉可以改善小球团之间的液相黏结，所以小球团烧结矿强度有所提高。但由于小球团烧结工艺大大改善了料层透气性，若燃料全部外配，则燃料燃烧速度太快，高温持续时间太短，混合料难以完成固结反应，所以会造成燃耗上升、强度下降、小粒级产品增多及大球夹生现象。

（3）当内配燃料量增加到50%时，烧结矿强度达到一个峰值。其原因是：当内混与外滚焦粉比例为5∶5时，球体外部集中了一定数量的焦粉，燃料外裹在生球表面，与空气接触良好，燃烧动力学条件改善，焦粉能有效地迅速燃烧，可达到更高的料层温度，促进液相生成，有利于生球相互间的黏结，保证了上述反应的顺利进行；而球体内又有足够的焦粉，使球体内部有足够高的核心温度，小球内各层温度梯度较小，避免产生异常膨胀，出现裂纹，影响烧结矿强度。

2.3.4.2 燃料分加比例对小球团烧结矿矿相结构影响

取外滚燃料粒度为0～3mm，燃料分加比例分别为5∶5和2∶8的8号和7号试样进行矿相分析，其矿物组成及体积分数见表2-9。

表2-9 不同燃料分加比例时烧结矿矿物组成及体积分数 （%）

编号	金属相		黏结相			
	磁铁矿	赤铁矿	铁酸钙	玻璃质	硅酸二钙	黄长石
7号上	35～40	3～5	30～35	10～15	10～15	少量
7号下	30～35	5～8	30～35	2～3	25～30	少量
8号上	40～45	2～3	25～30	10～15	15～20	少量
8号下	35～40	1～2	35～40	少量	25～30	少量

7 号上：矿相结构较均匀，以交织-熔蚀结构为主。磁铁矿为主要金属相，多呈他形，粒度一般为 0.02 ~ 0.10mm。赤铁矿主要呈他形，条状零星分布，块边缘局部集中并呈半自形。铁酸钙、玻璃质和硅酸二钙为主要黏结相。铁酸钙多呈板柱状，与玻璃质共同胶结磁铁矿呈典型的熔蚀结构；局部铁酸钙呈针状，与硅酸二钙和少量玻璃质共同胶结磁铁矿呈交织结构。硅酸二钙结晶细小，多呈粒状和柳叶状，与针状铁酸钙共生。气孔大小不一，分布不均匀，气孔率 25% ~30%。有裂隙。试样矿相结构见图 2-12。

图 2-12　7 号上试样矿相结构照片（反射光 ×160）
白色—磁铁矿；蓝灰色—铁酸钙；暗灰色—玻璃质

7 号下：矿相结构均匀，主要为交织结构。金属相主要为磁铁矿、赤铁矿。磁铁矿多呈他形细粒，粒度一般为 0.01 ~ 0.03mm。赤铁矿含量较多，分布不均匀，块边缘局部有大块集中现象。黏结相主要为铁酸钙和硅酸二钙。铁酸钙多呈针状或树枝状，与硅酸二钙共同胶结磁铁矿呈交织结构。硅酸二钙含量较多，结晶粒度较粗，多呈柳叶状和粒状。气孔大小不一，分布不均匀，气孔率 25% ~ 30%。试样矿相结构见图 2-13。

8 号上：矿物组成简单。矿相结构较均匀，以交织-熔蚀结构为主，局部可见斑状结构。磁铁矿为主要金属相，多呈半自形-他形，粒度较粗，一般为 0.05 ~ 0.15mm。赤铁矿含量较低，分布不均匀，多呈菱形和细条状。玻璃质、铁酸钙、硅酸二钙为主要黏结相。铁

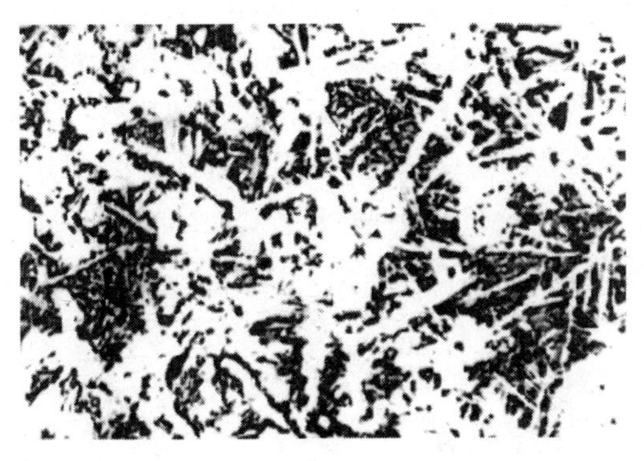

图 2-13 7 号下试样矿相照片（反射光×160）
白色—磁铁矿；蓝灰色、针状—铁酸钙

酸钙多呈板柱状，与玻璃质胶结他形磁铁矿呈熔蚀结构；局部铁酸钙呈针状，与硅酸二钙及少量玻璃质胶结他形细粒磁铁矿呈交织结构。硅酸二钙分布不均匀，多呈粒状和柳叶状，与针状铁酸钙共生。气孔大小不一，分布不均匀，气孔率 20% ~25%。有连通气孔的裂隙。试样矿相结构见图 2-14。

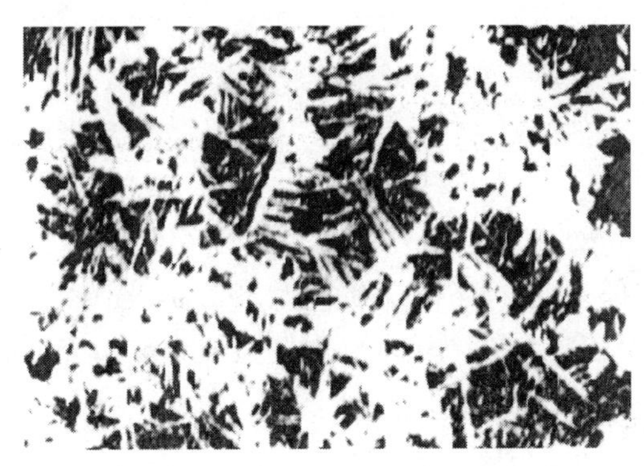

图 2-14 8 号上试样矿相结构照片（反射光×160）
白色—磁铁矿；蓝灰色—铁酸钙；黑色—硅酸二钙

8 号下：矿物组成简单，矿物结晶颗粒细小。矿相结构均匀，主要为交织结构。磁铁矿为主要金属相，多呈他形，粒度一般为0.01～0.03mm。赤铁矿含量很少，仅在块边缘局部出现。铁酸钙和硅酸二钙为主要黏结相。铁酸钙多呈针状和树枝状与硅酸二钙共同胶结磁铁矿呈交织结构。硅酸二钙含量较多，多呈细粒、柳叶状和梳状。气孔大小不一，分布不均匀，气孔率30%～35%。裂隙较多。试样矿相结构见图2-15。

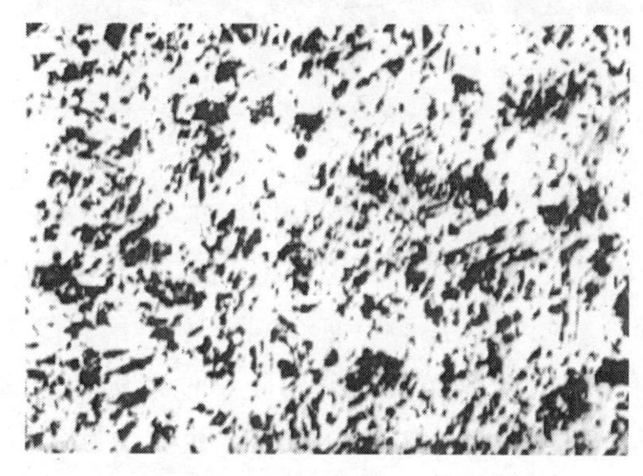

图2-15 8号下试样矿相照片（反射光×160）
白色—磁铁矿；蓝灰色—铁酸钙；黑色—硅酸二钙

由以上矿相分析表明，燃料分加比例为5∶5及2∶8时，矿相结构基本相同。上部磁铁矿为主要金属相，铁酸钙、玻璃质、硅酸二钙为主要黏结相，以交织-熔蚀结构为主；下部磁铁矿为主要金属相，铁酸钙、硅酸二钙为主要黏结相，以交织结构为主。最大差别在于无论是上部还是下部烧结矿，燃料分加比例为2∶8时（8号样），其气孔率较高，裂隙较多。由此造成小球团烧结矿强度下降。

2.3.5 外滚焦粉粒度

烧结理论认为，燃料粒度过细，烧结时燃料会急速大量地燃烧，一方面产生大量的CO，造成燃料潜热损失，另一方面使烧结过程持续时间变短，燃烧速度过快不足以形成必要的烧结温度及烧结液相；燃料粒度太粗则会使高温带太宽，料层阻力加大，并且容易产生脱落和偏析。

为直观起见，将不同外滚焦粉粒度的烧结矿转鼓指数变化规律示于图2-16。可见，当外滚焦粉粒度为0～3mm时，烧结矿强度最好。其原因在于焦粉粒度较粗，可维持小球料有较长的高温停留时间，有利于小球自身及相互间的黏结；并由于高温时间延长，氧化矿化反应得以充分进行，有利于熔剂性烧结矿的成矿及铁酸钙的生成，形成理想的烧结矿组织结构。相反，外滚焦粉粒度较细时，燃烧过快，并且在烧结过程中，球表面以及外部焦粉随废气下移，使得下部燃料过多，温度过高，烧结料过熔，而降低烧结速度和烧结矿性能。

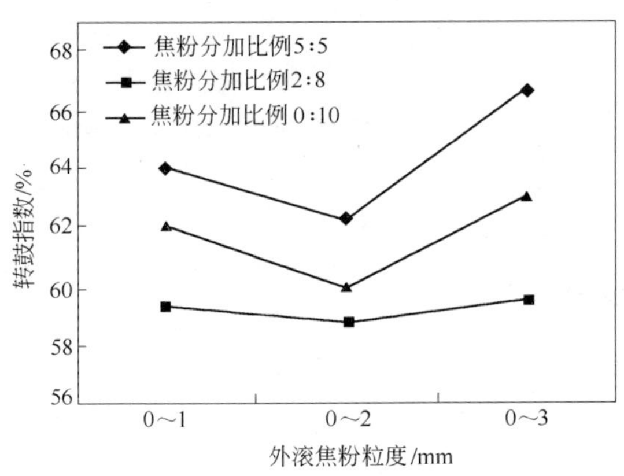

图2-16 外滚焦粉粒度对烧结矿强度的影响

2.4 小球团烧结熔剂添加方式

纵观我国烧结、球团业发展历程[3]，建国初期至20世纪70年代，因沿袭前苏联的细磨铁精矿烧结工艺路线，高炉基本上采用100%自熔性烧结矿；至80年代初，提出高炉合理炉料结构问题，“以高碱度烧结矿为主配加酸性球团/块矿”的炉料结构逐渐得到认同，并应用于生产实践。但酸性氧化性球团生产初期以竖炉为主，大型链篦机-回转窑生产球团则是进入21世纪之后才得到快速发展。因此，我国钢铁工业铁矿粉造块以烧结为主，很长时期内高碱度烧结矿生产受到企业生产装备制约而发展缓慢，在这一发展历程中，主要是通过工艺技术进步解决细磨铁精矿烧结所存在的强度低、还原性差等问题。

由 $CaO-Fe_2O_3-SiO_2$ 三元系相图（见图 1-50）可知，高碱度料有较低的熔化温度。可以推断，在较低的温度下，以熔融的碱性料黏结酸性球来烧结是可实现的。将原料分别制成酸性和高碱度的，可以认为酸性球周围是高碱度料，烧结时，高碱度料在较低的温度下首先熔化，将酸性球包裹黏结起来，以酸性球为核心，形成以铁酸钙为黏结相的烧结矿。此外，碱度提高后，混合料中 CaO 含量增加，由于 Ca^{2+} 的存在，使液相的氧位得到提高，有利于二价铁氧化成三价铁，再加上 CaO 与 SiO_2 的亲和力要大于 FeO 与 SiO_2 的亲和力，抑制了难还原的橄榄石系矿物的形成，促使烧结矿 FeO 含量降低。

因此，采用熔剂分加，乃至熔剂外加技术，将不同碱度的烧结料混合后烧结，可生产以铁酸钙为主要黏结相、还原性能良好的烧结矿；而且可实现低温烧结，降低燃料消耗。

2.4.1 小球团烧结熔剂分加工艺

小球团烧结熔剂分加工艺流程与“小球团烧结燃料添加方式”相类似，只是根据研究目的，将部分或全部熔剂与燃料一起外滚于生球表面。

为探明熔剂分加工艺对小球团烧结影响并确定初步工艺参数，烧结试验以“小球团烧结燃料添加方式”优化结果，即熔剂全内混、燃料分加比例 5∶5 为基准样，考核熔剂分加、燃料分加、配碳量三因素（表 2-10）对小球团烧结工艺及烧结矿质量影响。

表 2-10 小球团烧结熔剂分加工艺试验方案

编　号	熔剂加入方式	燃料加入方式	配碳水平
1	全内混	50%内配，50%外加	4.0
2	全外加	100%外加	4.0
3	白灰外加，其余内混	50%内配，50%外加	4.0
4	全外加	50%内配，50%外加	3.5
5	白灰外加，其余内混	100%外加	3.5

2.4.1.1 试验结果

A 烧结试验结果

小球团烧结熔剂分加烧结试验结果见表2-11。

表 2-11 小球团烧结熔剂分加烧结试验结果

试样号	垂直烧结速度/mm·min⁻¹	转鼓指数/%	抗磨指数/%	成品率/%	烧结矿粒度组成/%				
					6.3~10mm	10~16mm	16~25mm	25~40mm	>40mm
1	15.50	55.0	7.5	77.04	20.44	18.99	20.81	24.98	24.77
2	17.98	56.3	6.0	71.64	23.22	17.48	18.17	18.26	22.87
3	16.46	55.2	7.9	74.22	19.20	18.05	19.40	19.85	23.49
4	17.75	54.1	7.8	70.05	22.13	17.06	19.81	21.73	19.27
5	16.94	57.1	7.3	73.96	19.35	19.02	18.62	20.81	22.20

B 烧结矿冶金性能测试

熔剂分加小球团烧结矿冶金性能测定结果见表2-12。

表 2-12 熔剂分加小球团烧结矿冶金性能测定结果

试样号	低温还原粉化/%			还原度/%	软化性能/℃		
	$RDI_{+6.3}$	$RDI_{+3.15}$	$RDI_{-0.5}$	RI	$T_{10\%}$	$T_{40\%}$	ΔT
1	47.4	58.5	5.3	73	1150	1170	120
3	58.7	68.6	5.3	75	1155	1280	125
4	52.6	63.8	4.9	74	1160	1280	120

C 烧结矿显微结构

当熔剂全内混时（图2-17），烧结矿矿相结构不均匀，既有斑状结构，又有粒状和熔蚀结构。磁铁矿主要为金属相，多呈他形-半自形，粒度相对较均匀，被玻璃质、黄长石、钙铁橄榄石等胶结。赤铁矿含量较少，分布不均匀，多呈他形分布于块边缘。黏结相主要为玻璃质、硅酸二钙、黄长石、钙铁橄榄石及少量的铁酸钙。

当熔剂全外加时（图2-18），矿相结构不均匀，分带明显。外部带较窄，厚度不均匀，该带金属矿物主要为赤铁矿，且被以铁酸钙为主的黏结相紧密连接成片。球外部可见大量的细小针状铁酸钙与

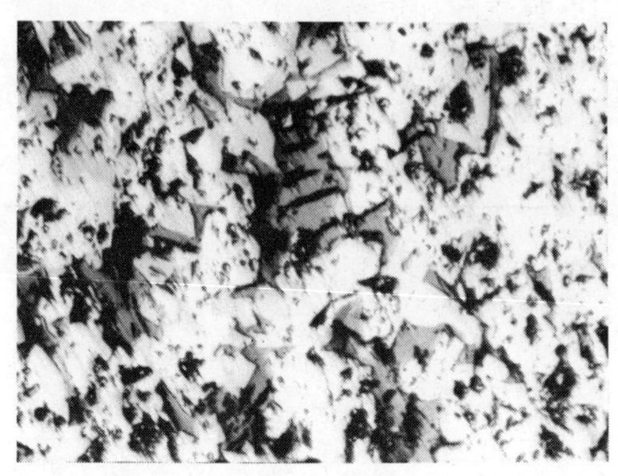

图 2-17 熔剂全内混时烧结矿矿相结构照片
灰白色—磁铁矿；黑色—硅酸二钙；暗灰色—玻璃质

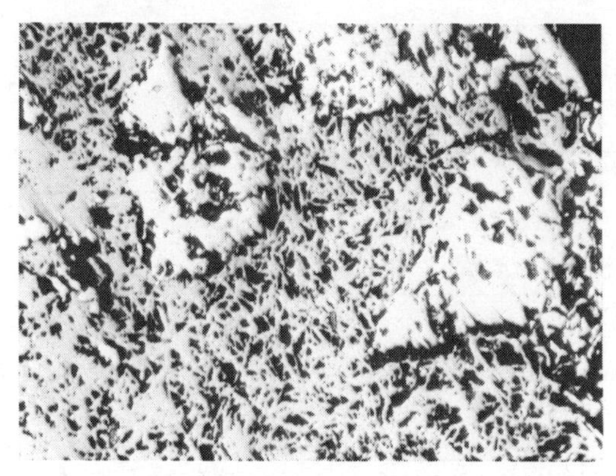

图 2-18 全外加时烧结矿矿相结构照片
白色—赤铁矿；蓝灰色针状—铁酸钙；黑色—硅酸二钙

少量细小的硅酸二钙共同胶结赤铁矿。过渡带主要为磁铁矿和少量赤铁矿，且均呈他形。内部带较宽，金属相矿物主要为赤铁矿，且主要表现为细晶再结晶长大，紧密连接成片，可见局部连接成片的石英。

2.4.1.2 小球团烧结熔剂分加工艺对烧结矿质量的影响

（1）熔剂分加使外滚燃料更好地粘结在小球表面。对普通小球团烧结工艺而言，如生球和焦粉黏附层强度不够，在料柱的压力和热废气的冲击下，生球破损、剥落，产生大量细粉，充填在球间，严重影响透气性，使得烧结速度降低；球表面的焦粉也因黏结力不足而大量脱落，并随废气下移，使得下部燃料过多，温度过高，烧结料过熔，料层温度持高不下。而熔剂分加可利用生石灰黏结性而改善成球性能，从而增强生球和燃料黏附层强度，避免此不良现象的发生。

（2）氧化钙对焦粉燃烧有催化作用，在熔剂分加后，可加快小球表面的焦粉燃烧速度，使垂直烧结速度加快，烧结矿产量提高；但由于高温烧结时间减少，烧结矿转鼓指数、成品率略有下降。

（3）在碱度较高时（大于1.0），石灰分加有利于小球表面与球粒之间较多地出现了以铁酸钙为固结相的高碱度烧结矿结构。熔剂分加后，由于小球团表面 CaO 含量高，有利于铁酸钙的生成，即小球表面为高碱度（内部为低碱度，混合料总碱度不变），小球与小球之间被铁酸钙黏结起来，由于铁酸钙强度高、还原性好，有利于小球团烧结矿强度的提高和还原性的改善，小球团烧结矿的质量改善，对高炉冶炼有利。

可见，小球团烧结熔剂分加，特别是熔剂外加工艺使酸性球碱度下降，高碱度料比例增加，从而形成了小球团之间为铁酸钙黏结，小球团内部为类似球团矿的氧化再结晶，避开了自熔性烧结矿的强度低凹区，使烧结矿质量有所提高。因此，小球团烧结熔剂外加工艺可以提高小球团烧结矿质量。

2.4.2 小球团烧结熔剂外加工艺

为简化小球团烧结熔剂分加工艺，同时更好地发挥熔剂外加后所形成的酸性小球团再结晶固结与小球团间高碱度料铁酸钙黏结的优势，采用小球团烧结熔剂外加工艺（有文献称为“铁精矿预制粒小球团烧结”）：铁精粉（造球添加剂）首先经圆盘造球机造球，之后与返矿、熔剂、燃料等原料混合制粒后进行烧结。

2.4.2.1 酸性小球团直径对熔剂外加小球团烧结矿质量的影响

熔剂外加小球团烧结的酸性小球团直径将影响烧结料层透气性、

酸性小球团氧化再结晶发展程度、酸性小球团与高碱度混合料的黏结及矿化反应等，从而影响小球团烧结矿的质量、冶金性能。

A 酸性小球团直径对烧结指标的影响

随着小球团直径的增加（图2-19～图2-21），烧结矿转鼓指数、成品率、垂直烧结速度均先得到改善后又恶化，并分别在直径为3～5mm、5～8mm的范围内达到其最佳值。

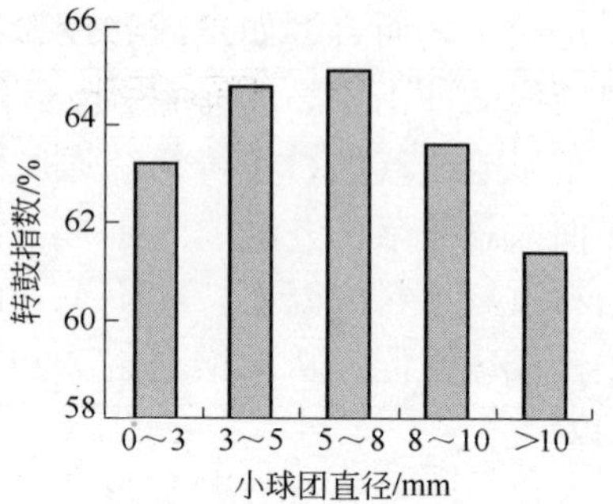

图2-19 小球团直径与转鼓指数的关系

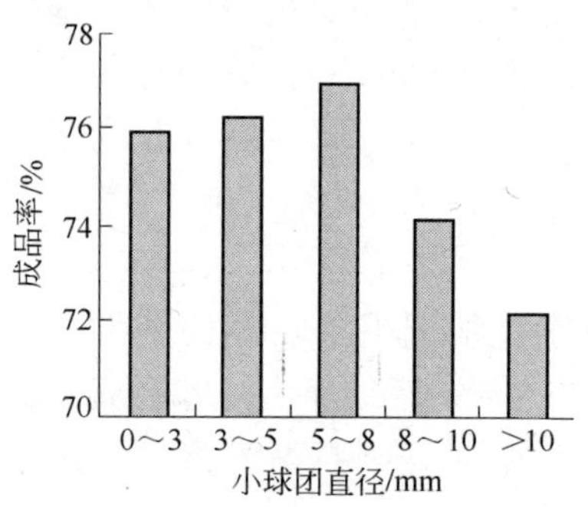

图2-20 小球团直径与成品率的关系

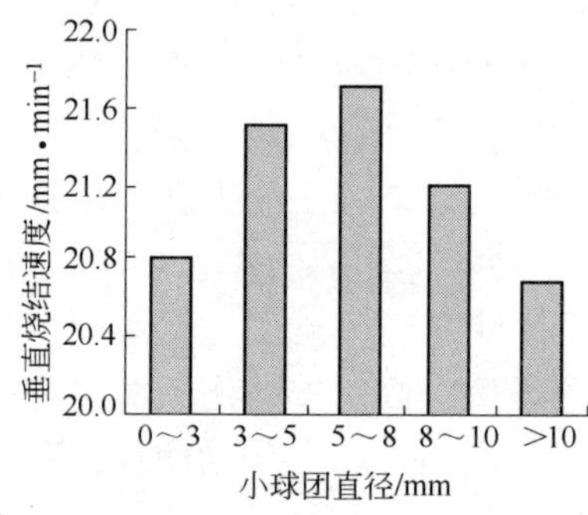

图2-21 小球团直径与垂直烧结速度的关系

B 酸性小球团直径对烧结矿冶金性能的影响

从烧结矿冶金性能来看（表2-13），酸性小球团直径变化对烧结矿冶金性能影响不明显。结合以往研究数据表明，熔剂外加小球团烧结矿与同条件的普通烧结矿相比：其低温还原粉化性能明显改善；还原度比同碱度普通烧结矿略有提高；虽然软化开始温度较低，但软化区间较窄，因此采用熔剂外加小球团烧结时，软化性能也较好。

表 2-13　熔剂外加小球团烧结矿冶金性能

试样号	低温还原粉化/%			还原度/%	软化性能/℃		
	$RDI_{+6.3}$	$RDI_{+3.15}$	$RDI_{-0.5}$	RI	$T_{10\%}$	$T_{40\%}$	ΔT
0 ~ 3mm	56.4	65.5	5.6	73	1155	1290	135
3 ~ 5mm	58.7	68.6	5.3	75	1155	1280	125
5 ~ 8mm	58.2	66.8	4.9	71	1150	1285	135

C　酸性小球团直径对烧结矿显微结构的影响

当小球粒径为 5 ~ 8mm 时（图 2-22），矿相结构分带明显，与氧化球团矿类似，赤铁矿含量很多。外部带相对较厚，该带金属矿物主要为赤铁矿，且多呈他形细粒再结晶连接，其间被大量铁酸钙及少量玻璃质胶结。过渡带以磁铁矿为主，少量赤铁矿呈条状或他形分布于磁铁矿中，其间被玻璃质胶结。内部带很窄，主要由他形粒状磁铁矿和残余石英组成。气孔大小不一，分布不均，气孔率为 20% ~ 30%。

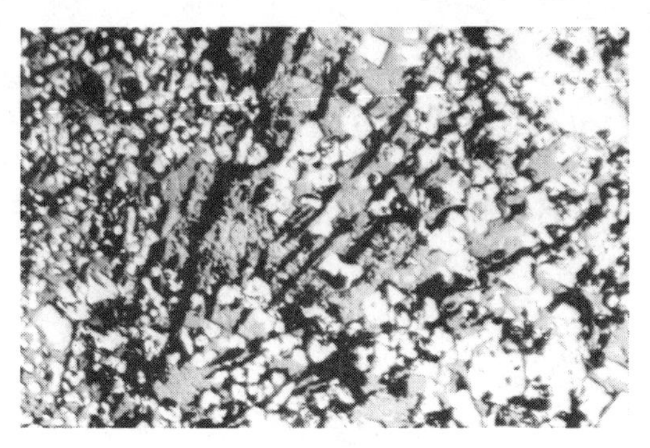

图 2-22　5 ~ 8mm 小球烧结矿矿相结构照片
（反射光 ×90）交织-溶蚀结构
灰白色—磁铁矿；黑色柳叶状—硅酸二钙

当小球直径大于 10mm 时（图 2-23），烧结矿矿相结构不均匀，以斑状结构为主。磁铁矿为主要金属相，赤铁矿含量较少。磁铁矿多呈他形结构，半自形-自形磁铁矿主要分布于块中心，其间多被玻

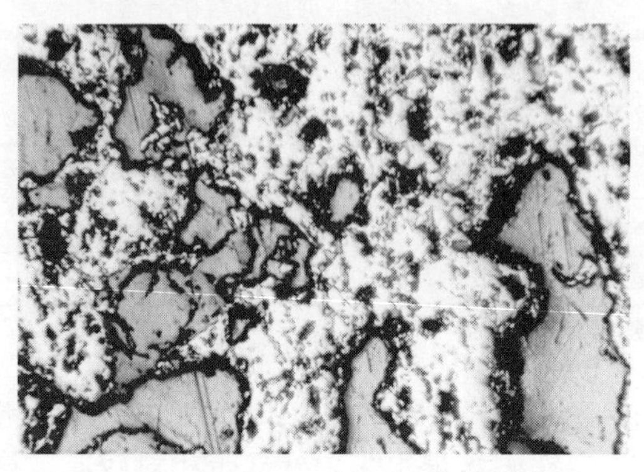

图 2-23 大于 10mm 小球烧结矿矿相结构照片
（反射光 ×90）斑状结构
灰白色—磁铁矿；白色—赤铁矿；暗灰色—玻璃质

璃质和少量黄长石胶结，形成典型的斑状结构。他形磁铁矿多分布于块边缘，其间被铁酸钙和针状硅酸二钙胶结呈熔蚀结构。铁酸钙多呈板柱状、针状分布于块边缘，结晶较细，含量较多。块矿中裂纹发育。气孔大小不一，分布不均，气孔率为 25% ~30%。

从微观结构分析来看，正是由于当小球粒径为 5 ~8mm 时，酸性小球团类似氧化性球团矿，而小球团与散状料间以铁酸钙为主要黏结相，因此强度大大提高。当大于 10mm 后，因高温时间较短，酸性小球团氧化再结晶不完全，而且矿相结构变得不均匀，高碱度料与酸性球没有很好地熔融固结在一起，因此导致强度有所下降。

D 酸性小球团直径对烧结矿质量影响机理

（1）熔剂外加小球团烧结矿的宏观特征是大部分烧结矿中的酸性球体与高碱度烧结料相互黏结在一起，仍能保持酸性球团矿和高碱度烧结矿的外部特征；而料层底部烧结温度较高，小球团烧结矿由于熔融而与普通烧结块相类似。

（2）采用熔剂外加小球团烧结工艺，当酸性小球团粒度较小时，Fe_3O_4 氧化再结晶完全，但同时传质及其与 CaO 等矿物的固相反应速度也较快，最终烧结固结过程、矿相组成、烧结矿质量等与普通小球团烧结相类似；随着小球团直径的增大，原始料层透气性及烧结过程透气性显著提高，氧化气氛发展，Fe_3O_4 氧化再结晶完全的同时，利于强度及还原性均较好的铁酸钙的生成，固结机理以酸性小球团氧化再结晶固结和酸性小球团与高碱度混合料的铁酸钙液相固结为主，烧结矿质量改善；随小球团直径进一步增加，则由于高温氧化带时间较短，酸性小球团氧化再结晶不完全，固结强度低；与此同时，酸性小球团与高碱度料的粒度差增加，烧结料层透气性下降，垂直烧结速度降低，烧结矿质量、生产效率降低。

因此，熔剂外加小球团烧结时，其适宜直径应介于3～8mm。

2.4.2.2 熔剂粒度对熔剂外加小球团烧结矿质量的影响

A 熔剂粒度对烧结指标的影响

不同熔剂粒度对熔剂外加小球团烧结主要指标的影响较小，但随着外加熔剂粒度的增加，小球团烧结指标有所恶化（表2-14）。

表2-14 熔剂粒度对熔剂外加小球团烧结指标影响

熔剂粒度/mm	成品率/%	转鼓指数/%	抗磨指数/%	垂直烧结速度/mm · min^{-1}
<0.5	76.9	67.1	5.8	18.79
0.5～1.0	76.5	66.9	6.2	18.56
1.0～2.0	75.9	66.6	5.2	18.67
2.0～3.0	75.1	65.9	5.7	18.82
>3.15	74.7	65.4	6.5	18.81
常 规	76.2	66.8	6.2	18.66

B 熔剂粒度对烧结矿冶金性能的影响

外加熔剂的粒度除对烧结矿低温还原粉化性能有少许影响外，对其他冶金性能影响不大（表2-15）。

表2-15 熔剂粒度对熔剂外加小球团烧结矿冶金性能影响

熔剂粒度/mm	低温还原粉化/%			还原度/%	软化性能/℃		
	$RDI_{+6.3}$	$RDI_{+3.15}$	$RDI_{-0.5}$	RI	$T_{10\%}$	$T_{40\%}$	ΔT
<0.5	58.9	69.8	5.2	75	1150	1270	120
0.5～1.0	58.6	68.2	6.0	74	1155	1280	125

续表 2-15

熔剂粒度/mm	低温还原粉化/%			还原度/%	软化性能/℃		
	$RDI_{+6.3}$	$RDI_{+3.15}$	$RDI_{-0.5}$	RI	$T_{10\%}$	$T_{40\%}$	ΔT
1.0~2.0	56.4	68.1	5.8	75	1150	1285	135
2.0~3.0	55.2	67.8	6.4	74	1160	1280	120
>3.15	54.1	67.1	6.5	74	1150	1280	130
常　规	58.7	68.6	5.3	75	1155	1280	125

C　熔剂粒度对烧结矿显微结构的影响

当外加熔剂粒度为1.0~2.0mm时（图2-24），烧结矿矿相结构不均匀，分带现象明显。内带较宽，外带较窄且不均匀。内带主要表现为磁铁矿被玻璃质、钙铁橄榄石和残余石英共同胶结形成的粒状-斑状结构。磁铁矿多呈他形，粒度极不均匀。外带主要由赤铁矿、铁酸钙、硅酸二钙、磁铁矿及少量的玻璃质构成。赤铁矿多呈他形细粒连接成片。铁酸钙多呈针状，部分呈板柱状和少量玻璃质共同胶结他形细粒磁铁矿形成交织熔蚀结构。

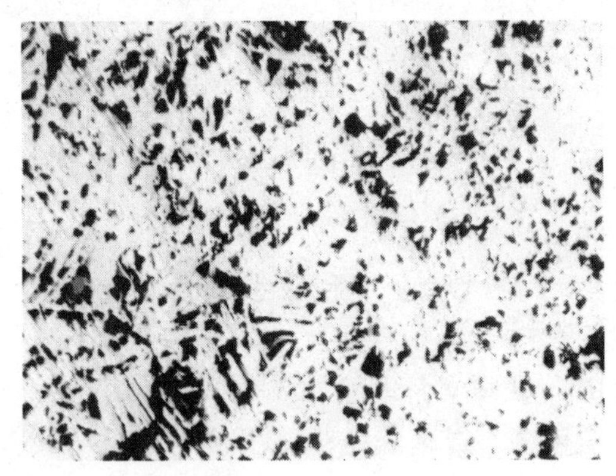

图2-24　粒度为1.0~2.0mm时烧结矿矿相结构
（反射光×90）斑状结构
灰白色—磁铁矿；黑色—硅酸二钙；蓝灰色—铁酸钙

当外加熔剂粒度为常规时（图2-25），矿相结构不均匀，分带明显。外部带较窄，厚度不均匀，该带金属矿物主要为赤铁矿，且被

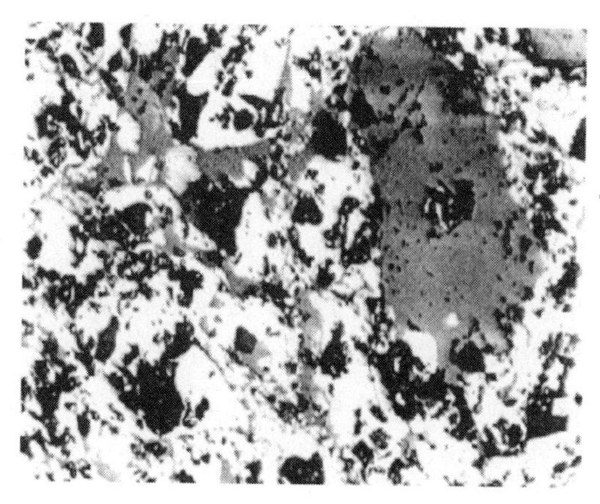

图 2-25 常规粒度时烧结矿矿相结构
（反射光 ×90）斑状结构
白色—赤铁矿；蓝灰色针状—铁酸钙；黑色—硅酸二钙

以铁酸钙为主的黏结相紧密连接成片。球外部可见大量的细小针状铁酸钙与少量细小的硅酸二钙共同胶结赤铁矿。过渡带主要为磁铁矿和少量赤铁矿，且均呈他形。内部带较宽，金属相矿物主要为赤铁矿，且主要表现为细晶再结晶长大，紧密连接成片，可见局部连接成片的石英。

在两种不同熔剂粒度下，烧结矿矿相结构均呈明显的分带状态，外层以铁酸钙为黏结相胶结，内层则类似球团矿的氧化再结晶固结。

D 熔剂粒度对烧结矿质量影响机理

烧结过程中，要求熔剂碳酸盐完全分解，且分解产物与混合料中其他组分完全化合，否则烧结矿中所存在的游离 CaO 遇水消化而产生体积膨胀，导致烧结矿因产生内应力而破碎。相关研究与生产实践表明，石灰石粒度小、碱度低、烧结温度高，则 CaO 的矿化程度高。熔剂外加小球团烧结过程中，在高碱度料碱度增加的同时，其含铁矿物为富矿粉、返矿等，粒度较粗，需较小的熔剂粒度才可提高矿化度，进而有利于铁酸钙等黏结相的生成。

因此，随着外加熔剂粒度的减小，烧结矿强度、成品率、冶金性能等各项指标均呈改善趋势，但变化幅度不明显。因此，小球烧结时外加熔剂应以细磨为宜，但考虑到熔剂细磨带来的成本增加等问题，在熔剂外加小球团烧结时可采用常规熔剂粒度，控制熔剂粒度在0～3mm范围内。

2.4.2.3 燃料分加比例对熔剂外加小球团烧结矿质量的影响

因燃料添加方式影响料层温度、料层气氛、高温保持时间等而影响熔剂外加小球团烧结成矿过程中的酸性小球团氧化再结晶固结和酸性小球团与高碱度料的铁酸钙液相固结的发展程度，为此，研究了燃料内混与外加比例为0∶10、2∶8、5∶5三水平条件下燃料分加比例对烧结过程和烧结矿质量的影响。

A 燃料分加比例对烧结指标的影响

根据不同燃料分加比例条件下烧结指标变化规律（表2-16）可以认为，焦粉分加比例2∶8优于0∶10，0∶10优于5∶5。因此，焦粉分加对提高烧结矿质量是有益的，同时能提高燃料利用率，降低能耗，但内配焦粉不宜过多，否则对烧结生产不利。因此适宜的焦粉添加方式应以外加为主，内配少量焦粉。

表2-16 燃料分加比例对熔剂外加小球团烧结指标影响

燃料分加比例	成品率/%	转鼓指数/%	抗磨指数/%	垂直烧结速度/mm·min^{-1}
0∶10	73.1	63.6	6.7	18.52
2∶8	74.1	66.7	6.3	20.26
5∶5	72.0	60.2	7.5	17.46

B 燃料分加比例对烧结矿冶金性能的影响

燃料分加比例为2∶8时，熔剂外加小球团烧结矿还原度、低温还原粉化性能最好，但软化温度区间略有增加（表2-17）。

表2-17 燃料分加比例对熔剂外加小球团烧结矿冶金性能影响

燃料分加比例	低温还原粉化/%			还原度/%	软化性能/℃		
	$RDI_{+6.3}$	$RDI_{+3.15}$	$RDI_{-0.5}$	RI	$T_{10\%}$	$T_{40\%}$	ΔT
0∶10	56.7	63.4	6.5	72	1160	1270	110
2∶8	58.7	68.6	5.3	75	1155	1280	125
5∶5	54.8	62.0	5.0	71	1160	1280	120

C 燃料分加比例对烧结矿显微结构的影响

为了揭示燃料内外配加比例对小球烧结矿质量的影响机理，对不同燃料分加比例的小球团烧结矿显微结构进行了测试分析（图2-26～图2-28）。

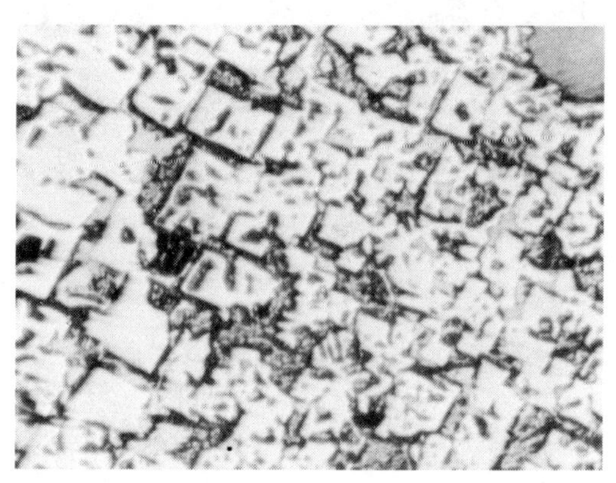

图2-26 燃料全外加时烧结矿矿相结构
（反射光×90）斑状结构
白色—赤铁矿；蓝灰色—铁酸钙；黑色—硅酸二钙

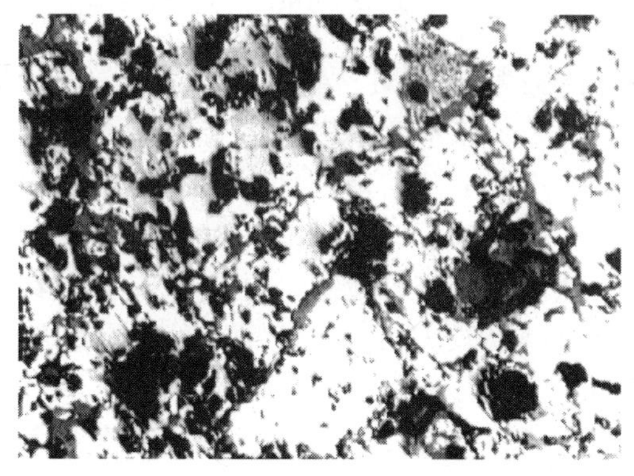

图2-27 燃料分加比例为2：8时烧结矿矿相结构
（反射光×90）斑状结构
白色—赤铁矿；蓝灰色针状—铁酸钙

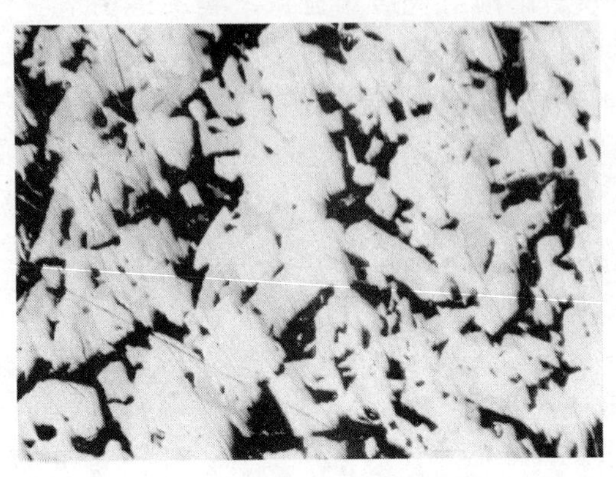

图 2-28 燃料分加比例为 5∶5 时烧结矿矿相结构照片
（反射光 ×90）斑状结构
灰白色—磁铁矿；黑色—硅酸二钙；蓝灰色—铁酸钙

当燃料全部外加时，烧结矿矿相结构不均匀，以块状结构为主。块中裂纹较多。磁铁矿多呈他形晶体，部分为半自形晶体，局部集中成片。赤铁矿含量较多，多呈粒状集合体，部分呈菱形定向分布于块、孔边缘。黏结相主要为铁酸钙、硅酸二钙，且二者共同胶结他形磁铁矿。

当燃料分加比例为 2∶8 时，矿相结构不均匀，分带明显。外部带较窄，厚度不均匀，该带金属矿物主要为赤铁矿，且被以铁酸钙为主的黏结相紧密连接成片。球外部可见大量的细小针状铁酸钙与少量细小的硅酸二钙共同胶结赤铁矿。过渡带主要为磁铁矿和少量赤铁矿，且均呈他形。内部带较宽，金属相矿物主要为赤铁矿，且主要表现为细晶再结晶长大，紧密连接成片，可见局部连接成片的石英。

当燃料分加比例为 5∶5 时，烧结矿矿相结构不均匀，以粒状-斑状为主。磁铁矿多呈自形-半自形，粒度较均匀。局部可见骸晶状赤铁矿。赤铁矿多呈菱形定向排列分布，部分呈条状，主要分布于块边缘局部。黏结相主要为铁酸钙、钙铁橄榄石、玻璃质及少量硅酸二钙和黄长石。铁酸钙多呈板柱状，分布于块边缘局部，与柳叶状硅酸二钙及少量玻璃质共同胶结磁铁矿呈熔蚀结构。并且矿块中裂纹发育。

由上可知，由于燃料添加方式的不同，而导致金属相、黏结相主要成分不同及其不同的胶结状态，从而影响烧结矿质量。当燃料分加比例为2∶8时，通过微观检测可发现此时烧结矿呈明显的分带状态，外部带以高碱度烧结矿的金属相、黏结相存在，内部带以赤铁矿的再结晶长大为主要形式存在。

D 燃料分加比例对烧结矿质量影响机理

（1）熔剂外加小球团烧结酸性小球团的氧化再结晶固结和酸性小球团与高碱度料间的铁酸钙等液相黏结均需具备氧化性气氛、一定的高温保持时间等条件，燃料燃烧是热量的主要来源，也是决定料层温度、气氛性质等的重要条件。

（2）酸性小球团的氧化再结晶固结主要受温度水平、高温保持时间、气氛等因素影响。熔剂外加小球团烧结酸性小球团氧化再结晶固结的热量来源和温度水平取决于燃料燃烧和 Fe_3O_4 氧化放热。以外加为主内配少量燃料的燃料添加方式，一方面内配燃料数量较少，既可提供一定热量，又可在较短时间内迅速燃烧而增强氧化性气氛，从而促进氧化再结晶固结。而内配燃料过多，则还原性气氛增强，温度过高，不利于 Fe_3O_4 氧化和再结晶固结，并产生较多数量的渣相；全部外加时，因内部热量不足，温度较低而降低强度。

（3）酸性小球团与高碱度混合料间的铁酸钙液相黏结，需具备氧化性气氛、较低的烧结温度等条件，以促进 Fe_3O_4 氧化成 Fe_2O_3，并与 CaO 反应生成针状铁酸钙。因高碱度混合料中熔剂碳酸盐较多，分解耗热量增加，因此燃料需求量相对也较高；同时，外加燃料的燃烧动力学条件改善，可增强料层氧化性气氛。因此，在燃料配比一定的条件下，适当提高外加燃料比例，可满足烧结热量需求，并延长高温保持时间，从而促进针状铁酸钙等有益矿物生成，改善烧结矿质量。

熔剂外加小球团烧结燃料分加比例为2∶8时，可获得较适宜的烧结温度、高温保持时间、氧化性气氛等条件，从而改善固结过程，提高烧结矿产量、质量。

2.4.3 熔剂外加小球团烧结与普通烧结的比较

在熔剂外加小球团烧结酸性小球团直径、外加熔剂粒度、燃料分加比例等参数优化的基础上，对熔剂外加小球团烧结与普通烧结进行了比较。

2.4.3.1 烧结指标的比较

采用熔剂外加小球团烧结工艺可显著提高烧结矿的转鼓指数、成品率、抗磨指数，并且加快垂直烧结速度，提高生产率（表2-18）。

表 2-18 熔剂外加小球团烧结与普通烧结烧结指标比较

试样	成品率/%	转鼓指数/%	抗磨指数/%	烧结速度/mm · min^{-1}	烧结矿粒度组成/%				
					6.3 ~ 10mm	10 ~ 16mm	16 ~ 25mm	25 ~ 40mm	>40mm
熔剂外加	76.2	66.8	6.2	18.66	17.35	22.47	16.67	17.51	10.65
普通烧结	69.5	56.9	7.0	13.26	30.87	25.24	13.34	11.35	4.86

2.4.3.2 冶金性能的比较

熔剂外加小球团烧结矿较普通烧结矿低温还原粉化性能大大改善，与高碱度烧结矿类似；还原性较同碱度普通烧结矿略有改善；而软化性能与高碱度烧结矿相类似，与同碱度普通烧结矿相比，软化开始温度变化不大，但软化温度区间较宽（表2-19）。

表 2-19 熔剂外加小球团烧结矿与普通烧结矿冶金性能比较

试 样	碱度 R_2	低温还原粉化/%			还原度/%	软化性能/℃		
		$RDI_{+6.3}$	$RDI_{+3.15}$	$RDI_{-0.5}$	RI	$T_{10\%}$	$T_{40\%}$	ΔT
熔剂外加	1.5	72.2	87.1	5.3	73	1155	1340	185
普通烧结 1	1.5	39.8	78.1	5.3	71.5	1160	1280	120
普通烧结 2	2.2	75.3	87.0	3.0	84.4	1200	1380	180

2.4.3.3　烧结矿显微结构比较

熔剂外加小球团烧结矿（参见图2-18）矿相结构不均匀，分带明显。外部带较窄，厚度不均匀，该带金属矿物主要为赤铁矿，且被以铁酸钙为主的黏结相紧密连接成片。球外部可见大量的细小针状铁酸钙与少量细小的硅酸二钙共同胶结赤铁矿。过渡带主要为磁铁矿和少量赤铁矿，且均呈他形。内部带较宽，金属相矿物主要为赤铁矿，且主要表现为细晶再结晶长大，紧密连接成片，可见局部连接成片的石英。

普通烧结时烧结矿（图2-29、图2-30）矿相结构不均匀，为斑状结构。磁铁矿主要为金属相，赤铁矿含量极少。磁铁矿多呈半自形-自形。半自形磁铁矿主要分布于块中心，其间多被硅酸二钙、玻璃质和少量黄长石胶结，形成典型的斑状结构。铁酸钙多呈板柱状分布，结晶较粗，含量较少。烧结矿中残存块矿较多，裂纹较多，且较发育。

图2-29　普通烧结矿矿相结构

灰白色—磁铁矿；黑色—硅酸二钙

与普通烧结生产的自熔性烧结矿相比：采用熔剂外加小球团烧结时，由于高碱度料与酸性球的混烧，对普通烧结时硅酸二钙的大量生成起到了有效的抑制作用，并且生成了大量的铁酸钙，致使烧结矿强度得到显著改善。

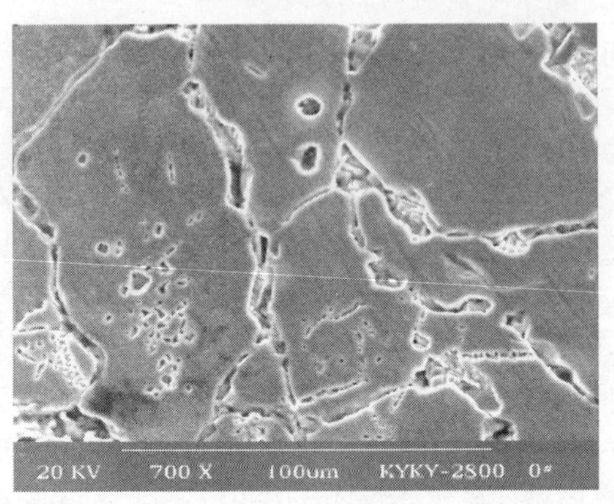

图 2-30 普通烧结矿显微结构照片

此外，熔剂外加小球团烧结过程中，由于“自动蓄热”作用导致料层不同高度处热量收入不同，造成温度差异，从而影响烧结过程中液相生成数量。在成品烧结矿中，可见较为明显的单体球、熔结球、黏结块等烧结矿外部特征。通过对单体球、熔结球、黏结块的矿相分析，熔剂外加小球团烧结矿矿相结构具有较明显的特点：

(1) 中上部单体球（图 2-31、图 2-32）分带现象明显，内带金

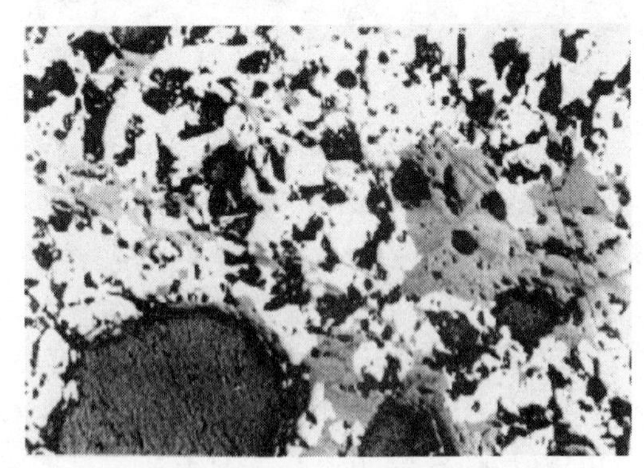

图 2-31 单体球内带矿相结构照片

灰白色—磁铁矿；灰色柱状—钙铁橄榄石；深灰色—气孔

图 2-32 单体球边缘带矿相结构照片

白色—赤铁矿；灰色—玻璃质；黑点—残余 CaO

属相主要为磁铁矿，被钙铁橄榄石、玻璃质及少量残余石英等黏结相胶结而成粒状结构；外带赤铁矿为主要金属相，为赤铁矿再结晶连晶，其间有少量残余石英、玻璃质或硅酸二钙等黏结；边缘局部可见少量细小针状铁酸钙出现。

（2）熔结球（图 2-33、图 2-34）也具有较明显的分带现象，内带为磁铁矿被少量残余石英、玻璃质等胶结成粒状-斑状结构；外带由赤铁矿、铁酸钙、硅酸二钙、玻璃质等构成；球边缘部分有铁酸

图 2-33 熔结球内带矿相结构照片

灰白色—磁铁矿；暗灰色—玻璃质；深灰色—残余石英

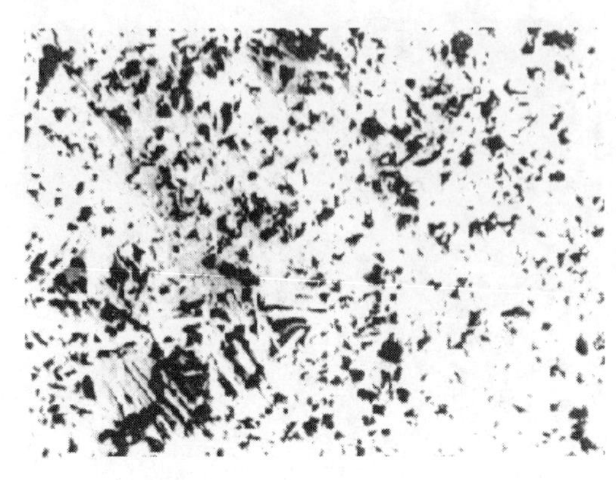

图 2-34 熔结球边缘带矿相结构照片

灰白色—磁铁矿；蓝灰色—铁酸钙；黑色—硅酸二钙

钙集中出现，多呈针状、板柱状，与硅酸二钙和少量玻璃质胶结他形磁铁矿呈熔蚀结构。

（3）块矿（图 2-35、图 2-36）具有典型酸性矿（粒状、斑状结构）及高碱度矿（熔蚀结构）的显微结构特征。磁铁矿为主要金属相，既有斑状结构，又有熔蚀结构。自形-半自形磁铁矿多被玻璃

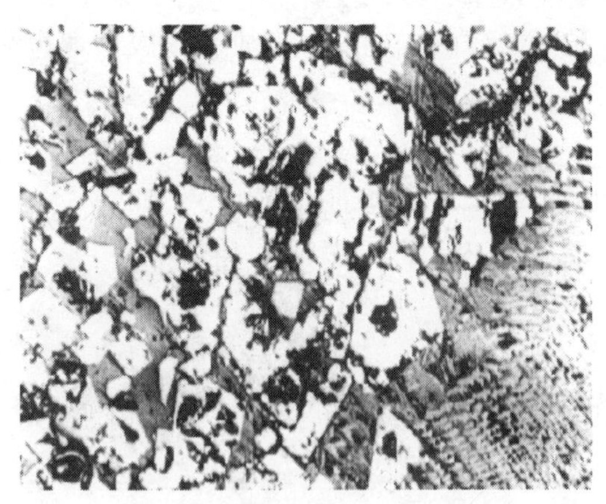

图 2-35 块矿矿相结构照片

灰白色—磁铁矿；白色—赤铁矿；暗灰色—玻璃质；编织状—黄长石

图 2-36 块矿矿相结构照片
灰白色—磁铁矿；蓝灰色—铁酸钙；黑色—硅酸二钙；暗灰色—玻璃质

质、黄长石、钙铁橄榄石等胶结呈斑状结构；铁酸钙多呈板柱状，与少量硅酸二钙、玻璃质胶结他形磁铁矿呈熔蚀结构。

2.4.3.4 熔剂外加小球团烧结矿质量改善机理

对于碱度为 1.5 的自熔性烧结矿，熔剂外加小球烧结矿质量得到很大的改善，其原因在于：

（1）采用熔剂外加小球团烧结，在酸性小球团与高碱度料之间为高碱度烧结矿具有的以针状铁酸钙为主的液相固结，而在酸性小球团内部发生了类似酸性球团矿的氧化再结晶固结，获得了典型的酸性矿和高碱度矿混合的非均质烧结矿。与普通烧结矿相比，抑制了传统自熔性烧结矿中硅酸二钙大量生成造成的不利影响，因此不但强度得到提高，而且烧结矿的冶金性能也得到大大改善。高炉使用碱度为 1.5 左右的自熔性熔剂外加小球团烧结矿，可以实现单一炉料入炉，缓解酸性炉料生产能力与供应不足问题。同时，由于自熔性烧结矿冷强度和低温还原粉化性能改善，有利于改善料柱透气性，促进高炉顺行与强化冶炼；而且还原性能改善，可降低焦比。

（2）熔剂外加小球团烧结采用燃料分加工艺，使较多的燃料黏附在团粒的表层，从而改善了固体燃料的燃烧条件，一方面可提高燃料利用率而降低固体燃料消耗，另一方面可增强料层氧化性气氛利于赤铁矿、针状铁酸钙等有益矿物生成而改善自熔性烧结矿冶金性能。

（3）采用熔剂外加小球团烧结，在改善自熔性烧结矿的质量的同时，透气性改善，可以采用厚料层操作，自动蓄热能力加强，低温烧结得以实现，从而进一步降低固体燃料消耗，提高烧结矿产量，改善烧结矿质量。

因此，采用熔剂外加小球团烧结工艺可显著改善碱度为 1.5 左右烧结矿的质量，同时利于烧结成本降低。

参考文献

[1] 袁文彬．日本铁矿石造块新法的研究与应用[J]．烧结球团，1990，1.

[2] Seiki Nagano，etc. Commercial Operation of the Hybrid Pelletized Sinter（HPS）at Fukuyama Works[J]. Proceedings of the Sixth International Iron and Steel Congress 1990，Nagaya.

[3] 潘宝巨，张成吉．中国铁矿石造块适用技术[M]．北京：冶金工业出版社，2000.

[4] 单继国，刘淑桂．全精矿小球团烧结工艺的试验研究[J]．烧结球团，1994，4.

[5] 胡宾生，杜鹤桂．小球团烧结工艺的基础研究[J]．烧结球团，1991，5.

[6] 王志花，王树同，孔令坛．小球团烧结法固结机理的研究[J]．烧结球团，1994，1.

[7] 王志花，王树同，孔令坛．球团烧结法成矿过程的研究[J]．钢铁，1994，8.

[8] Yasuo Miwa，Osamu Komatsu，Hidetoshi Noda，etc. Development of Hybrid Pelletized Sinter Process and its Commercial Operation at Fukuyama №5 Sintering Plant[C]. 1990 Ironmaking Conference Proceedings，683 ~ 689.

[9] 刘兰英．小球团烧结新工艺的开发与应用[J]．包钢科技，1998，1.

[10] 第五届国际铁矿粉造块会议论文集[M]．北京：冶金工业出版社，1980.

[11] 任志国等．燃料分加对混合料造小球团及烧结过程的影响[J]．钢铁研究学报，2000，2.

[12] 张世娟，王树同．针状铁酸钙形成机理的研究[J]．钢铁，1992，7.

[13] Noboru Sakamoto，etc. Foundamental Investigation of New Iron Ore Agglomerates and Evaluation of Their Properties for the Blast Furnace [J]. Trans. ISIJ，1988，Vol. 28，619 ~ 627.

3 冀东矿与进口矿烧结特性和配矿结构优化

冀东地区是我国仅次于鞍（鞍山）本（本溪）的第二大铁矿资源基地，保有储量约44亿吨，主要分布在迁安、滦县、迁西、遵化等地，是唐钢、首钢等钢铁企业的重要原料基地[1]。冀东矿区原矿含铁品位低、分布范围广，含铁矿物主要为磁铁矿，杂质是以SiO_2为主要成分的酸性脉石，矿石硬度高，细磨困难。因此，其磁选精粉品位低、SiO_2含量高等成为铁矿粉造块主要技术难题，存在烧结矿易粉化、强度低、烧结生产中能耗高等问题[2]。

为此，结合冀东矿特有的资源条件和烧结特性，在现有烧结生产设备条件下，通过采用烧结新工艺实现烧结生产中节能、降耗及提高烧结矿质量的目的，与钢铁企业合作，对冀东矿区铁矿粉的烧结特性进行了全面系统的分析、研究，对磁铁矿烧结过程中强度-碱度低凹区的成因提出了新的见解；系统研究分析了澳矿、巴西矿等典型进口矿烧结特性，优化了烧结配矿结构。

3.1 国内外铁矿资源与烧结配矿

3.1.1 国内外铁矿资源状况

截至2001年，世界保有铁矿资源储量1400亿吨，含铁量596亿吨，保有储量基础3100亿吨，含铁1325亿吨，主要分布于澳大利亚、俄罗斯、巴西、印度、加拿大等国，我国铁矿资源保有储量占世界的10%左右[3]。

3.1.1.1 国内铁矿石资源

我国铁矿资源/储量主要分布于辽宁、河北、四川、山西、安徽、湖北、内蒙古等地，分布广泛但又相对集中。由于地质条件复杂，形成了不同时代不同类型的铁矿，但总体而言，贫矿多、富矿少、共（伴）生组分多。

按产地集中程度可划分为鞍山-本溪、冀东-北京、攀枝花-西昌、五台-吕梁、宁芜-庐枞、包头-白云鄂博、鲁中、邯郸-邢台、鄂东和海南等10大成矿区，占全国铁矿总查明资源储量的约80%（表3-1），其中[3,4]：

（1）鞍山-本溪成矿区。本地区主要是鞍山式的沉积变质矿区，铁矿规模大、开采条件好，大部分属易采（露天）易选（磁铁矿、赤铁矿）的铁矿石，有害元素及造渣组分少。该矿区总储量的98%为贫矿区，铁矿石原矿含铁量在20%～40%之间，经精选处理后含铁量可以达到62%～68%。

表3-1　十大铁矿石生产基地查明储量

序号	Ⅰ级成矿区带名称	Ⅱ级成矿区带名称	Ⅲ级成矿区带名称	查明资源储量/亿吨	主要铁矿石生产基地	排序	占全国查明储量/%
1	滨太平洋成矿域（叠加在古亚洲成矿域之上）	华北成矿省	辽东铁成矿带	122.95	鞍本	1	23.22
2			华北地台北缘东段铁成矿带	71.62	冀东-密云-张宣	2	13.52
3			山西铁成矿带	43.82	吕梁	4	8.28
4			华北陆块南缘铁成矿带	22.52	邯邢	6	4.25
5			鲁西（含淮北）铁成矿带	20.43	鲁中	7	3.86
6			华北（断坳/盆地）铁成矿区	20.06	许昌-霍邱	8	3.79
7			华北地台北缘西段铁成矿带	18.89	包白	9	3.57
8		扬子成矿省	康滇地轴铁成矿带	67.13	攀西	3	12.67
9			长江中下游铁成矿带	32.29	长江中下游（大冶、安庆-繁昌、宁芜）	5	6.09
10		华南成矿省	海南铁矿区	3.74	海南	10	0.71
		合　计		423.45			79.96
		其　他		106.13			20.04

（2）冀东-北京密云怀柔成矿区。本地区为鞍山式的沉积变质矿区，铁矿资源丰富，大多数适合露天开采，磁选效果好，属于易采易选矿石，精矿性能好。该矿区铁矿石原矿含铁量在30%左右，经精选处理后含铁量可以达到65%以上。

（3）攀枝花-西昌成矿区。本地区为岩浆型的钒钛磁铁矿床，本地区矿体厚大、埋藏浅，均可露天开采。钒钛磁铁矿中主要金属矿物为钛磁铁矿和钛铁矿，另有少量硫化矿；脉石以钛辉石和斜长石为主。

（4）五台-吕梁成矿区。本地区主要是鞍山式的沉积变质矿床，开采条件好，大部分可露天开采，但因含硅酸铁和碳酸铁高，选矿效果较差。

（5）宁芜-庐枞成矿区。本地区为玢岩式火山-冰火山岩型矿床。主要是赤铁矿，其次是磁铁矿，也有部分硫化矿。矿石还原性好，脉石矿物为石英方解石、磷灰石和金红石等。矿物含有较高的硫、磷等杂质（含磷一般为0.5%，含硫量最高达到2%～3%）。

（6）包头-白云鄂博成矿区。本地区有白云式和鞍山式两种沉积变质铁矿床。铁矿石含铁品位一般在32%～36%之间，主要铁矿物是磁铁矿、赤铁矿，还有铁的碳酸盐、硅酸盐和含铁硫化物。主要稀土矿物为氟碳铈矿和独居石，主矿、东矿含稀土氧化物品位在4%～7%之间，平均5%。

（7）邯郸-邢台成矿区。属接触交代型铁矿床，主要是赤铁矿和磁铁矿。矿石含铁量在40%～55%之间，脉石含有一定的碱性氧化物。部分矿石含硫较高，矿石强度差。

3.1.1.2 国际铁矿石资源

世界铁矿资源集中在澳大利亚、巴西、俄罗斯、印度、美国、加拿大、南非等国，其中[3,5]：

（1）澳大利亚。澳大利亚铁矿工业发达，资源储量大，分布集中，主要赋存在西澳洲皮尔巴拉地区，主要企业有哈默斯利铁矿公司、BHP公司和罗布河铁矿公司。赤铁矿是西澳开采的主要铁矿石，主要由哈默斯利和BHP公司开采，该矿铁品位为62%～63%，脉石含量相对较高，但具有较好的烧结性能，是亚洲钢铁厂烧结的主要矿种。褐铁矿主要来自哈默斯利的扬迪库吉那（Yandicoogina）和BHP的杨迪（Yandi）矿体及罗布河的Mesa J矿体，焙烧后铁品位可达63%，而且绝大多数含磷低。马拉曼巴矿是澳大利亚新一代铁矿，由赤铁矿和褐铁矿组成，结晶水含量在6%左右，铁品位为61%～62%，脉石含量较赤铁矿及褐铁矿低，哈默斯利的马兰度（Marnadoo）及Nammuldi矿区、BHP的C矿区、罗布河的西安吉拉斯（West Angelas）矿区及库博的Hopedowns项目开采的都是马拉曼巴矿。

（2）巴西。巴西铁矿工业现居世界第一位，主要为南部米纳斯-吉拉斯（铁四角）的镜铁矿资源和北部卡拉加斯地区的多孔赤铁矿资源。主要铁矿石生产公司有淡水河谷（CVRD）、联合矿业（MBR）、费尔特科（Ferteco）、萨马尔库（Samarco）及萨米炊（Samitri）。CVRD公司是巴西最大的铁矿石生产公司、出口公司，该公司的铁矿集中在“铁四角”地区和巴西北部的巴拉州，拥有挺博佩贝铁矿、卡潘尼马铁矿、卡拉加斯铁矿等。巴西联合矿物公司（MBR）是巴西第二大铁矿生产出口公司，矿山在南部“铁四角”地区。巴西铁矿石因具有品位高、铝低、有害杂质少、烧结性能好等特点，加之巴西港口条件好，巴西铁矿被世界各国钢铁厂所普遍使用。

（3）印度。印度是铁矿储量比较丰富的国家，在亚洲拥有最大的铁矿资源，并以富矿为主，是亚洲最大的富铁矿产地，其中：含铁品位在62%的储量占50%。铁矿石类型主要有赤铁矿和磁铁矿，赤铁矿主要分布在东部比哈尔-奥里萨邦以及南部卡那塔克邦，磁铁矿主要分布在卡那塔克邦、安德拉邦和果阿。印度铁矿生产具有矿点多、规模小的特点；矿山普遍自动化程度低，管理水平差，铁矿品质波动大。中央邦是最大的铁矿生产地区，因该地区有多家钢铁厂，生产的铁矿石主要供国内钢铁厂使用，仅有少量铁矿资源供出口。果阿地区铁矿石一般含有结晶水，品位在62%左右，主要供出口市场。

（4）南非。南非铁矿多为硬质赤铁矿，块矿产出率高，是世界重要的块矿出口国。南非块矿以铁品位高、物理及冶金性能好而著称，是非常好的高炉直接入炉原料，但值得注意的是南非矿钾、钠等碱金属含量高，长期使用对高炉长寿不利。

3.1.1.3 冀东地区铁矿资源特点

冀东地区（含北京密云、怀柔）是我国仅次于鞍本的第二大铁矿资源基地，该地区铁矿资源主要分布在迁安、滦县、迁西、遵化等地，已开采的重点矿山有：首钢北京铁矿、水厂铁矿、大石河铁矿、石人沟铁矿、棒磨山铁矿、庙沟铁矿等。

冀东地区铁矿为鞍山式沉积变质型铁矿。沉积变质型铁矿根据矿床建造特征分为铁硅建造型铁矿和变质碳酸盐型铁矿两个亚类，冀东矿属铁硅建造型铁矿。铁硅建造型铁矿主要矿石矿物为磁铁矿、赤铁矿、假象赤铁矿，大部分的铁矿物以磁铁矿为主，少数以赤铁矿为主；脉石矿物有石英、绿泥石、铁闪石、铁铝榴石、黑云母、碳酸盐矿物等，或含少量黄铁矿；矿石 TFe 为 20% ~40%，SiO_2为 40% ~50%，一般要经选矿处理，部分矿床中含富矿体或富矿段，TFe 达 50% ~60%[3]。

冀东铁矿多为贫磁铁矿，但因具有磁性，选矿工艺简单，所以冀东地区铁矿资源具有易选的特点。赤铁矿主要分布于滦县司家营，并在司家营北区有品位 49.59% 的富矿 246.6 万吨[1]。

沉积变质型铁矿主要产于太古宙至古原古代不同变质相的海相火山-沉积和碎屑-碳酸盐岩沉积岩系中，矿床的形成经历了沉积和区域变形-变质两个阶段。矿石中磁铁矿的含量与粒度一般与变质程度呈正消长关系。矿石多具条纹条带状构造，粒状结构、花岗变晶结构、鳞片变晶结构[3]。经选矿后的铁精矿粉，磁铁矿颗粒为中粗粒变晶结构、条纹、条带状结构，多为半自形或他形晶，呈尖棱碎粒状，存在不完全解理，其表面光洁平滑，少数有包裹体或连生体，粒径一般为 0.05 ~0.16mm；脉石以石英为主，石英大概占 4% ~6%，同时伴有少量角闪石、镁铁闪石、绿泥石、黑云母、透辉石、紫苏辉石等[1]。

3.1.2 烧结配矿研究

改善烧结矿质量及冶金性能，对于强化冶炼、降低焦比以及提高炼铁系统经济效益等具有非常重要的作用。为得到成本低、质量好的优质烧结矿，单一铁矿粉烧结已很难满足企业需要，尤其是随着进口铁矿粉数量和种类增加，各钢铁企业均采用不同铁矿粉合理搭配进行烧结。烧结配矿就是将几种铁矿粉合理搭配并与熔剂、燃料等，根据烧结过程和烧结质量的要求进行配料和烧结。根据不同企业的原料供应和不同矿种的烧结特性，进行合理配矿设计，可生产出既满足高炉冶炼需要，又能提高烧结矿产量、降低成本、提高经济效益的优质烧结矿。

3.1.2.1 烧结配矿方案与工艺参数优化

国内外对烧结配矿方案和合理烧结工艺参数的研究主要体现在以下几点：

（1）烧结矿品位。烧结矿品位可直接或间接影响高炉生产技术经济指标。一般认为，入炉矿石品位提高，可减低高炉焦比，增加生铁产量，但是只有在烧结矿强度和冶金性能良好且稳定的前提下才能实现。由于尚未建立公认的评价准则和评价方法，合理铁精矿品位因铁矿资源状况等条件而异，有研究认为：铁水能值和费用的大小是评价矿石品位是否合理的重要指标，至少要用这两个指标权衡矿石品位变化带给炼铁系统各工序之得失，才能得出正确的结论[6]。

增加高品位铁矿粉配加比例可提高含铁原料品位。安钢实践表明，采用高品位含铁原料烧结，在烧结矿 TFe 提高约 1.0% 的同时，烧结矿 TFe、碱度稳定率较用低品位粉矿前分别提高 0.60% 和 6.52%[7]。但是，不能盲目地提高烧结矿的品位，因为烧结矿品位对铁水费用的影响有一个经济品位区。一方面，从节能角度，烧结矿品位提高可降低高炉炼铁燃料比，但当烧结矿品位已经处于较高水平时，继续提高品位的节能效果将逐渐减弱；另一方面，从原料成本角度，高品位铁矿粉价格相应较高，将在一定程度增加原料成本。因此，从降低生产费用和节约能源的观点出发，单位铁水生产费用与烧结矿品位之间的相互关系曲线存在最低点，即烧结矿存在经济品位区间[8]。

（2）烧结矿冶金性能。精料是高炉冶炼的基础，而烧结矿是我国高炉炼铁的主要炉料，高炉技术经济指标的改善一定程度上取决于烧结矿的冶金性能。新钢烧结厂经过对烧结矿质量和产量对炼铁系统影响的研究，发现要改善炼铁指标，应优先重视改善烧结矿质量，提高烧结矿品位，减少成分波动；其次才是增加烧结矿产量，提高高炉入炉熟料比[9]。烧结矿质量指标主要包括烧结矿强度、还原性、还原粉化、熔滴性能和成分稳定性等。烧结矿质量及其冶金性能又在一定程度上由其矿物组成和矿相结构决定，并包含烧结矿中 SiO_2、MgO、Al_2O_3 等对烧结矿质量和炼铁渣量、炉渣冶金性能等的影响和控制。

从铁矿石烧结特性角度，烧结配矿结构优化应综合考虑铁矿石的常温态性能和高温态性能，即：化学成分、粒度组成和成矿性能等。近年来研究表明，烧结过程的各项技术经济指标更大程度上依赖于铁矿石的同化性能、液相流动性、黏结相强度性能和铁酸钙生成性能等高温物理化学性质[10]。并提出：所谓铁矿石的烧结基础特性，就是指铁矿石在烧结过程中呈现出的高温物理化学性质，它反映了铁矿石的烧结行为和作用，也是评价铁矿石对烧结过程以及烧结矿质量所做贡献的基本指标。

（3）生产成本。由于铁矿石在实际生产过程中所表现出的行为和性能的复杂性，配矿结构的整体优化应综合考虑炼铁技术经济指标，建立包括配矿、烧结和高炉炼铁的完整配矿体系[11]。

不同铁矿粉因其地质成因差异和化学成分、粒度组成、同化性能等烧结特性差异导致配矿方案不同，混匀矿烧结性能和烧结与炼铁技术经济指标差异。部分铁矿价格便宜，但由于制粒性能/同化性能等烧结性能差，造成烧结生产率下降等烧结指标变差，最终使成本上升；而某些矿石因其具有较高品位和良好烧结性能，有利于烧结和炼铁技术经济指标的改善，可使成本降低。因此，在考虑铁矿供应和优化混匀矿烧结性能的基础上，应对配矿方案进行综合技术经济分析，综合考虑采购成本、烧结成本和炼铁成本。

3.1.2.2 主要进口铁矿特点

A 化学成分

进口铁矿具有品位高、SiO_2 低、Al_2O_3 偏高等特点(表 3-2)[2,5,12,13]。

表 3-2 主要进口矿化学成分 (%)

矿粉名称	TFe	FeO	SiO_2	CaO	MgO	Al_2O_3	P	S	烧损
纽曼山	65.45	0.85	2.71	0.07	0.076	1.45	0.070	0.014	1.98
哈默斯利	63.33	0.50	5.72	0.97	—	2.68	0.050	0.030	1.40
罗布河	57.20	0.60	6.41	0.30	1.33	2.93	0.050	0.055	9.51
MAC	63.14	0.18	2.78	0.051	0.042	1.84	0.087	0.029	4.65
杨迪矿	58.02	0.15	4.48	0.077	0.066	1.42	0.042	0.018	10.66
巴西粉	67.82	0.42	1.86	0.16	0.057	0.66	0.038	0.011	—
印度粉	62.97	2.33	2.38	0.46	0.08	2.31	0.079	0.018	4.57
南非粉	66.57	0.53	2.31	0.19	0.026	1.29	0.078	0.022	0.66
果　阿	62.55	2.65	2.08	1.25	0.05	0.50	—	0.020	3.10
伊斯科粉	65.58	3.44	—	—	1.55	0.054	0.014	2.5	

（1）全铁品位高、SiO_2含量较低。巴西、南非、印度等国的铁矿石，TFe 含量一般大于 64%，有的甚至可以高达 67% ~68%。一般说来，南美洲和非洲的矿石含铁品位较高，印度、澳大利亚次之。与之相应，SiO_2含量较低，一般小于 3%。

（2）除少数矿种外，大部分矿石的 Al_2O_3 含量偏高。大部分进口铁矿石的 Al_2O_3含量较之国内钢铁企业所用的精矿粉的 Al_2O_3 含量要高得多，尤其是澳大利亚的纽曼山、哈默斯利、罗布河铁矿石等，Al_2O_3 含量高达 2.0%，以至于 2.5% 以上，致使高炉冶炼不得不用提高渣量降低渣中 Al_2O_3 含量、提高炉渣中 MgO 等办法来保证高炉渣流动性，或者迫使钢铁厂购买相当数量的低铝铁矿石，以平衡烧结含铁原料带入总的 Al_2O_3 量。

（3）有害元素少。除南非铁矿的钾、钠含量偏高外，其余铁矿石的钾、钠、硫、磷、铅、锌等有害元素的含量均较少。

（4）除褐铁矿外，烧损较低。铁矿石的烧损与烧结率直接相关，同时它还直接影响铁矿石各个化学组分在烧结矿中的实际作用。

B 粒度组成

富矿粉的粒度范围为 0 ~10mm，大部分小于 8mm，8 ~10mm 部分仅占 2% 左右，大于 0.5mm 部分一般占 60% 以上，平均粒度一般在 2.0～3.0mm。

C 烧结性能

部分进口矿烧结特性相关研究表明[5]：（1）制粒性能。南非矿最好，巴西矿最差，其他矿种适中。（2）高温成矿性能。铁酸钙最大生成量依次为杨迪矿 > 布鲁克曼矿 > MAC 矿 > 哈默斯利粉 > 印度矿 > 巴西矿 > 南非矿 > 纽曼山矿，在相同工艺条件下，液相最大生成量越大，烧结矿强度越好。

宝钢进口铁矿粉烧结生产实践表明[13]：哈默斯利矿铁高硅低，但 Al_2O_3 高，软化温度区间较宽，烧结性能较差，且结构致密，晶粒细小，易加剧烧结矿低温还原粉化，应严格控制哈默斯利矿的配入量；澳大利亚杨迪矿和罗布河矿为豆状褐铁矿，具有价格优势，但含结晶水高（9.5% 左右），增加配比，将使焦粉单耗上升，产量和成品率降低，应根据其同化性较强特点，合理配矿，选择适宜的工艺条件。综合评价：巴西里奥多西、卡拉加斯和印度白兰（BAILA）铁矿石各项烧结性能较好，澳大利亚的纽曼山、杨迪铁矿石和南非、委内瑞拉、加拿大铁矿石各项烧结性能尚可，而澳大利亚的哈默斯利、罗布河铁矿石及印度的果阿铁矿各项烧结性能略差。

3.2 冀东矿烧结成矿机理及强度分析

3.2.1 冀东铁精粉烧结成矿过程解剖研究

冀东铁精粉烧结成矿过程研究以冀东磁选精粉、石灰石、石灰及焦粉为原料配料，控制碱度为 2.0，含碳量为 3.5%；将烧结混合料按常规方法混合造球后装入直径 200mm 的烧结杯中；控制料层高度 430mm，负压 8.0kPa，点火温度 1200℃，点火时间 2min；采用间断烧结法（参见 1.2.2.1 节）。

3.2.1.1 烧结过程分析

A 烧结过程中液相的产生

首先根据各烧结带的开始和结束温度在烧结温度-时间曲线（图 1-23）上对应的时间，求出各烧结带厚度（表 3-3），从而确定各烧结带在料柱中的位置（图 3-1）；然后取样测定各烧结带的矿物组成

(表3-4)。

表3-3 烧结料柱中各烧结带的厚度

各料柱温度区间/min			各烧结带厚度/mm			
总时间	100~1000℃	1000℃~最高温度	过湿带	干预带	燃烧带	冷却带
11.24	0.45	0.6	108.9	11.20	14.95	280

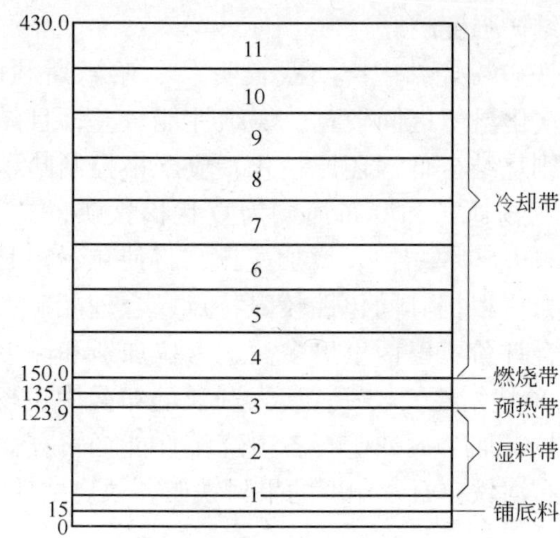

图3-1 冀东铁精粉烧结过程各带在料柱中的位置

表3-4 烧结带的矿物组成 (体积/%)

部 位	再生赤铁矿	浮氏体	磁铁矿	铁酸钙	硅酸二钙	玻璃相
3号预热带	微量	1~2	65~70	1~2	极少量	极少量
4号燃烧带	微量	10~15	50~55	5~8	20~25	4~5
5~6号冷却带及燃烧带边界	3~5	4~5	45~50	8~10	12~14	4~5
8~10号成品矿	15~20	2~3	40~45	25~30	5~6	4~5

由烧结过程各带矿物组成变化认为：冀东铁精粉烧结过程为磁铁矿烧结成矿过程，初期铁氧化物主要保持磁铁矿状态，并在燃烧带的弱还原气氛条件下生成相当数量的FeO，其液相生成过程可由

CaO-SiO_2-FeO_n 及 SiO_2-FeO_n 相图分析。在很宽的组成范围内，当体系温度达到约 1200℃以上时，即可出现液相。燃烧带经氮气冷却后生成的玻璃相是烧结初期液相急冷形成的结果。

B 烧结过程中的 FeO

烧结矿中 FeO 含量是评价烧结生产的一项综合指标，也是影响高炉冶炼的重要因素之一。对于沿料柱高度分层所取的样品，经化学分析，由沿料柱高度的 FeO 含量变化（表 3-5）可知，在磁铁矿烧结过程中，3 号预热带与湿料带 FeO 含量基本相同，也与初始混合料的 FeO 含量相同，说明预热带气氛近于中性。4 号燃烧带的 FeO 含量较预热带略有提高，且高于初始混合料的 FeO 含量，说明燃烧带为弱还原气氛。6 号以后 FeO 含量明显下降，8～10 号样品中 FeO 含量达到 8.0% 左右，说明冷却带为氧化性气氛。对于 11 号样品，FeO 含量很高，达到 15.8%，这是由于 11 号样品处于料柱表层，燃烧前沿一带，烧结矿即被冷却，没有经历热风氧化过程。当然，停止抽风、通入氮气后，整个料柱各部位均处于中性气氛之下，其变化过程为中性气氛下的冷却过程。

表 3-5 沿料柱高度 FeO 含量的变化

样品位置	1	2	3	4	5	6	7	8	9	10	11
FeO 含量/%	18.3	18.6	18.9	19.2	18.3	14.3	10.4	8.3	7.9	8.1	15.8

3.2.1.2 正硅酸钙（C_2S）及复合铁酸钙（SFCA）的形成

冀东磁铁精矿烧结成矿过程中：预热带只有极少量 C_2S 生成，燃烧带 C_2S 的含量高达 20%～25%；冷却带沿料柱高度，由燃烧带边沿开始，C_2S 的含量逐渐减少，其成品矿中 C_2S 的含量只有 5%～6%。燃烧带大量 C_2S 的存在，只能是两种原因产生的：一种是由 SiO_2 与 CaO 直接反应形成；另一种是由于在燃烧带产生大量的液相，CaO 首先熔入液相，当液相中 C_2S 达到饱和时，则析出 C_2S。第一种情况是不可能出现的。因为在烧结过程中，燃烧带的停留时间只有不到 1min。而由 SiO_2 与 CaO 通过固相反应生成 C_2S，在烧结所能达到的最高温度（约 1400℃）下，需几十小时才能反应完全。对于第二种情况，可结合 CaO-SiO_2-FeO_n 三元系相图给出合理解释（参见

1. 4. 1)。

保温烧结、富氧烧结及光电子能谱分析进一步证实上述观点的正确性。通过采取保温措施，在配碳量为3. 5%的情况下进行烧结，使之达到与配碳量为4%时近似相同的温度，结果前者铁酸钙增加约20%，C_2S 量下降约15%。在配碳量为4%的条件下进行富氧2%及不富氧的对比烧结实验，结果看到在富氧条件下烧结，其矿相组成中赤铁矿和铁酸钙增多，C_2S 和浮氏体减少。

3. 2. 2 冀东矿烧结强度的影响因素及技术措施

3. 2. 2. 1 冀东矿烧结强度的影响因素

A SiO_2 含量及碱度对烧结矿强度的影响

烧结矿碱度对烧结矿性能具有至关重要的影响。但是烧结矿性能与碱度的关系还取决于原料条件，尤其是精矿粉中 SiO_2 含量。由于液相生成是烧结矿固结成型的基础，可以认为，凡是能促进液相生成的措施，都有助于烧结矿强度的改善。而烧结混合料中 SiO_2 含量高低对烧结过程中硅酸铁、硅酸钙、复合铁酸钙等主要液相生成有重要影响，进而影响烧结矿矿物组成与结构和冶金性能。在烧结料碱度和配碳量基本相同的情况下，高硅铁矿粉和低硅铁矿粉烧结时，烧结矿的矿物组成与结构差别很大。烧结混合料中一定数量的 SiO_2，是烧结产生足够液相以使磁铁矿黏结的基础，也是烧结矿具有较高机械强度的前提条件。但同时，有关研究表明[14]：用高硅（10% ~12%）铁矿粉生产自熔性烧结矿（碱度1. 1 ~1. 3）时，在冷却过程中产生严重的自然粉化现象，产生大量粉末，影响烧结矿产量、质量和高炉顺行。烧结矿自然粉化的主要原因是矿粉中的 SiO_2 与熔剂中的 CaO 在烧结时形成了 $2CaO \cdot SiO_2$，它在冷却时发生 $\beta\text{-}C_2S$ 至 $\gamma\text{-}C_2S$ 晶型转变，产生体积膨胀所致。矿粉中 SiO_2 降低或碱度提高，$2CaO \cdot SiO_2$ 生成量减少，其危害自然减轻。精矿中 SiO_2 含量与烧结矿粉化率的关系如图3-2所示。

a SiO_2 对烧结强度的影响

采用唐山某企业现场原料，通过改变不同铁矿粉配比调节 SiO_2 含量，控制混合精矿粉中 SiO_2 含量分别为6. 5%、7. 5%和8. 5%，

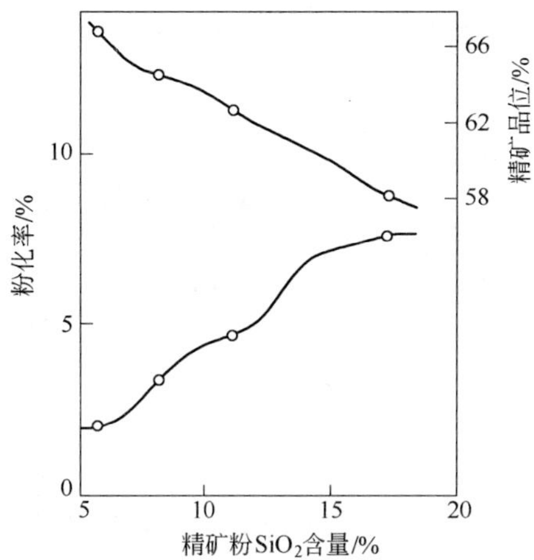

图 3-2 铁精矿粉中 SiO_2 含量与烧结矿粉化率的关系

碱度由 0.4 开始以 0.2 为间隔增至 2.0 进行烧结实验。

分析不同实验原料配比下烧结试验（表 3-6），得到混合精矿粉中不同 SiO_2 含量条件下碱度与转鼓指数之间的关系（图 3-3）：当 SiO_2 含量一定时，碱度在 0.4～1.0 范围内，烧结矿强度随碱度的升高而下降；碱度在 1.3～1.5 范围内，出现强度低凹区，且随着 SiO_2 含量的增加，低凹区越来越明显；碱度大于 1.6 时，烧结矿强度又开始上升。

表 3-6 不同 SiO_2 含量条件下烧结混合料配比及试验结果

序　号	碱　度	白灰/%	配碳量/%	转鼓指数/%		
				6.5% SiO_2	7.5% SiO_2	8.5% SiO_2
1	0.4	1.5	4.0	58.4	59.5	60.1
2	0.6	2.0	4.0	57.6	57.8	58.3
3	0.8	2.0	4.0	55.8	56.3	54.9
4	1.0	2.0	4.0	54.8	54.8	55.6
5	1.2	2.0	4.0	54.0	55.0	53.2
6	1.4	2.0	4.0	54.9	51.2	47.8
7	1.6	2.0	4.0	54.5	53.9	53.0
8	1.8	2.0	4.0	56.3	56.8	54.2
9	2.0	2.0	4.0	60.0	60.0	57.9

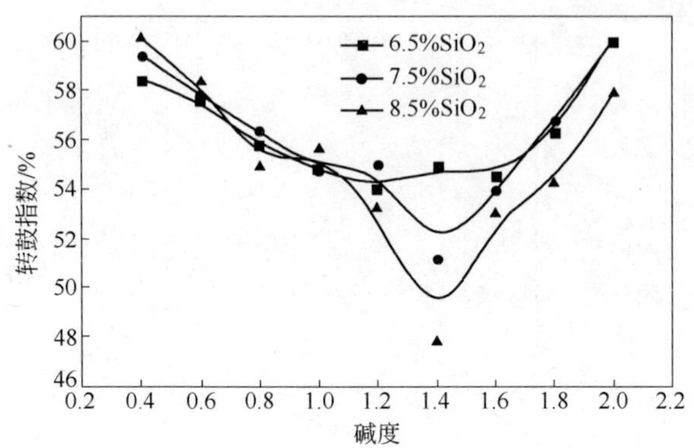

图 3-3　不同 SiO_2 含量条件下碱度与转鼓指数的关系

b　强度-碱度低凹区形成机理

对烧结矿样品进行岩相偏光显微镜测试及扫描电子显微镜电子能谱分析。岩相测试表明，当碱度小于 1.0 时，烧结矿以玻璃相为主要黏结相，铁酸钙基本上不存在；当碱度在 1.0～1.7 范围内时，黏结相中玻璃相与铁酸钙共存，而且随碱度值升高，铁酸钙所含比例增大，在铁酸钙开始出现的同时，也开始出现正硅酸钙；当碱度大于 1.7 时，黏结相以铁酸钙为主。

当碱度由 0.4 增至 1.0 时，玻璃相中 SiO_2 含量由 49.59% 降至 36.22%，CaO 含量由 22.24% 升至 37.96%（表 3-7）。当烧结矿 CaO 含量增高时，会使玻璃相的网络结构受到一定程度的破坏，使玻璃相强度下降。因此，在该碱度范围内烧结矿强度随碱度的升高而降低。

表 3-7　0.4、1.0 碱度烧结矿玻璃相化学成分

序　号	碱　度	化学成分 /%			
		Al_2O_3	SiO_2	CaO	FeO
1	0.4	5.85	49.59	22.24	22.31
2	1.0	5.45	36.22	37.96	20.37

在碱度大于 1.0 后，碱度为 1.4、1.7 的烧结矿，其玻璃相化学

成分基本相同，且与碱度为1.0时的玻璃相化学成分接近（表3-8）。但随碱度升高，黏结相中开始出现铁酸钙和正硅酸钙，且铁酸钙和正硅酸钙所占比例均随碱度的升高而升高。由于铁酸钙的强度大于玻璃质，铁酸钙的产生使烧结矿强度增高；而正硅酸钙的产生，由于其体积膨胀而使烧结矿强度降低。在碱度小于1.4时，其正硅酸钙对强度的影响起主要作用，因此随碱度升高，正硅酸钙增多，强度降低；在碱度大于1.4时，铁酸钙的影响起主要作用，因此随碱度升高，铁酸钙增多，强度增高。碱度在1.4左右时，出现强度低凹区，且高 SiO_2 含量比低 SiO_2 含量的烧结矿出现更为明显的强度低凹区。低 SiO_2 含量的烧结矿，没有明显的低凹区出现，是由于 SiO_2 含量低时，在各种碱度下，其正硅酸钙所占比例均较低，对强度的影响不占主要地位。

表3-8　1.4、1.7碱度烧结矿玻璃相化学成分

序　号	碱　度	化学成分/%			
		Al_2O_3	SiO_2	CaO	FeO
1	1.4	4.58	34.17	39.19	22.06
2	1.7	3.87	38.23	41.91	15.99

B　配碳量对烧结矿强度的影响

配碳量决定烧结的温度、气氛性质和烧结速度，因而对烧结矿的矿物组成和结构的影响也很大。对高硅迁安精矿各种配碳条件下的烧结温度及废气成分进行的鉴定表明[14]：随着配碳量的增加，烧结温度提高，废气中的 CO_2/CO 下降，烧结气氛更趋于还原性。当配碳量低时，烧结处于低温氧化气氛，有利于赤铁矿、铁黄长石及铁酸钙的生成，不利于 C_2S 生成，烧结矿的粉化可以减轻；配碳量高时，烧结趋于高温还原气氛，高温还原气氛有利于浮氏体及硅酸盐矿物的发展，不利于赤铁矿及铁酸钙的生成，加重了烧结矿的粉化[15]。因此降低烧结温度、发展氧化气氛是降低粉化的一种措施。

分别对碱度为0.4、1.5的烧结矿进行不同配碳量的烧结实验，实验结果（表3-9、表3-10、图3-4）表明：

（1）当碱度为0.4时，转鼓指数随着配碳量的增加而提高，配碳量为4.5%时烧结矿的强度明显高于配碳量为3.5%时的强度，即对于低碱度烧结矿，适当提高配碳量有利于提高烧结矿的强度。这主要是由于在低碱度（小于1.0）的烧结矿中，配碳量对矿物的结晶程度有很大影响。当配碳量低时，磁铁矿结晶程度差，主要黏结相是玻璃质，多孔洞，还原性虽好，但强度差；随着配碳量增加，磁铁矿结晶程度提高，生成粗大晶粒，黏结相中玻璃质大为减少，孔洞也减少，烧结矿的强度改善。

表3-9 0.4碱度不同配碳量的烧结矿强度指标

序 号	配碳量/%	成品率/%	转鼓指数/%	抗磨指数/%
C-1-0.4	3.5	82.5	62.0	6.3
C-2-0.4	4.0	79.1	62.7	9.2
C-3-0.4	4.5	80.2	68.4	9.7

表3-10 1.5碱度不同配碳量的烧结矿强度指标

序 号	配碳量/%	成品率/%	转鼓指数/%	抗磨指数/%
C-1-1.5	3.5	78.7	57.7	5.8
C-2-1.5	4.0	78.0	56.2	5.8
C-3-1.5	4.5	77.8	55.7	5.7

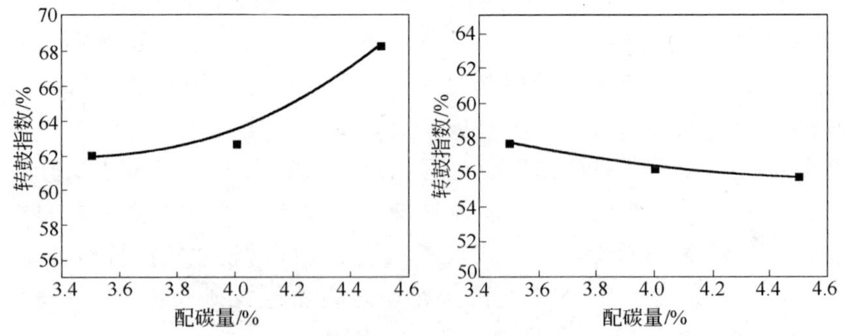

图3-4 0.4、1.5碱度烧结矿配碳量与转鼓指数之间的关系

（2）1.5 碱度的烧结矿，转鼓指数随着配碳量的增加而降低，配碳量为 3.5% 时烧结矿的强度明显高于配碳量为 4.5% 时的强度，即对于高碱度烧结矿，适当降低配碳量有利于提高烧结矿的强度。这主要是由于在配碳量较低的低位氧化性气氛下烧结时，有利于赤铁矿和铁酸钙的形成，不利于 $2CaO \cdot SiO_2$ 的形成，浮氏体极少或几乎没有，其他硅酸盐矿物也较少，烧结矿基本上不发生粉化；随着配碳量的升高，烧结矿中浮氏体有明显的增加，赤铁矿和铁酸钙则明显减少，硅酸盐矿物有所增加，因而使烧结矿的强度降低。

3.2.2.2 提高较低碱度烧结矿强度的技术措施

已有研究表明[14]，烧结矿冷却过程中 β-C_2S 至 γ-C_2S 的晶型转变发生体积膨胀而导致粉化，降低 SiO_2 含量、提高碱度、减少配碳以降低烧结温度、强化氧化气氛、提高烧结矿中 MgO 含量和配加含 P、B 等元素矿物以稳定烧结矿中的 C_2S 相变等措施可以减少 C_2S 的生成，从而降低粉化率。

A 配加硼酸实验

以冀东铁矿粉为原料，进行碱度为 1.5，硼酸添加量分别为 0.2kg/t、0.3kg/t、0.4kg/t、0.6kg/t 的烧结实验（表 3-11）。随硼酸加入量增加，烧结矿成品率和转鼓指数都有所提高（图 3-5、图 3-6），但硼酸加入量增大到一定程度后，继续加大硼酸量，指标无明显变化。这主要是因为硼离子的半径小，易扩散到正硅酸钙的晶体中，抑制 $2CaO \cdot SiO_2$ 的相变；另外硼进入烧结矿的渣相后，能促使液相较早形成和增加其生成量，加强了胶结作用；同时，由于流动性较好的液相量的增加，促进了铁酸钙的生成和赤铁矿晶粒的长大聚合。因此，烧结矿中加入硼酸可提高烧结矿的强度。

表 3-11 不同硼酸添加量的烧结矿强度指标

样 号	硼酸/$kg \cdot t^{-1}$	成品率/%	转鼓指数/%	抗磨指数/%
B-1	0.2	66.4	52.0	6.3
B-2	0.3	70.1	52.8	5.9
B-3	0.4	71.8	52.6	5.6
B-4	0.6	71.0	53.0	4.7

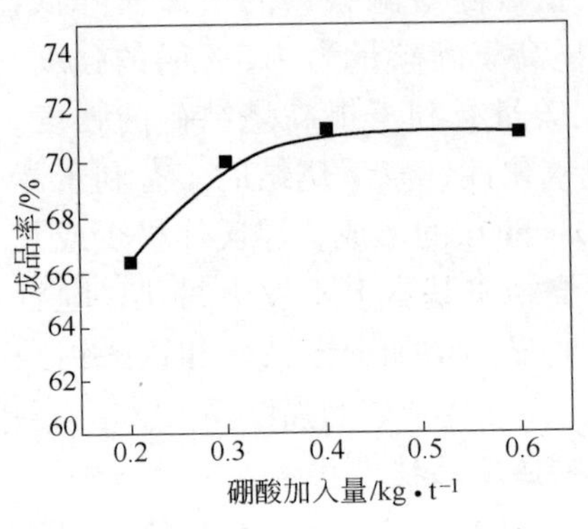

图 3-5 硼酸加入量与成品率之间的关系

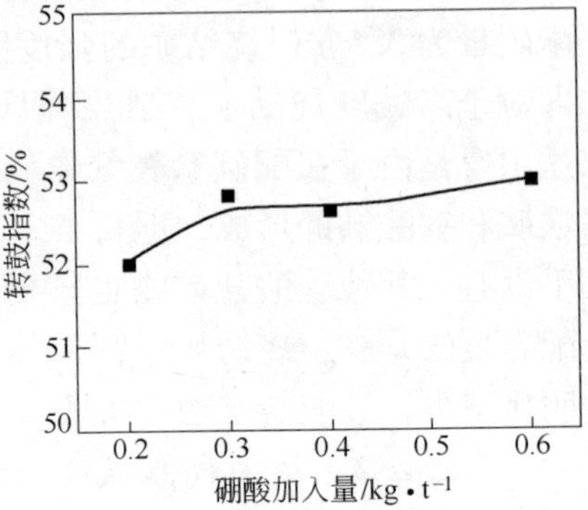

图 3-6 硼酸加入量与转鼓指数之间的关系

加入硼酸后，由于液相量的增加，烧结矿中铁酸钙含量增加，气孔发育，改善了烧结矿的还原性能；同时，由于 Fe_2O_3 含量减少，使 Fe_2O_3 还原膨胀的因素减弱，降低了烧结矿的低温还原粉化率，即加入硼酸后，改善了烧结矿的冶金性能。

从综合效益考虑，硼酸的加入量应以控制烧结矿的粉化为原则，配加 0.3kg/t 即可满足要求。

B 配加钢渣试验

钢渣中含有较高碱性物质，同时在一些钢渣中含有铁粒及其他有用金属，钢渣加入烧结料中，一方面可以回收有用金属及碱性物质，另一方面增加烧结矿的液相有助于烧结矿质量的提高。

以冀东铁矿粉为原料，进行碱度为 1.5，MgO 含量为 3.0%，配碳量为 4.0% 的配加钢渣与硼酸的烧结对比实验（表 3-12）。配加钢渣与同碱度配加硼酸的烧结矿相比，成品率略有降低，转鼓指数处于同一水平。由以前的试验可知，不加任何添加剂混合料进行烧结，烧结矿粉化现象严重。对硅酸盐物理化学的研究表明，外加某种具有相应离子的物质（能增大正离子与负离子团的大小比值者），例如磷、硼和铬等，都可达到抑制 β-C_2S 相变的作用。矿相研究表明，配加钢渣后，烧结矿的显微结构发生了很大的变化。因为钢渣本身含低熔点矿物，加入烧结料中后，使混合料的熔点降低，黏结相增加，黏结相性质得到改善，强度好的钙铁橄榄石、铁黄长石增加，玻璃质减少；磁铁矿晶粒会由密集的半自形和他形晶逐步转化为呈分散状的自形晶，使结晶状态得以改善，自形晶增多；并由均匀性较差的斑状结构转变为均匀的斑状结构，使显微结构趋于均匀。因此，配加钢渣和硼酸烧结，都可提高烧结矿强度和成品率，降低粉化率。

表 3-12 1.5 碱度配加钢渣与硼酸的烧结对比实验

碱 度	硼酸/kg·t^{-1}	钢渣/%	MgO/%	配碳量/%	成品率/%	转鼓指数/%
1.5	0.3	—	3.0	4.0	77.7	55.0
1.5	—	3.0	3.0	4.0	74.5	56.0

从提高烧结矿强度考虑，烧结料中钢渣的适宜配加量为3%左右。配入量过多，将使烧结矿品位降低、含磷量升高，且有薄壁大孔结构发展的趋势，对改善强度不利。

C 喷洒 $CaCl_2$ 试验

烧结矿低温还原粉化性能是评价烧结矿质量的一个重要指标。在400~600℃的还原条件下，烧结矿中 Fe_2O_3 还原成 Fe_3O_4 时，发生相变，产生体积膨胀，失去结构上的黏结性，促进烧结矿粉化，由此影响到高炉固相区料柱透气性，增加炉尘吹出量，从而影响高炉产量和焦比，也易磨损炉顶设备和污染环境。

为改善烧结矿的低温还原粉化性能，进行了喷洒 $CaCl_2$ 试验，试验采用 $CaCl_2$ 浓度为4%，其低温还原粉化及还原性能对比（表3-13）可明显看出，喷洒 $CaCl_2$ 对改善烧结矿低温还原粉化性能效果明显，$RDI_{+3.15}$值提高18个百分点，$RDI_{+6.3}$提高近两倍，而烧结矿的还原性则保持不变，对烧结矿的还原性无不利影响，有效地解决了烧结矿还原性和低温还原粉化性能之间不易兼顾的矛盾，提高了烧结矿的质量，给高炉带来良好的使用效果和经济效益。

表 3-13 喷洒 $CaCl_2$ 试验对比试验结果

编 号	低温还原粉化/%			还原度/%
	$RDI_{+6.3}$	$RDI_{+3.15}$	$RDI_{-0.5}$	RI
喷 $CaCl_2$ 前	34.3	74.4	6.2	77
喷 $CaCl_2$ 后	81.2	92.4	1.6	77

在选择卤化物时，应兼顾原料来源广、成本低、技术可行等原则，以喷洒 $CaCl_2$ 为宜。烧结矿经喷洒处理后，$CaCl_2$ 溶质黏附在烧结矿表面或填充于微观孔隙，使烧结矿的晶间裂纹被覆盖，微孔表面形成一层薄膜，这种烧结矿在高炉炉身上部由 Fe_2O_3 还原到 Fe_3O_4 阶段反应速度减慢，致使内应力变化减小，故还原气体对烧结矿所产生的破裂粉化作用减弱，粉化性能得到改善。Cl^- 在干基条件下，不会起腐蚀作用，因此在高炉内部不会对炉衬及金属结构产生腐蚀作用。但随着煤气一起排出炉外后，对湿法除尘设备会产生腐蚀作用，应在煤气洗涤塔处用 $Ca(OH)_2$ 等进行中和处理。

3.3 典型进口铁矿粉烧结特性

3.3.1 南非粉

产自南非 Sishen 矿山的南非粉矿是一种红褐色的富矿粉，以赤铁矿为主（约占 90% ~91%）、少量的磁铁矿（约占 4% ~5%）、微量的褐铁矿（小于 2%）、偶见黄铁矿和黄铜矿（小于 1%），其含铁量在 64.7% 以上，SiO_2 含量为 6.42%，其他有害元素都较低。南非矿中，赤铁矿结晶粒度极为细小，多呈针状、毛发状产出，部分可呈星散浸染状嵌布在石英等脉石矿物中，赤铁矿与脉石嵌布关系很紧密。南非粉平均粒径 4.34mm，小于 1mm 粒级占 1.56%（图 3-7）。

用南非粉代替哈默斯利粉的烧结实验表明，随着南非矿配比的逐步提高，烧结矿的成品率、转鼓指数也逐步提高（图 3-8）。当南非粉矿配 10% 较不配南非粉时，成品率提高 3.71%，转鼓指数提高 4.22%，当南非矿由 10% 提高到 20% 时，成品率提高 1.9%，转鼓指数提高 1.38%。可见，南非矿的烧结性能优于哈默斯利粉。其原因是：（1）南非粉矿的粒度优于哈默斯利粉，南非粉中小于 1mm 的

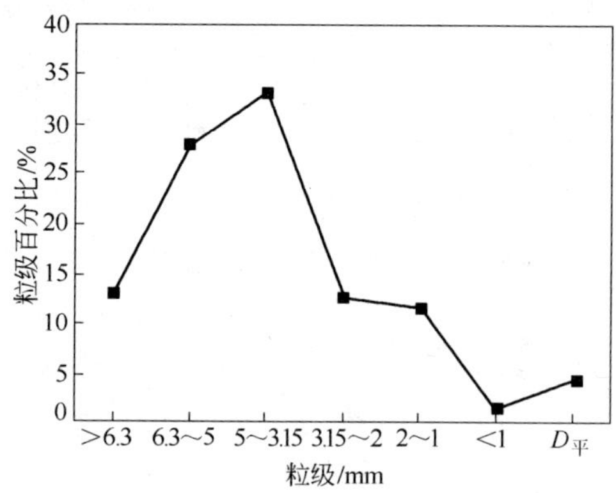

图 3-7 南非粉粒度分布

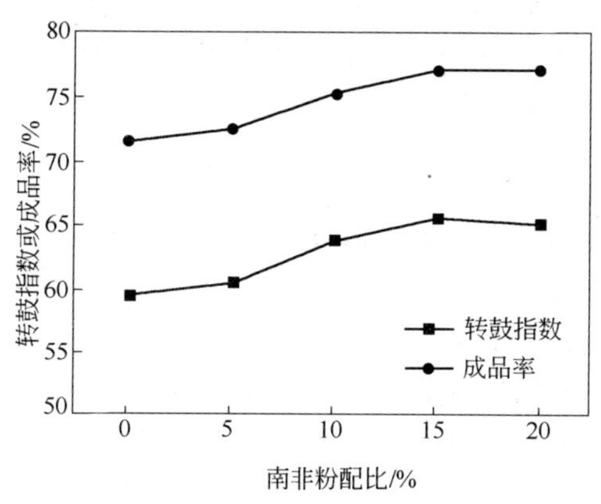

图 3-8 南非粉配比对烧结矿转鼓指数或成品率的影响

粒级含量较少，5～3.15mm 粒级含量较多；（2）南非粉属于赤铁矿，而哈默斯利粉含有少量的褐铁矿，因褐铁矿含有结晶水，结构较疏松，烧损大。

南非粉矿的开始软化温度为 1233℃，软化终了温度为 1293℃，软化区间为 60℃。随着南非粉配比的提高，烧结矿的冶金性能改善。当南非粉取代 10% 的哈默斯利粉时，烧结矿 *RI* 提高 3.16%，取代 20% 的哈默斯利粉时，*RI* 提高 7.46%，但 $RDI_{+3.15}$ 也相应降低 7.61%（图 3-9）。

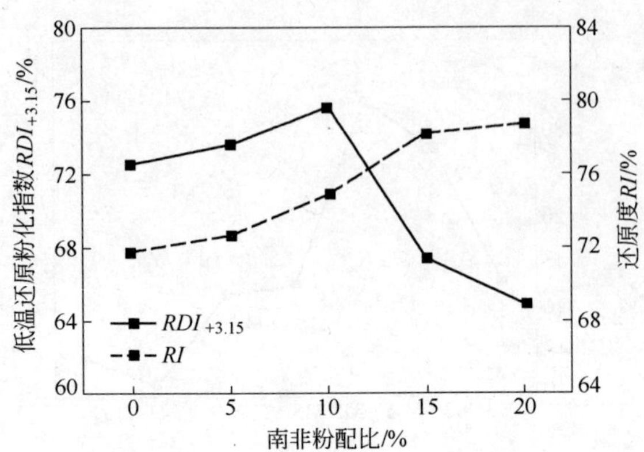

图 3-9 南非粉配比对烧结矿低温还原粉化指数和还原度的影响

南非粉矿取代哈默斯利粉矿的实验表明，其主要物相和显微结构相似，都是以磁铁矿（Fe_3O_4）和铁酸钙（SFCA）为主，显微结构以磁铁矿与铁酸钙形成的熔蚀结构为主。

3.3.2 MAC 矿

MAC 粉是澳大利亚 BMP 公司开采的铁矿资源，属于澳洲马拉曼巴矿，品位可达 61% ~63%，SiO_2 含量比南非矿和巴西矿低，一般为 2.0% ~3.8%，Al_2O_3 2.0% ~3.0%，烧损较高，可达 4.0% ~5.6%，MAC 矿平均粒径低于澳矿粉、巴卡粉，但比巴西精粉和中特 SC 粉高，-1mm 粒级质量分数较高，达 55%（图 3-10）。

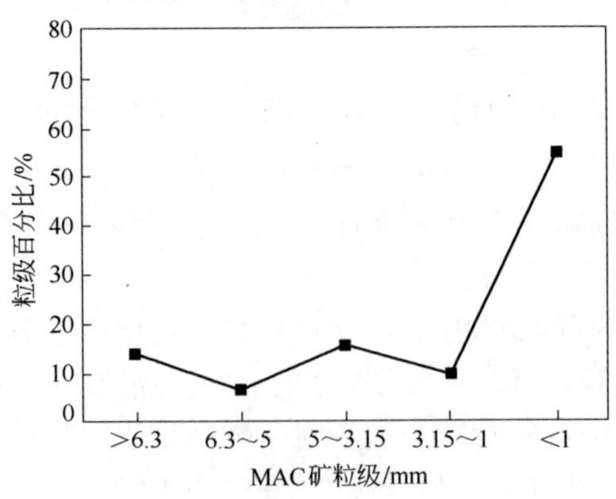

图 3-10 MAC 矿的粒度组成

MAC 矿的铁矿物主要为赤铁矿和褐铁矿，褐铁矿占 43% ~45%，赤铁矿占 38% ~40%；脉石矿物主要为石英和硅酸盐矿物，其他有害元素都较低。铁矿物和脉石矿物的粒度都比较粗，铁矿物的孔隙度都比较大，结构都比较疏松。这为改善混匀造球性能和改善烧结过程的透气性创造了有利条件。MAC 矿粉的吸水性比较高，熔点低而同化性能比较好，烧结液相流动性比较好，这有利于提高烧结矿的成品率和烧结利用系数。MAC 矿与其他矿的基础特性对比见表 3-14。

表 3-14 MAC 矿与其他矿的基础特性对比

品 名	最低同化温度/℃	液相流动性指数	最大吸水率/%	熔点/℃	铁矿物平均粒度/mm	脉石矿物平均粒度/mm
巴西精粉	1277	0.016	20.57	1548	0.037	0.048
本地矿粉	1186	2.866	20.90	1497	0.062	0.077
中特 SC 粉	1259	1.196	21.47	1543	0.567	0.036
澳矿粉	1227	1.896	24.63	1534	1.197	0.049
MAC 矿	1217	1.767	24.76	1489	1.251	0.054
安吉拉斯粉	1260	1.069	22.38	1542	1.403	0.051
巴卡粉	1280	0.011	21.91	1567	1.003	0.032
杨迪粉	1221	1.953	28.44	1495	1.125	0.039

提高 MAC 矿配比，相应降低巴西粉或冀东精粉等物料配比时，烧结操作方面最大的变化是应相应提高混合料的水分，以确保混合料的制粒效果。提高 MAC 矿配比后，尽管 MAC 矿的同化温度及熔点较低，但由于要求混合料水分提高，烧结过程中需要消耗相对多的热量满足结晶水的分解及水分蒸发的需要，所以烧结固体燃耗配比不宜降低；另外，由于料层透气性改善，烧结过程氧化气氛增加，为确保低温还原粉化指标的改善，更需要固体燃耗适当高控。

用 MAC 矿代替 GWS 矿（为 BHP 澳矿）后，随着 MAC 矿的增加，烧结速度、利用系数、成品率、转鼓指数呈下降趋势，小粒级矿及返矿率、燃料消耗呈上升趋势（图 3-11 ~ 图 3-13）。由于 MAC 矿 SiO_2 及 Al_2O_3 含量偏高，因此配比改变时，必须考虑烧结矿品位、SiO_2 及 Al_2O_3 的合理控制范围。可见，MAC 矿的烧结性能不如澳矿粉（如 GWS 矿等澳矿粉），用 MAC 矿替代澳矿粉，配加比例不宜过大。

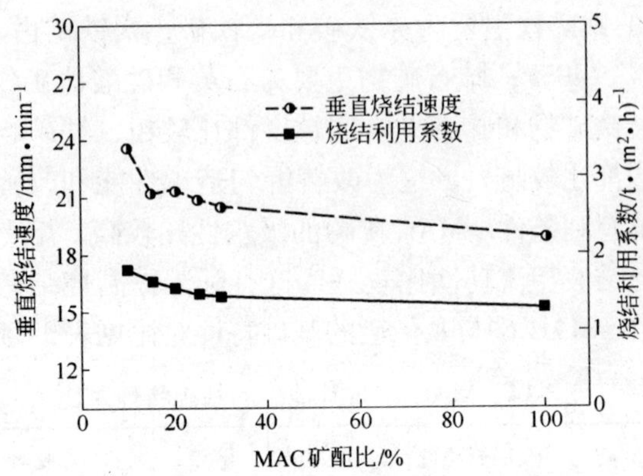

图 3-11　MAC 矿配比对垂直烧结速度和烧结利用系数的影响

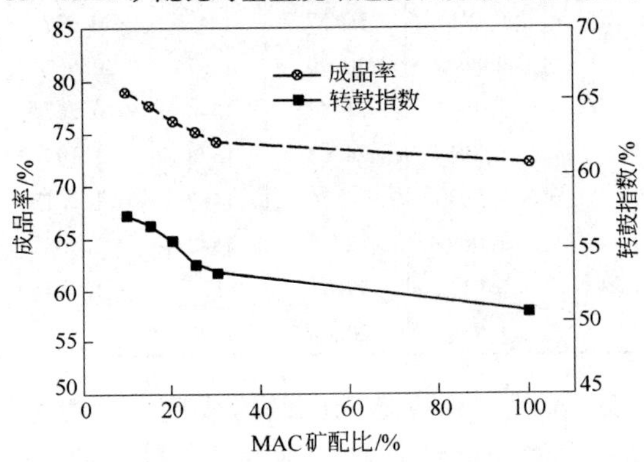

图 3-12　MAC 矿配比对成品率和转鼓指数的影响

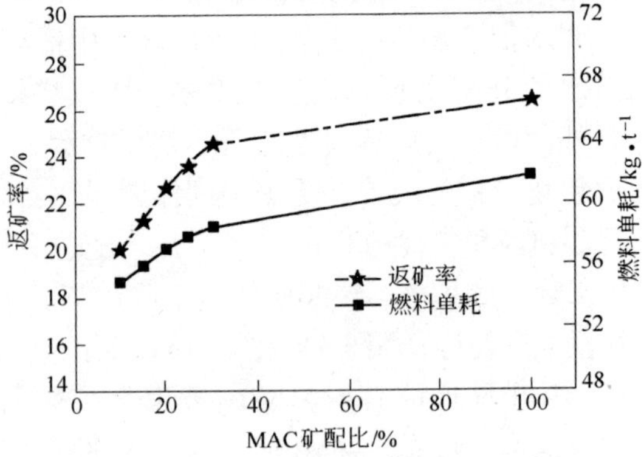

图 3-13　MAC 矿配比对返矿率和燃料消耗的影响

3.3.3 杨迪矿

杨迪矿是产于澳大利亚的一种豆状褐铁矿，具有58%的原始含铁品位和约10%的烧损，硅含量适中，含铝和杂质（S、P）相对较少，孔隙度较高，堆密度小，吸水性较好，反应性较强，最低同化温度较其他澳矿粉（哈默斯利、纽曼山矿）低，液相流动性较好，但烧结特性与赤铁矿粉和磁铁矿粉有很大差异，配加杨迪矿可以提高垂直烧结速度和烧结生产率，改善烧结矿还原性。

杨迪矿中的铁矿物主要为褐铁矿（图3-14、图3-15），约占90%，

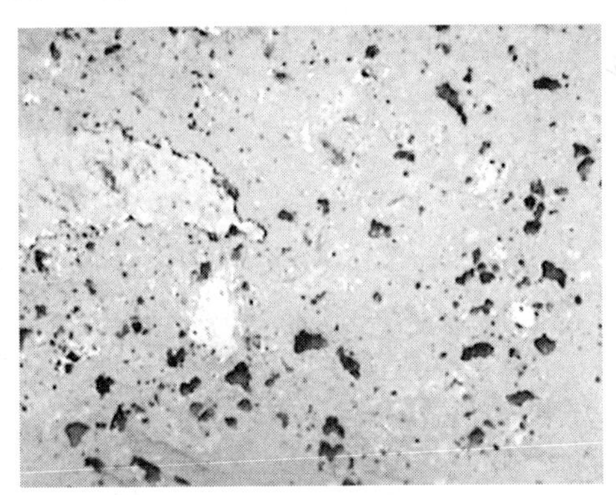

图3-14 杨迪矿中大颗粒褐铁矿显微结构
褐灰色—褐铁矿；暗灰色颗粒—石英；深灰色—树胶

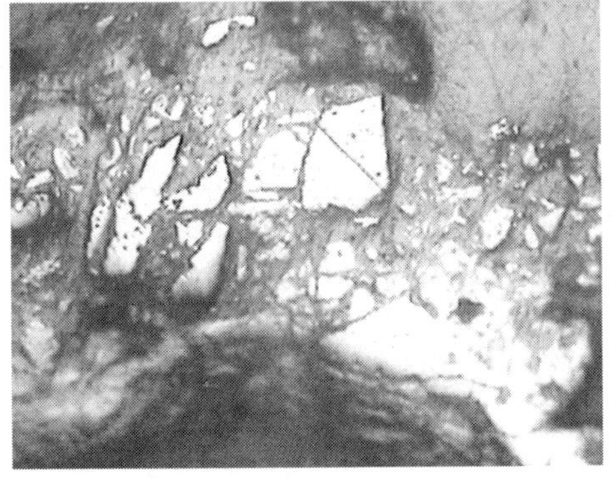

图3-15 杨迪矿中小颗粒褐铁矿显微结构
褐灰色—褐铁矿；暗灰色颗粒—石英

同时含有少量磁赤铁矿（3% ~5%）及微量磁铁矿和黄铁矿。褐铁矿颗粒比较致密，孔隙较小，约为6% ~8%，其粒度组成见图3-16。脉石矿物主要为石英，另有少量硅酸盐矿物。脉石矿物比较致密，孔隙很少，约在1% ~3%之间。杨迪矿与其他矿石主要化学成分及基础性能对比见表3-15。

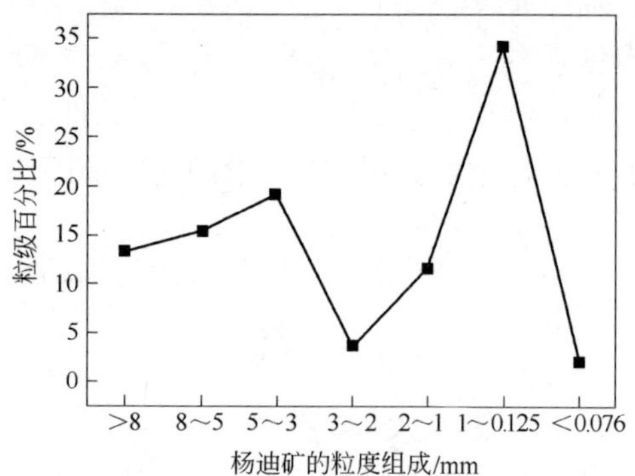

图3-16 杨迪矿的粒度组成

表3-15 杨迪矿与其他矿石主要化学成分及基础性能对比

矿石名称	化学成分/%					抗压强度/N	最低同化温度/℃	液相流动性指数/%	铁酸钙生成量/%
	TFe	SiO_2	FeO	CaO	Al_2O_3				
杨迪矿	58.66	4.26	0.30	0.06	1.38	1376	1199	187	2
梅山精矿	57.56	4.51	20.27	3.27	0.90	243	1297	486	20
CVRD 南部	65.14	3.85	0.71	0.04	0.88	826	1297	185	10 ~ 15
CVRD 标准	66.16	3.61	0.52	0.03	0.67	1289	1310	141	2 ~ 3

当在烧结原料中配加杨迪矿后，垂直烧结速度、利用系数有较明显的上升趋势（表3-16），这主要是由于杨迪矿粒度较粗，表面粗糙，形状不规则，易造球、成球，有利于改善混合料制粒效果，使烧结料层透气性得到一定改善。

表3-16 配加杨迪矿后的烧结性能指标

试验	配比/%				垂直烧结速度/mm·min^{-1}	利用系数/t·(m^2·h)$^{-1}$	转鼓指数/%	燃耗/kg·t^{-1}	成品率/%	*RI*/%	*RDI*$_{+3.15}$/%
	梅精	CVRD南	CVRD标	杨迪							
基准	25	6	6	0	18.24	1.306	82.96	58.34	72.22	84.65	62.80
试验	25	0	4	8	21.81	1.569	82.05	58.08	73.84	84.01	63.03

从理论上讲，配加杨迪矿后烧结矿成矿率应下降，燃耗增加，而试验中烧结矿成品率却有所上升，燃耗反而减小，这主要是因为杨迪矿的同化温度低（1199℃），液相的流动性较好，且流动性指数随温度的升高而升高，因此成品率有所提高。而杨迪矿同化温度低，导致所需的烧结温度相对较低，有利于降低燃料消耗；或者说在同样的烧结温度下，配加杨迪矿后烧结液相量增加，会使烧结矿成品率提高，以弥补结晶水脱除和烧损大引起的燃耗增加。

配加杨迪矿后，烧结矿转鼓指数有所下降，这是因为杨迪矿结晶水含量高，结构疏松，容积密度小，烧结过程中结晶水分解蒸发后留下许多微孔隙，使烧结矿致密性下降；同时杨迪矿粒度粗，使烧结料层的透气性过好，高温保持时间短，对烧结矿强度也不利。

配加杨迪矿后，烧结矿矿物组成和结构上无明显差异，均以铁酸钙为主要黏结相，并与磁铁矿、赤铁矿形成熔蚀结构和共晶结构，未见交织结构。这也说明，配加杨迪矿后烧结矿强度下降的主要原因是其孔隙度增加所致。同时，配加杨迪矿后，烧结矿冶金性能有所改善。

当杨迪矿配比为60%（表3-17）、焦粉配比固定为5.8%时，制粒水分在适宜范围内对烧结过程的影响非常显著，随着制粒水分的提高，混合料制粒效果得到改善，混合料透气性得到改善，烧结速度、利用系数提高；但烧结速度过快，燃烧带过窄，烧结温度低，液相量不足，烧结矿黏结不好，强度低；因此在水分为7.2%时，烧结速度过快，导致烧结强度、成品率下降；固定制粒水分为7.0%时，随着焦粉配比的提高，烧结速度、利用系数都逐渐提高，烧结矿转鼓指数与成品率在出现最高值后有下降趋势；在制粒水分为7.0%、焦粉配比为6.0%时，可得到最适宜的烧结指标：烧结速度为21.84mm/min，转鼓指数为56.84%，成品率为81.92%，利用系数为1.621t/(m^2·h)。

表3-17 焦粉与水分对杨迪矿烧结的影响

焦粉/%	水分/%	垂直烧结速度 /mm·min^{-1}	转鼓指数 (+6.3mm)/%	成品率/%	利用系数 /t·$(m^2·h)^{-1}$
5.8	6.8	19.32	54.59	79.32	1.421
5.8	7.0	20.45	55.78	80.23	1.567

续表 3-17

焦粉/%	水分/%	垂直烧结速度 /mm · min^{-1}	转鼓指数 (+6.3mm)/%	成品率/%	利用系数 /t · (m^2 · h)$^{-1}$
5.8	7.2	22.79	53.74	75.43	1.676
6.0	7.0	21.84	56.84	81.92	1.621
6.2	7.0	22.20	55.65	83.31	1.705

3.3.4 巴西矿

巴西矿具有含铁品位高，Al_2O_3、SiO_2 含量少以及在烧结过程中化合与熔化温度高的特点，其化学成分与其他矿的对比见表 3-18。巴西铁精粉矿物组成简单，结构致密。铁矿物主要为赤铁矿，赤铁矿多呈半自形、他形晶，嵌布粒度不均匀，为 0.078 ~0.572mm，最大嵌布粒度达 1.04mm。赤铁矿多呈单体分布，部分包裹有少量的磁铁矿、磁赤铁矿和石英颗粒。磁赤铁矿多呈他形粒状或叶片状分布，嵌布粒度一般为 0.026 ~0.286mm，部分磁赤铁矿与赤铁矿共生，部分被赤铁矿包裹。褐铁矿呈他形粒状分布，嵌布粒度为 0.156 ~ 0.572mm。脉石矿物：石英多呈条状或粒状分布，嵌布粒度一般为 0.026 ~0.286mm。

表 3-18 原料化学成分 (%)

原料名称	TFe	SiO_2	Al_2O_3	CaO	MgO	H_2O	烧损
印度粉	62.17	4.0	2.67	0.06	0.03	3.7	2.64
冀东矿粉	66.3	5.5	0.94	0.27	0.35	2.9	2.08
巴西粉	66.53	3.80	0.65	—	0.06	4.6	2.5

烧结过程中使用一定比例的巴西矿有利于提高烧结矿的品位，其粗颗粒可以作为非均质烧结矿的骨架和核心改善烧结矿强度，配加总量应根据烧结矿黏结相的数量和成本来考虑，通常控制在 15% ~30% 。

配加巴西铁精粉烧结时，随着巴西铁精粉配加量的增加，烧结矿的转鼓指数呈先升高后降低的趋势，当巴西铁精粉的配加量为 16% 时转鼓指数达到最大，巴西铁精粉的配加量继续增加转鼓指数降低（图 3-17）。烧结矿的成品率随着巴西铁精粉的配加量的增加有小幅度的变化，当巴西铁精粉的配加量为 16% 时烧结矿成品率达到最大值；烧结速度随巴西铁精粉增加呈降低趋势（图 3-18）。

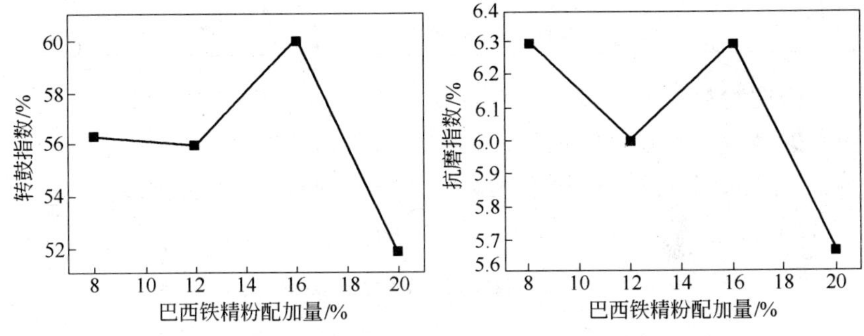

图 3-17　巴西铁精粉配加量与转鼓指数和抗磨指数的关系

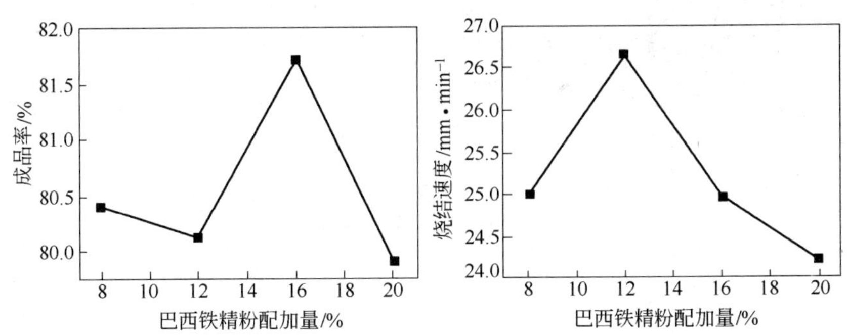

图 3-18　巴西铁精粉配加量与成品率和烧结速度的关系

3.3.5　印度粉

印度粉根据具体产地含铁品位有时差别较大，较高品位的 TFe 可达 62.76%，通常 SiO_2 和 Al_2O_3 含量较低（表 3-19）。印度粉结构致密，铁矿物主要为磁赤铁矿，磁赤铁矿为 γ-Fe_2O_3，主要呈板状，多以单体形态存在，少量与脉石矿物呈连生体形式存在，嵌布粒度不均匀，一般为 0.005 ~0.520mm。

表 3-19 典型印度粉的化学成分及烧损 (%)

序号	TFe	CaO	SiO_2	Al_2O_3	MgO	烧损
1	62.76	—	2.07	2.73	0.86	5.00
2	62.55	0.08	4.39	2.86	0.09	2.80
3	64.23	0.64	3.84	2.25	0.68	3.06

印度粉粒度一般较粗，较容易制粒并增强料层透气性，因此配加量提高时通常在一定程度上有提高垂直烧结速度的作用，但一些实验结果表明，这种作用不太明显（图 3-19），这可能与各种原料之间搭配，其黏结性及成球性等交互作用各异有关。

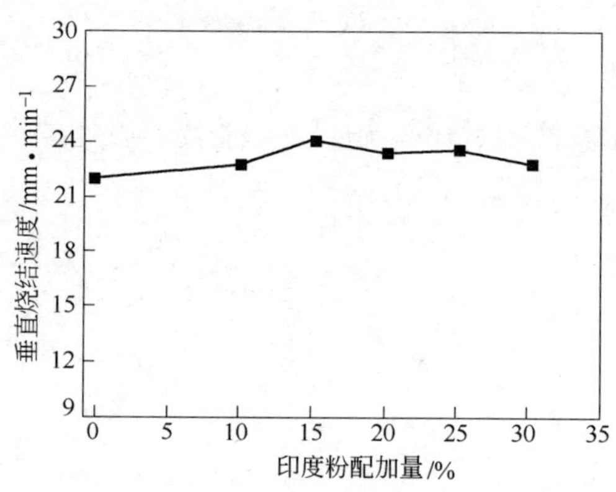

图 3-19 印度粉配加量与垂直烧结速度的关系

烧结矿转鼓强度随着印度粉含量的增加而降低，其烧结速度也有一定程度的降低，因而印度粉含量的增加对提高烧结机的利用系数不利。但是随着印度粉含量的增加，烧结矿的成品率增加趋势明显，这有利于提高烧结矿产量（图 3-20）。其主要原因是印度粉中 SiO_2 含量较低，使得相应的液相量不足，促使转鼓指数和烧结速度有所下降。而在高炉返矿中 SiO_2 含量达到了 6.37%，在一定程度上起到了增加黏结相的作用。

实验表明，配加适宜印度粉对减少烧结矿中的粉末有一定作用，但对粒级分布的均匀性影响不十分明显。在碱度 2.0、烧结矿 MgO

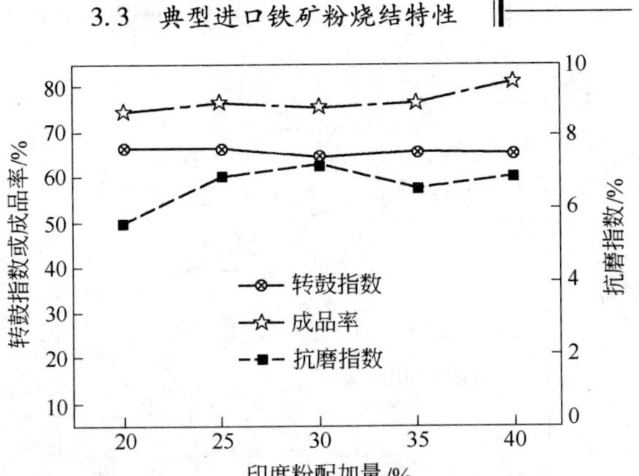

图 3-20 印度粉配加量与转鼓指数或成品率的关系

含量 3.0% 条件下配加 20% ~40% 印度粉的烧结矿粒级分布如图3-21所示。

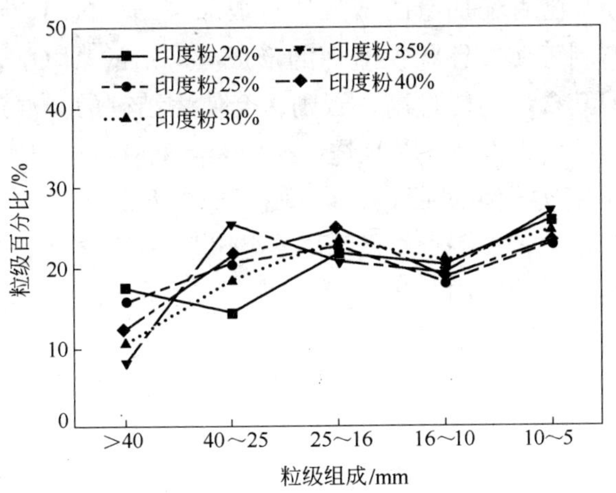

图 3-21 印度粉烧结矿粒级分布

随着印度粉配加量的增加，低温还原粉化指数降低（图 3-22）。低温还原粉化指数降低的原因与印度粉本身的特性和含有一定量的 Al_2O_3 有关。印度粉为赤铁矿，烧结矿中自由的 Fe_2O_3 较多，所以随着印度粉配加量的增加，低温还原粉化指数降低。印度粉属于高铝

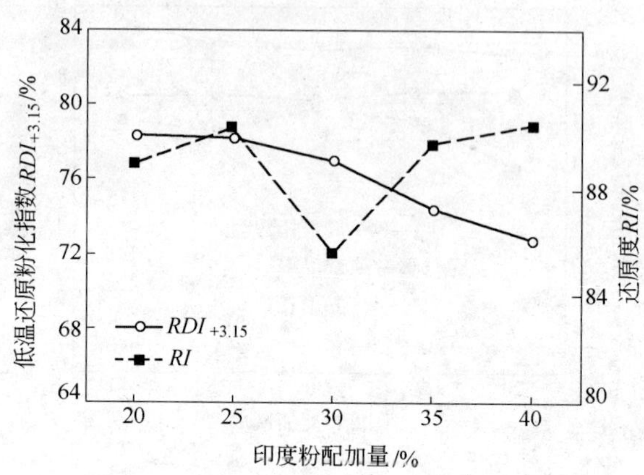

图 3-22　印度粉配加量对烧结矿低温还原粉化指数和还原度的影响

低硅的矿粉，随着配加量的增加使得成品烧结矿的 Al_2O_3 含量显著增加，这有利于促进针状铁酸钙的形成。一定的 Al_2O_3 含量对烧结矿有利，但其含量不能过高，否则，会使烧结矿的低温还原粉化率提高，烧结矿质量下降，并且烧结矿中较高的 Al_2O_3，影响炉渣的流动性和脱硫能力。相对而论，印度粉配加量低于 30% 时，碱度为 2.0 的低温还原粉化指标优于 2.15 的碱度。碱度提高后烧结矿低温还原粉化率下降的原因是由于再生 Fe_2O_3 含量的减少（因为物相中出现较多的铁酸钙）所致。

碱度为 2.0 的烧结矿比碱度为 2.15 的烧结矿的软化开始和终了温度及软化区间要高。这是因为碱性烧结矿的黏结相由硅酸钙和铁酸钙的混合物组成，而且，后者随碱度的提高而增加。这样，未还原烧结矿在不同碱度的软化特性很大程度上受这些黏结相的软化性能所支配。随着碱度的提高，受低熔点铁酸钙的影响，烧结矿的软化温度降低（表 3-20）。高炉冶炼要求软化开始温度高一些，区间窄一些以保持炉况稳定，有利于气-固相还原反应的进行。因此，碱度为 2.0，印度粉配加量为 35% 的样品软化性能较好。

表 3-20 印度粉配比对烧结矿软化性能的影响

碱 度	印度粉配比/%	$T_{10\%}$/℃	$T_{40\%}$/℃	ΔT/℃
$R_2=2.0$	25	1150	1310	160
$R_2=2.0$	35	1125	1240	115
$R_2=2.15$	25	1095	1200	105
$R_2=2.15$	35	1100	1215	115

3.3.6 哈默斯利粉

哈默斯利粉主要矿物由赤铁矿（70%左右）、针铁矿（20%左右）、少量石英和黏土矿物（5%左右）组成，粒度较粗，晶粒较细，呈多孔网状，孔隙发育。其粒度分布如图 3-23 所示。

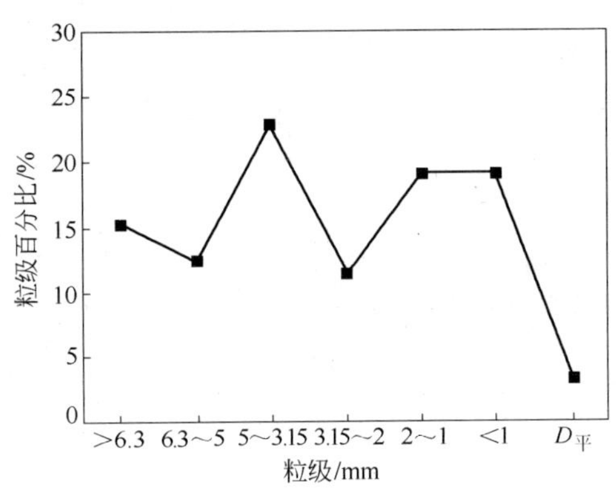

图 3-23 哈默斯利粉的粒度分布

由于哈默斯利粉 SiO_2 含量低，因此配加哈默斯利粉一般不会降低烧结矿的铁品位。实验表明，配加哈默斯利粉后，使烧结利用系数明显提高，成品率降低，固体燃耗无明显变化，转鼓指数略有降低（图 3-24 ~ 图 3-27）。这是由于哈默斯利粉粒度较粗，晶粒较细，且呈多孔网状结构，孔隙发育，比表面积大，所以哈默斯利粉反应性好，这也导致了透气性的提高；从而导致了垂直烧结速度明显提

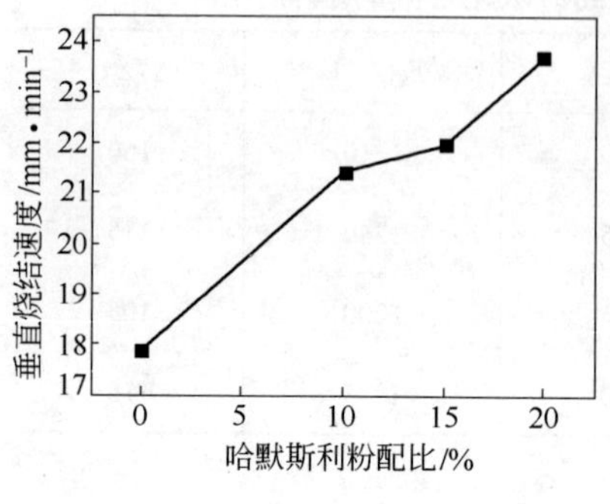

图 3-24　哈默斯利粉配比与烧结速度关系

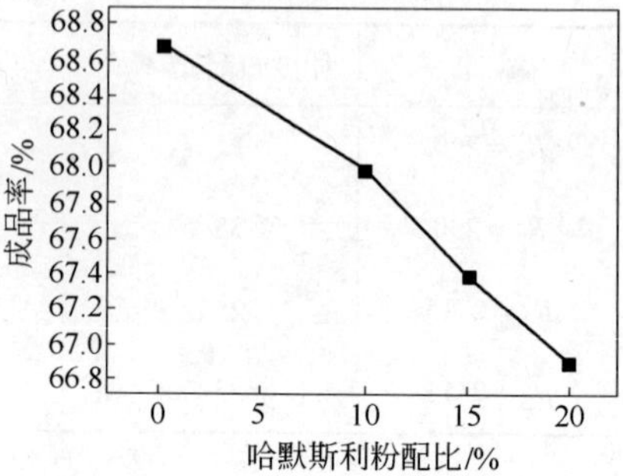

图 3-25　哈默斯利粉配比与成品率关系

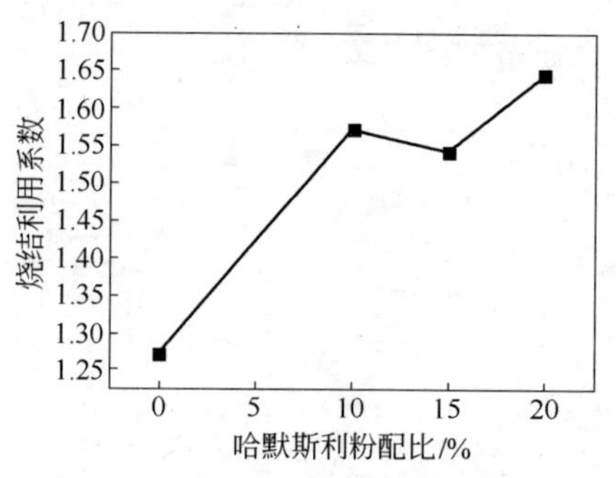

图 3-26　哈默斯利粉配比与烧结利用系数关系

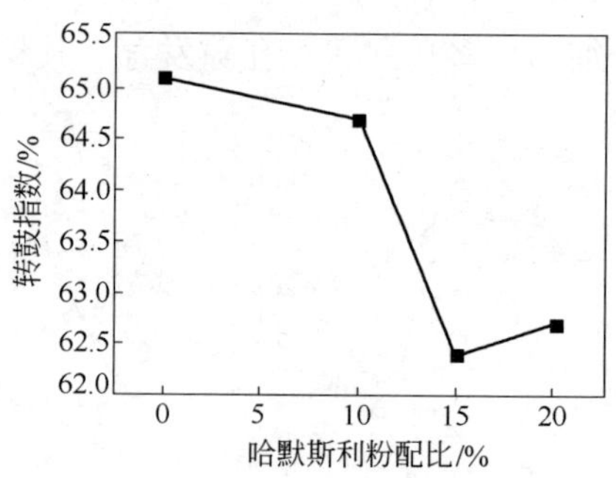

图 3-27　哈默斯利粉配比与转鼓指数关系

高，这是利用系数提高的主要原因。垂直烧结速度加快，可导致烧结反应不充分，这是配入哈默斯利粉后转鼓强度有所降低的主要原因。

配加哈默斯利粉后，烧结矿低温还原粉化指数并未明显变差，烧结熔融区间变窄，最高压差值降低（表 3-21），提高了高炉的还原透气性。这是由于哈默斯利粉结构疏松，孔隙较多，在低温还原时能够吸收一部分由 Fe_2O_3 到 Fe_3O_4 相变时产生的膨胀应力，在一定程度上缓冲了还原时产生的体积变化。

表 3-21 哈默斯利粉不同配比的烧结矿冶金性能测试结果

配比/%	RI/%	$RDI_{+3.15}$/%	熔融滴落								
			T_4/℃	T_{10}/℃	T_{40}/℃	$T_{40}-T_4$/℃	T_S/℃	T_d/℃	T_d-T_S/℃	ΔP_{max}/Pa	$T_{\Delta P_{max}}$/℃
0	65.0	90.6	1175	1205	1314	139	1325	1443	118	9143	1370
10	65.1	87.8	1159	1189	1312	153	1339	1428	89	7327	1380
15	63.8	83.3	1159	1187	1303	144	1337	1435	98	6631	1369
20	65.6	89.9	1163	1191	1303	140	1326	1436	110	8782	1365

当固定哈默斯利粉配加量为60%、固定焦粉为5.8%时，随着烧结水分的增加，烧结速度得到大幅度提高（表3-22）。一般试验室研究中，烧结速度以19～20mm/min为标准，这说明哈默斯利粉的适宜烧结水分非常低。当固定烧结水分为6.5%时，焦粉比例从5.8%提高到6.5%时，烧结速度有所提高，而烧结矿的强度基本没有多大变化，成品率略有提高，利用系数从1.586t/(m^2·h)提高到1.871t/(m^2·h)。

表 3-22 焦粉与水分对配加哈默斯利粉烧结指标的影响

焦粉/%	水分/%	烧结速度/mm·min^{-1}	转鼓指数(+6.3mm)/%	成品率/%	利用系数/t·(m^2·h)$^{-1}$
5.8	6.2	19.56	56.00	76.89	1.509
5.8	6.5	20.09	56.99	77.49	1.586
5.8	7.0	23.60	55.08	79.10	1.928
5.8	6.5	20.09	56.99	77.49	1.586
6.5	6.5	22.14	56.15	81.39	1.871

3.4 冀东矿与进口矿配矿结构优化

3.4.1 冀东矿配加澳矿

3.4.1.1 澳矿配加比例对烧结矿强度的影响

采用某企业现场原料，控制SiO_2含量为7.5%、碱度由0.8开始以 0.2 为间隔增至 2.2，进行冀东矿未加澳矿与配加 10% 澳矿的烧结对比实验（图 3-28）。

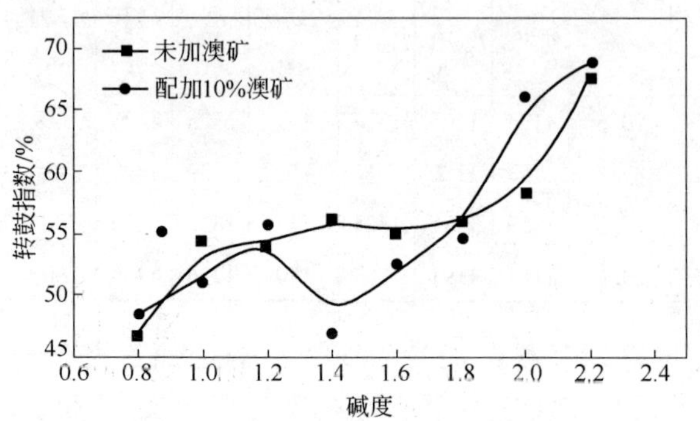

图 3-28 不同澳矿含量条件下碱度与转鼓指数之间的关系

当碱度在 1.2 ~1.8 范围内时，配加澳矿后，转鼓指数出现较明显的低凹区，尤其碱度为 1.4 时，转鼓指数只有 47%，比未加澳矿时低 8 个百分点，即在该碱度范围内，添加澳矿使低凹区进一步强化。这是由于添加澳矿后，烧结矿中 Al_2O_3 含量增加，这有利于促进正硅酸钙的生成，而在该碱度范围内正硅酸钙对强度的影响起相当重要的作用。在碱度大于 1.8 时，添加澳矿使烧结矿强度增加。这是由于在碱度大于 1.8 时，烧结矿以复合铁酸钙（SFCA）为主要黏结相，添加澳矿后，使烧结矿中 Fe_2O_3 含量增加，这促进了 SFCA 相的生成。同时，添加澳矿使烧结矿中 Al_2O_3 含量增加，国内外学者已证实，Al_2O_3 增加有益于促进冶金性能极佳的 SFCA 相的生成。

3.4.1.2 澳矿配加比例对烧结矿冶金性能的影响

未加澳矿与配加 10% 澳矿的烧结矿冶金性能测试结果表明（表 3-23、表 3-24），烧结矿的还原性能较好，还原度都接近 80%，说明该烧结矿具有较好的还原性能，这也是冀东矿的突出特点。荷重软化性能也较好，软化开始温度都高于 1150℃，软化区间为 150℃ 左右。低温还原粉化性能是烧结矿的最重要的指标，未加澳矿的烧结矿低温还原粉化性能优于配加 10% 澳矿的烧结矿低温还原粉化性能（图 3-29）。这是由于澳矿中 Al_2O_3 含量较高，加入澳矿后，随着烧结

矿中 Al_2O_3 含量的增加，促使 Fe_2O_3 发生再结晶连晶，由粒状向片状发展。数个单颗粒结合为片状结晶态，使 Fe_2O_3 还原时产生的膨胀应力由较为分散变得相对集中，引起体积膨胀，还原粉化现象加剧。

表 3-23 未加澳矿的烧结矿冶金性能

碱度	还原度 RI/%	低温还原粉化/%			软化性能/℃		
		$RDI_{+6.3}$	$RDI_{+3.15}$	$RDI_{-0.5}$	$T_{10\%}$	$T_{40\%}$	ΔT
1.3	77.0	59.6	79.4	5.2	1175	1330	155
1.4	79.5	68.8	84.4	3.8	1185	1340	155
1.5	80.0	54.8	78.0	5.2	1195	1340	145
1.6	77.0	72.8	87.4	3.4	1177	1350	173
1.7	86.0	61.8	81.4	4.0	1210	1360	150

表 3-24 配加 10%澳矿的烧结矿冶金性能

碱度	还原度 RI/%	低温还原粉化/%			软化性能/℃		
		$RDI_{+6.3}$	$RDI_{+3.15}$	$RDI_{-0.5}$	$T_{10\%}$	$T_{40\%}$	ΔT
1.0	76.0	57.6	77.2	4.4	1165	1310	145
1.2	79.0	48.3	80.92	3.61	1160	1300	140
1.4	80.0	47.0	71.6	6.4	1185	1340	155
1.6	75.0	58.0	77.6	5.0	1150	1330	180
1.8	82.0	56.0	74.4	6.1	1200	1350	150

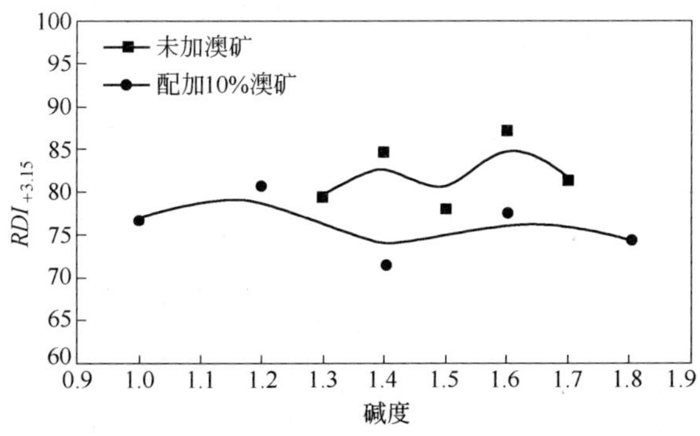

图 3-29 不同澳矿含量条件下碱度与低温还原粉化指数之间的关系

3.4.2 冀东矿配加巴西精粉

巴西精粉为镜铁矿，属赤铁矿的一种，片状，具金属光泽。就品位而言，为高品位精矿粉，TFe 为68.8%，SiO_2 仅1.1%。与澳矿和印度矿相比，品位有所提高，SiO_2 含量降低，而且对烧结矿强度和冶金性能不利的 Al_2O_3 含量较低，对提高烧结矿品位，避开冀东铁矿粉烧结强度“低凹区”，改善烧结矿质量有利。但配加巴西粉也存在着诸多不利的影响因素，主要体现在：（1）由于巴西精粉亲水性差，不利于混合料的成球和制粒，从而影响烧结料层的透气性以及球团矿的生球性能和成品率；（2）巴西粉为赤铁矿，其成矿机理和成矿性能与磁铁矿不同，因而配加巴西粉后其烧结和焙烧制度也会相应发生变化；（3）巴西粉对冀东矿粉造块的影响规律尚不清楚。

3.4.2.1 冀东矿配加巴西精粉烧结适宜配碳量

在烧结过程中，铁氧化物的再结晶，高价氧化物的还原和分解，液相生成的数量，烧结矿的矿物组成以及烧结矿的宏观结构与微观结构等，在很大程度上取决于燃料的合理使用。对于不同种类的矿石，烧结时最适宜的燃料用量亦不相同。冀东矿配加巴西精粉烧结时，在其他条件相同的情况下，巴西精粉配比为10%、15%、20%时的烧结矿强度与配碳量具有明显的变化规律（图3-30）。

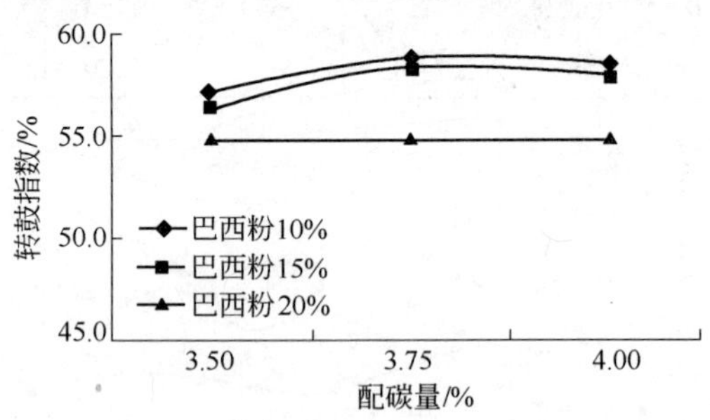

图3-30 不同配碳量对烧结矿转鼓指数的影响

巴西精粉配比在10% ~20%范围内，配碳量为3.75%时烧结矿的强度最好，配碳量为3.5%时的烧结矿强度较差；配碳量为3.75%和4.0%的烧结矿强度差别不大，因此，配加巴西粉时的适宜配碳量为3.75%。这也说明配加巴西粉后，其适宜配碳量比普通烧结矿（一般为3.5%）要高。并且从图3-30中还可以看出，当巴西粉配加量达到20%时，无论哪种配碳量，烧结矿强度都比较差。分析原因认为，一般而言，当烧结混合料中配加较多赤铁矿烧结时，在烧结过程中应适当增加配碳量，以生成足够的液相，从而保证烧结矿强度。但当配碳量过高时，则容易产生局部过熔，烧结矿呈现出薄壁大孔结构，使烧结速度下降，强度降低。

3.4.2.2 冀东矿配加巴西精粉烧结巴西精粉适宜配加量

相同配碳量不同巴西粉配加量时烧结矿强度变化趋势表明（图3-31），随着巴西粉配加量的增加，烧结矿的强度下降，尤其当配加量大于15%后，烧结矿强度急剧下降，当配加量达到20%时，烧结矿的转鼓指数均小于55.1%。在配碳量为3.5%和3.75%时，配加10%和15%巴西粉，烧结矿的强度相当。有关研究表明，以磁铁矿为主要原料烧结时，适当增加赤铁矿可以加强赤铁矿参与反应而生成铁酸钙，有较多的赤铁矿被熔吸到熔体中，使熔体氧位升高，从而有助于铁酸钙从熔体中析出，也有助于赤铁矿与熔体相互反应而生成铁酸钙。由此可促进烧结矿形成理想的矿物组成和结构，保证烧结矿质量。而配碳量达到4.0%后，烧结过程中的还原性气氛升高，使熔体氧位降低，从而当赤铁矿粉增加时，烧结矿强度变化较为明显。

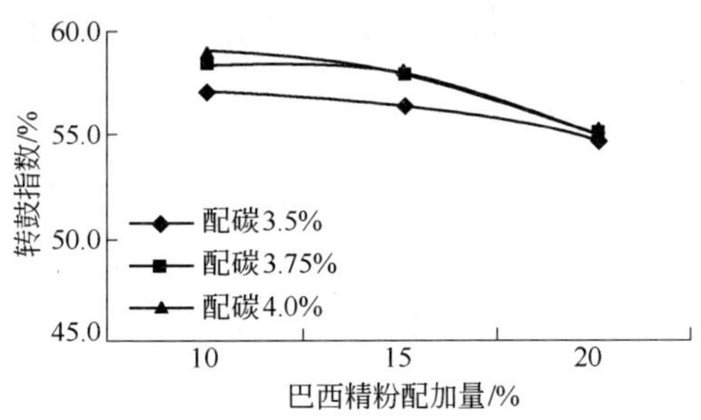

图3-31　巴西精粉配加量对烧结矿强度的影响

3.4.2.3 巴西精粉配加量对垂直烧结速度的影响

相同的条件下（如配碳量、烧结混合料水分、负压等），随巴西精粉配加量增加，垂直烧结速度降低（图 3-32）。其原因在于巴西精粉亲水性和黏结性较差，不易成球，而且制粒小球的强度较差，使原始烧结料层和烧结过程中的料层透气性变差，从而影响垂直烧结速度，降低生产率。

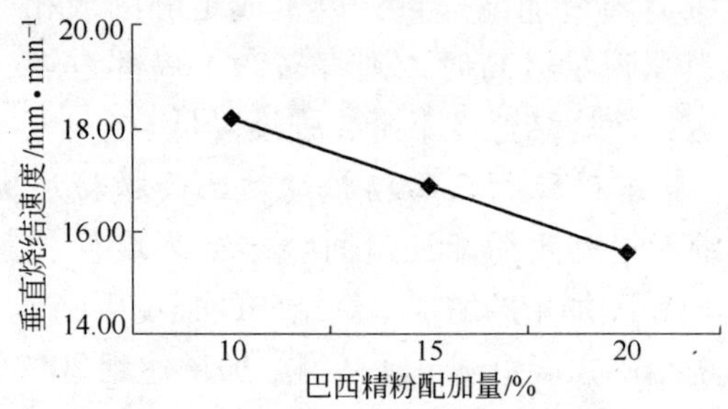

图 3-32 不同巴西精粉配加量对垂直烧结速度的影响

在实际生产中，应加强烧结混合料制粒，适当提高烧结混合料水分，并适当“高负压”操作。此外，适当减少石灰石配比，提高生石灰配比，一定程度上可以改善配入巴西精粉后烧结料制粒性能下降对生产率的影响。

3.4.2.4 碱度变化对烧结矿强度与烧结生产率的影响

当碱度提高时，烧结矿强度明显升高（图 3-33）。在基本条件不变的情况下，提高烧结矿碱度有利于烧结矿强度的改善。

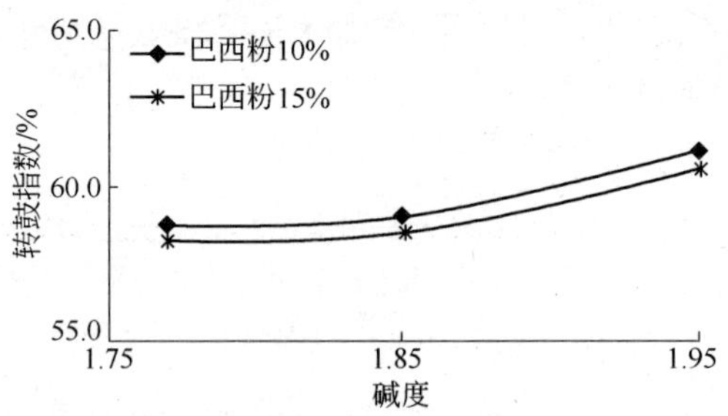

图 3-33 碱度变化对烧结矿转鼓指数的影响

此外，碱度提高后，垂直烧结速度加快（图 3-34）。这与碱

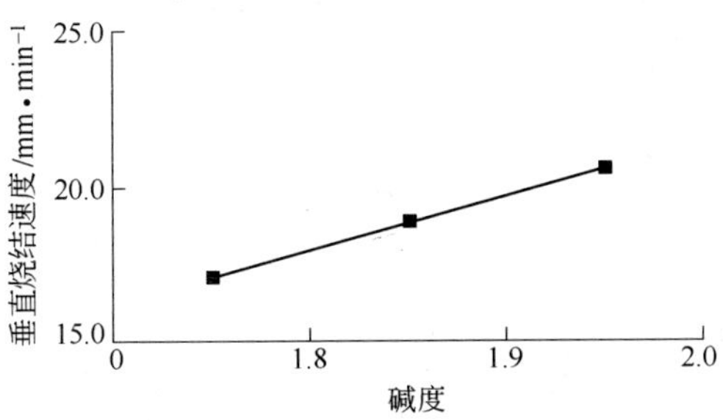

图 3-34 碱度对烧结速度的影响

度提高后，混合料制粒改善，透气性提高有关。而且碱度提高，石灰石量增加，加快燃料燃烧速度，也相应使垂直烧结速度加快。

3.4.2.5 碱度变化对烧结矿强度的影响

在相同条件下，MgO 含量由 2.8% 降至 2.5% 时，烧结矿的强度也由 58.3% 降至 57.0%。这是因为：当烧结混合料中有 MgO 存在时，形成新的黏结相矿物，如钙镁橄榄石（$CaO \cdot MgO \cdot SiO_2$）、镁蔷薇石（$3CaO \cdot MgO \cdot 2SiO_2$）及镁橄榄石（$2MgO \cdot SiO_2$）、黄长石（$2CaO \cdot MgO \cdot 2SiO_2$）等，因此，适当地增加 MgO 含量可以提高烧结矿强度。并且，氧化镁加入烧结料中具有稳定 $\beta\text{-}2CaO \cdot SiO_2$ 在低温时的多晶转变和降低高炉炉渣黏度等的作用。但过高的 MgO 含量会提高高炉冶炼的渣铁比，导致燃料消耗和炼铁成本升高。通过上述实验，就烧结矿强度和成品率来说，烧结矿中 MgO 含量在 2.5% ~2.8% 时，均可以用于高炉冶炼。

3.4.2.6 巴西精粉配加量对烧结矿冶金性能的影响

通过 10%、15%、20% 巴西粉配比烧结矿的冶金性能实验（配碳 3.75%）表明（表 3-25），随着巴西粉配比增加，烧结矿抗低温还原粉化性能变差，而软化性能变好，软化开始温度升高，软熔区间变窄，而改变巴西粉配比对烧结矿的还原性影响不大。综上可见，冀东矿在上述条件下烧结时巴西粉配比不宜超过 20%。

表 3-25 不同巴西粉配比烧结矿的冶金性能

巴西粉配比/%	低温还原粉化/%			还原度 RI/%	软化性能/℃		
	$RDI_{+6.3}$	$RDI_{+3.15}$	$RDI_{-0.5}$		$T_{10\%}$	$T_{40\%}$	ΔT
10	44.0	74.1	5.8	89	1190	1350	160
15	38.2	72.7	7.2	89	1195	1345	150
20	35.6	69.4	8.2	90	1202	1350	148

3.4.3 冀东矿配加印度矿

3.4.3.1 不同碱度条件下配加8%印度矿烧结指标

冀东矿配加8%印度粉烧结，在1.4～1.7碱度范围内，烧结矿的转鼓指数在52%～58%范围内变化，强度较低，烧结矿显脆性，且碱度为1.5时最低（表3-26）。在此碱度范围内，烧结矿的粒度组成中小粒度比例较大（表3-27）。在碱度为0.4～1.7范围内，当碱度较低（0.4～0.6）时，配加印度矿粉后烧结矿转鼓指数提高；当碱度较高（1.4～1.7）时，配加印度矿粉后烧结矿转鼓指数有所下降（图3-35）。

表 3-26 冀东矿配加8%印度粉对烧结指标的影响

碱 度	成品率/%	转鼓指数/%	抗磨指数/%	垂直烧结速度/mm · min^{-1}
0.4	77.58	66.0	3.7	16.5
0.6	83.04	64.3	7.3	17.1
1.4	69.05	54.6	6.6	18.9
1.5	69.67	52.3	6.6	18.9
1.6	65.49	53.3	6.0	18.9
1.7	70.53	58.3	7.7	20.0
2.2	76.6	66.2	5.8	21.2
2.4	72.0	62.5	6.7	21.1

表 3-27 冀东矿配加 8%印度粉对烧结矿粒度组成的影响 （%）

碱 度	6.3 ~10mm	10 ~16mm	16 ~25mm	25 ~40mm	>40mm
0.4	10.31	11.48	17.96	23.06	37.79
0.6	11.88	10.77	14.37	18.83	44.14
1.4	20.75	16.74	23.51	22.41	16.60
1.5	19.77	22.21	20.45	23.97	14.60
1.6	25.15	25.08	18.41	16.55	11.81
1.7	26.16	16.07	23.96	10.99	12.24
2.2	10.0	27.2	35.0	15.0	12.8
2.4	12.1	26.0	27.5	19.8	14.6

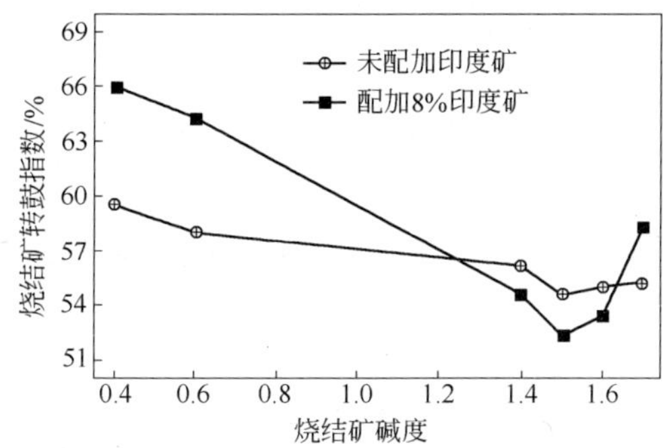

图 3-35 配加印度粉对烧结矿转鼓指数的影响

3.4.3.2 不同碱度条件下配加 8% 印度矿对烧结矿冶金性能的影响

冀东矿配加 8% 印度粉烧结对烧结矿冶金性能影响（表 3-28）：碱度在 0.4 ~0.6 范围内，烧结矿的低温还原粉化性能较好，但还原性能较差，还原度指数只有 60% 多一点，这主要与酸性烧结矿中 FeO 含量高和存在一定量较难还原的铁橄榄石有关；碱度分别为 2.2 和 2.4 时，还原性能和低温还原粉化性能都较好。碱度在 1.4 ~1.7 范围内，还原性能和低温还原粉化性能均属一般水平。与不配加印度粉的烧结矿冶金性能（表 3-29）相比，不配加印度矿时，烧结矿的低温还原粉化指标 $RDI_{+3.15}$ 值都在75%以上，配加印度粉后，低温还原粉化性能变差。荷重软化开始温度都较高，在1150℃以上，与未加印度矿相比，软化温度区间稍有变窄，烧结矿具有较好的软化性能。

表 3-28 冀东矿配加 8% 印度粉对烧结矿冶金性能的影响

碱 度	还原度/%	低温还原粉化/%			软化性能/℃		
	RI	$RDI_{+6.3}$	$RDI_{+3.15}$	$RDI_{-0.5}$	$T_{10\%}$	$T_{40\%}$	ΔT
0.4	61.0	70.5	83.5	5.4	1100	1150	50
0.6	62.8	71.4	84.7	4.0	1100	1130	30
1.4	71.8	32.9	77.0	5.1	1185	1300	115
1.5	71.5	39.8	78.1	5.3	1180	1300	120
1.6	72.2	35.3	77.3	4.7	1178	1330	152
1.7	76.7	27.1	77.2	4.5	1190	1360	170
2.2	84.4	75.3	87.0	3.0	1220	1400	180
2.4	85.7	74.8	88.0	4.0	1230	1420	190

表 3-29 冀东矿不配加印度粉对烧结矿冶金性能的影响

碱 度	还原度/%	低温还原粉化/%			软化性能/℃		
	RI	$RDI_{+6.3}$	$RDI_{+3.15}$	$RDI_{-0.5}$	$T_{10\%}$	$T_{40\%}$	ΔT
1.4	79.5	68.8	84.0	3.8	1185	1340	155
1.5	80.0	54.8	78.0	5.2	1195	1340	145
1.6	77.0	72.8	87.4	7.4	1170	1350	180
1.7	86.0	62.8	81.4	4.0	1210	1360	150

3.4.4 冀东矿与印度粉、巴西粉合理配矿方案

冀东矿与进口矿合理配矿方案因所选择的进口矿品种、类型及其数量有关，冀东矿与印度粉矿、巴西精粉烧结配矿基本参数为：$CaO/SiO_2 = 2.0$，MgO 2.5%，外配焦粉4.0%，Al_2O_3/SiO_2 0.2 ~ 0.3；外配返矿15%。不同烧结配矿条件下（表3-30），烧结矿化学成分见表3-31，烧结矿强度、成品率和烧结速度见表3-32，成品烧

结矿粒度组成见表3-33。

表3-30 冀东矿配加印度粉和巴西粉烧结配矿方案

试样号	碱度	配碳量/%	MgO/%	印度粉/%	巴西粉/%	冀东铁精粉/%	污泥/%	海沙/%	球粉/%	动力灰/%	返矿率/%
2A0	2.0	4.0	2.5	20	20	39.9	2	2	2	3	15
2B1	2.0	4.0	2.5	10	20	49.6	2	2	2	3	15
2B2	2.0	4.0	2.5	30	20	30.2	2	2	2	3	15
2B3	2.0	4.0	2.5	40	20	20.5	2	2	2	3	15
2C1	2.0	4.0	2.5	20	10	49.6	2	2	2	3	15
2C2	2.0	4.0	2.5	20	30	30.2	2	2	2	3	15
2C3	2.0	4.0	2.5	20	40	20.5	2	2	2	3	15

表3-31 冀东矿配加印度粉和巴西粉烧结矿化学成分

试样号	TFe/%	FeO/%	SiO_2/%	CaO/%	MgO/%	Al_2O_3/%	R	Al_2O_3/SiO_2
2A0	57.02	10.30	4.97	9.84	2.43	1.28	1.98	0.258
2B1	56.26	11.12	5.01	10.22	2.38	1.03	2.04	0.206
2B2	56.15	8.80	4.88	9.56	2.42	1.47	1.96	0.301
2B3	56.36	8.67	4.65	9.21	2.39	1.58	1.98	0.340
2C1	56.69	11.02	4.71	9.51	2.39	1.23	2.02	0.261
2C2	57.16	9.51	4.82	9.83	2.36	1.35	2.04	0.292
2C3	57.27	10.12	4.97	9.80	2.41	1.18	1.97	0.237

表3-32 烧结矿试验结果

试样号	碱度	配碳量/%	MgO/%	印度粉/%	巴西粉/%	转鼓指数/%	抗磨指数/%	烧结速度/$mm \cdot min^{-1}$	成品率/%
2A0	2.0	4.0	2.5	20	20	68.6	6.0	19.08	78.60
2B1	2.0	4.0	2.5	10	20	68.3	6.4	17.63	84.19
2B2	2.0	4.0	2.5	30	20	66.2	6.2	19.23	79.39
2B3	2.0	4.0	2.5	40	20	64.6	7.2	22.5	79.84
2C1	2.0	4.0	2.5	20	10	62.1	8.1	20.68	75.34
2C2	2.0	4.0	2.5	20	30	68.7	6.5	18.65	74.58
2C3	2.0	4.0	2.5	20	40	60.2	6.2	18.43	72.83

表 3-33 烧结矿成品粒度组成

试样号	5～10mm		10～16mm		16～25mm		25～40mm		>40mm	
	质量	%	质量	%	质量	%	质量	%	质量	%
2A0	3.67	15.9	3.97	17.2	3.40	14.7	4.67	20.2	2.43	10.5
2B1	5.58	24.9	4.35	19.4	5.06	22.6	2.78	12.4	1.10	4.88
2B2	4.10	17.5	3.60	15.4	3.09	13.2	4.12	17.6	3.67	15.7
2B3	4.36	18.3	4.24	17.8	3.38	14.2	3.97	16.7	3.06	12.84
2C1	5.45	23.8	4.85	21.2	3.41	14.9	2.63	11.5	0.92	4.0
2C2	3.86	17.0	3.75	16.5	3.50	15.4	2.93	12.9	2.91	12.8
2C3	4.10	17.9	3.87	16.9	3.16	13.8	3.02	13.2	2.52	11.0

3.4.4.1 不同印度粉配比对烧结过程的影响

印度粉配加量在20%时转鼓指数最高（达到68.6%）；增大印度粉的配加量，烧结矿常温强度有降低的趋势（图3-36）。烧结速度随着印度粉配加量的增加而加快（图3-37），成品率略有升高（图3-38）。

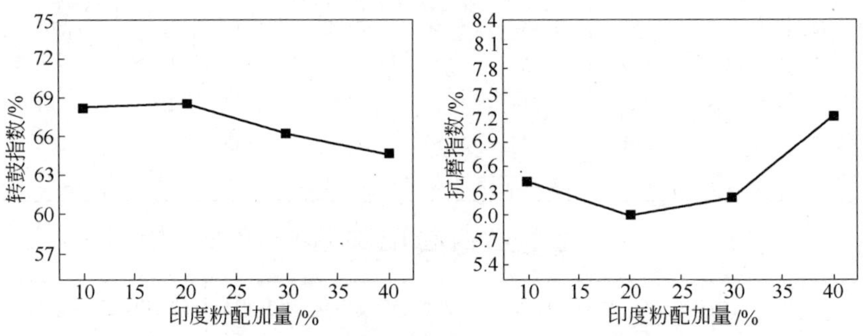

图3-36 印度粉配加量对转鼓指数和抗磨指数的影响

不同印度粉配比下，烧结矿粒度组成除2B1试样（印度粉配比10%）外，其他三个试样的粒度组成相近，并且粒度分布比较合理（图3-39）。2B1试样中，5～10mm小粒度烧结矿所占比例较大（为24.9%），而大于25mm的大粒度烧结矿所占比例较少（17.28%），说明印度粉配比过少不利于烧结矿粒度分布改善。

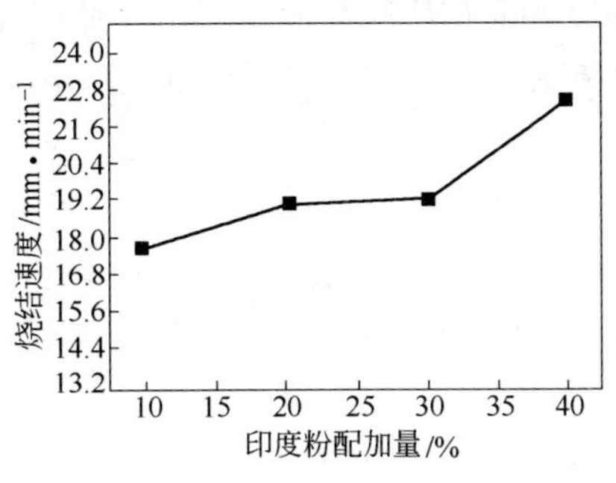

图 3-37 印度粉配比对烧结速度的影响

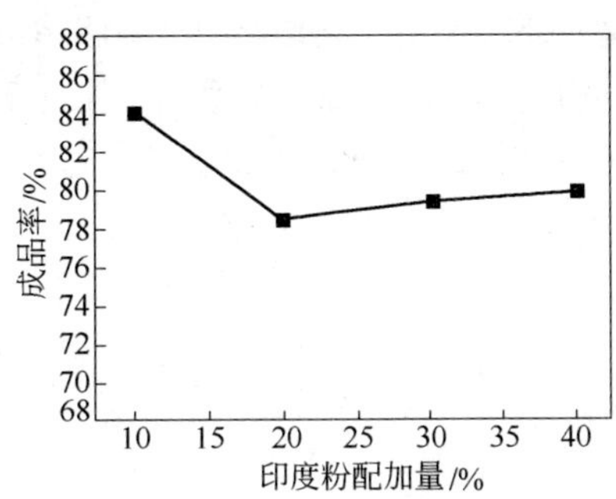

图 3-38 印度粉配比对成品率的影响

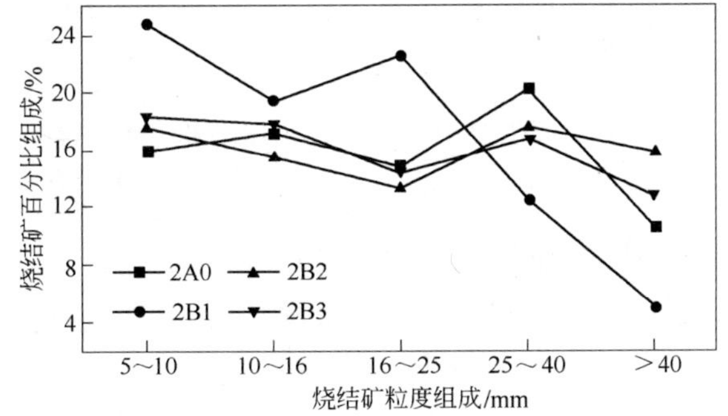

图 3-39 不同印度粉配比的烧结矿粒度组成

3.4.4.2 不同巴西粉配比对烧结过程的影响

巴西粉配加量在 20% 和 30% 时转鼓指数较高，分别为 68.6% 和 68.7%（图 3-40）。随着巴西粉配加量的增加，烧结速度从

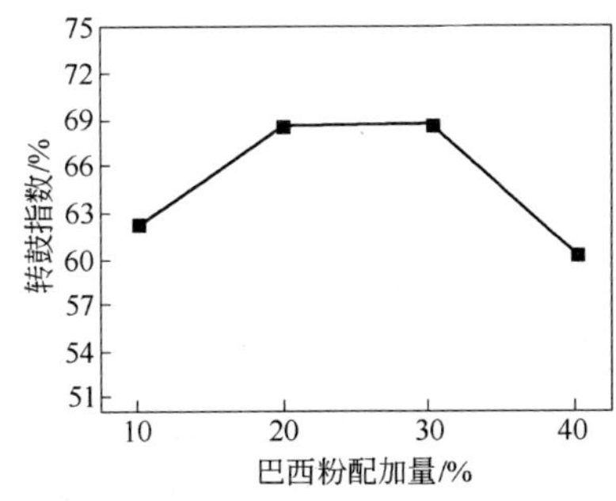

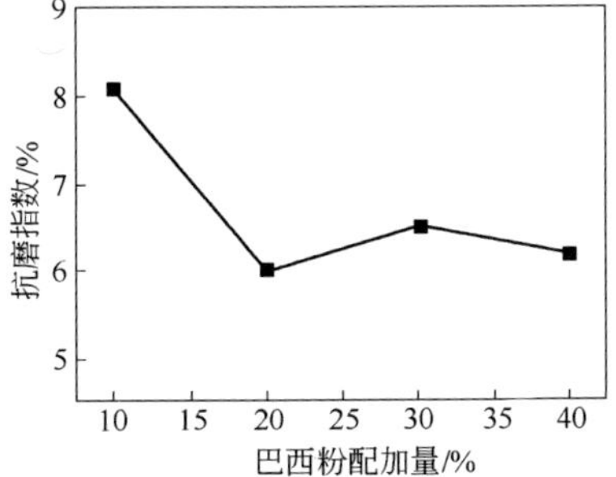

图 3-40 巴西粉配加量对转鼓指数和抗磨指数的影响

20.68mm/min 逐渐降低到 18.43mm/min（图 3-41）。当巴西粉配加量在 20% 时成品率最高（78.6%），在 40% 时成品率最低（72.83%）（图 3-42）。

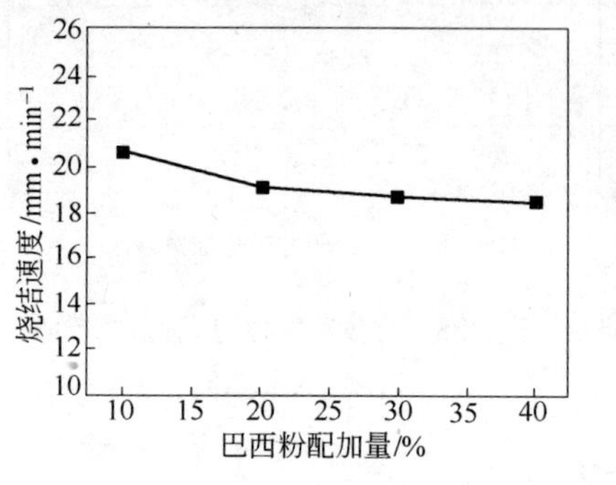

图 3-41　巴西粉配加量对烧结速度的影响

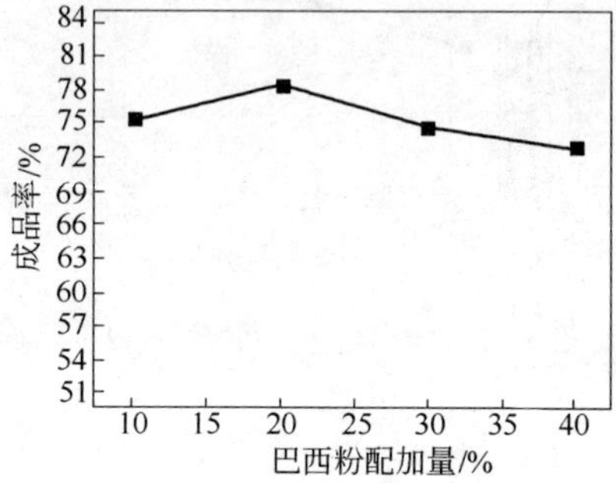

图 3-42　巴西粉配加量对成品率的影响

不同巴西粉配比条件下，除基准样（2A0）在 25～40mm 粒度区间所占比例较大以外，其余各试样的烧结矿粒度组成相近，大于 25mm 粒级烧结矿所占比例较少（图 3-43）。

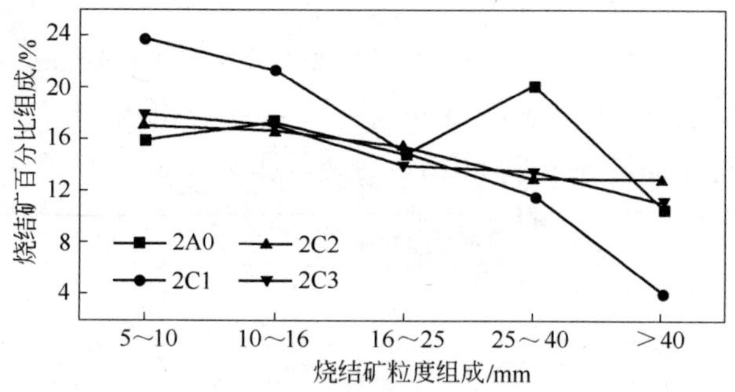

图 3-43　不同巴西粉配比对烧结矿粒度组成的影响

3.4.4.3　*矿物组成及矿相分析*

随巴西粉及印度粉配比变化，烧结矿矿物组成及含量（体积分数）发生改变（表 3-34）。巴西粉配比为 10% 和 40% 时烧结矿的主要矿相结构均为交织-熔蚀结构；巴西粉配比为 20% 和 30% 时铁酸钙含量相对较多，玻璃质、钙镁橄榄石等低强度黏结相较少，宏观表现为烧结矿的转鼓指数较高。

表 3-34 烧结矿矿物组成及含量（体积分数）

试样号	气孔率/%	金属相/%			黏结相/%		
		磁铁矿	赤铁矿	浮氏体	铁酸钙	硅酸二钙	玻璃质
2A0	15~20	45~50	1~3	少量	25~30	8~10	7~10
2B1	12~15	50~55	3~5	微量	10~15	12~15	10~12
2B2	25~30	50~55	5~7	—	30~35	10~12	5~7
2B3	30~35	35~40	5~7	—	25~30	7~10	7~9
2C1	15~20	40~45	2~3	—	10~15	10~12	6~8
2C2	30~35	35~40	3~5	少量	25~30	8~10	5~7
2C3	35~40	35~40	3~5	少量	20~25	7~10	7~10

3.4.4.4 烧结矿冶金性能分析

不同巴西粉及印度粉配比的烧结矿的冶金性能测定结果见表3-35。（1）随着印度粉配比增加，还原度 RI 逐步降低，$RDI_{+3.15}$ 在印度粉配比为20%时最高，ΔT 基本无变化。（2）随着巴西粉配比增加 RI 变化不大，$RDI_{+3.15}$ 逐步降低（巴西粉配比大于20%时 $RDI_{+3.15}$ 降低较多），ΔT 变化不大。（3）荷重软化开始温度在1130~1200℃，软化终了温度在1270~1360℃，荷重软化区间在120~160℃之间，软化性能较好。

表 3-35 烧结矿冶金性能测定结果

试样号	还原度 RI/%	低温还原粉化/%			软化性能/℃		
		$RDI_{+6.3}$	$RDI_{+3.15}$	$RDI_{-0.5}$	$T_{10\%}$	$T_{40\%}$	ΔT
2A0	80.6	62.3	74.6	6.0	1168	1310	142
2B1	82.9	54.9	70.2	6.5	1191	1329	138
2B2	80.7	51.7	70.1	8.2	1209	1358	149
2B3	78.1	53.3	68.8	8.6	1211	1353	142
2C1	78.6	56.0	75.0	7.5	1158	1302	144
2C2	79.5	51.4	70.9	7.2	1209	1341	133
2C3	80.8	50.3	68.2	6.7	1198	1353	155

3.4.4.5 烧结配矿方案优化

综合转鼓指数、烧结速率、成品率和低温还原粉化指标，2A0、2B1、2B2、2C1 和 2C2 属于比较理想的烧结配矿方案（表 3-36）。

表 3-36 冀东矿与印度粉、巴西粉较理想烧结配矿方案

试样号	印度粉 /%	巴西粉 /%	冀东铁精粉/%	转鼓指数 /%	烧结速率 /mm · min^{-1}	成品率 /%	$RDI_{+3.15}$ /%	RI/%
2A0	20	20	39.9	68.6	19.08	78.60	74.6	80.6
2B1	10	20	49.6	68.3	17.63	84.19	70.2	82.9
2B2	30	20	30.2	66.2	19.23	79.39	70.1	80.7
2C1	20	10	49.6	62.1	20.68	75.34	75.0	78.6
2C2	20	30	30.2	68.7	18.65	74.58	70.9	79.5

注：1. 表中其他原料配比为污泥2%、海沙2%、球粉2%、动力灰3%、返矿15%（外配）；

2. 烧结矿碱度 2.0，配碳量 4.0%，MgO 2.5%。

3.5 司家营铁精粉烧结特性

司家营铁矿地处河北滦县，是冀东矿脉的一部分，属于“鞍山式”沉积变质铁矿床，浅层以赤铁石英岩为主，深层过渡为磁铁石英岩。司家营铁矿的矿物组成较为简单，主要为磁铁矿、假象赤铁矿，次为赤铁矿，脉石矿物以石英为主，其次为阳起石、闪石矿物、磷灰石包裹体及少量普通角闪石和辉石等，微量矿物有磷灰石、黄铁矿、黄铜矿，另外还有后期蚀变的绿泥石、碳酸盐和黑云母等矿物。近期主要为表层开采，精矿粉生产采用阶段磨矿、粗细分级、重选-磁选-阴离子反浮选工艺，其含铁品位为 65% ~66%，FeO 为 7% ~8%，SiO_2 为 5.5% ~6.0%，属于磁、赤混合矿，粒度较细，小于 0.074mm 比例高于 95%，小于 0.045mm 比例达 60.0%。

3.5.1 原燃料条件与制粒性能

3.5.1.1 原燃料化学成分

司家营铁精粉烧结特性研究采用唐山某钢铁企业现场原料和基

本工艺参数，并根据原料供应状况使用澳粉、MAC 矿等进口铁矿。

4 种铁矿中（表 3-37）司家营精粉的含铁品位较低，硅含量较高；外矿粉除巴西 C 粉的品位较高外，澳矿、MAC 粉的品位也较低。

表 3-37 原料化学成分 （%）

原料名称	水 分	TFe	SiO_2	CaO	MgO	烧 损
司家营精粉	8.62	64.11	6.12	0.37	0.09	1.50
澳 粉	10.74	62.18	5.65	0.7	0.43	3.00
MAC 粉	9.73	61.48	3.5	0.7	0.58	5.40
巴西 C 粉	6.03	65.37	3.43	0.9	0.32	2.20
自 返	—	56.3	5.22	9.6	2.52	0.17
石灰石	2.82	—	7.39	40.6	5.22	42.50
生石灰	—	—	7.93	68.2	11.09	11.79
白云石	5.88	—	1.01	29.9	21.46	44.50
高 返	0.28	56.3	5.2	10.4	2.34	0.50
除尘灰	13.21	47.98	6.96	12.5	3.1	5.96
球 返	4.61	60.99	8.33	—	—	—
钢 渣	4.70	16.74	14.59	40.1	8.78	1.50

3.5.1.2 原燃料粒度组成

各种原燃料中：司家营精粉粒度极细，小于 0.074mm 比例高于 95%，小于 0.045mm 比例达 60.0%；三种外矿粉及高返、自返和球返的粒度都较粗，大于 3mm 的比例较高；石灰石的粒度较粗，大于 3mm 粒度达到 35%（表 3-38）。

表 3-38 原燃料粒度组成 （%）

原料名称	>10mm	5～10mm	3～5mm	1～3mm	<1mm
澳 矿	1.8	17.8	10.4	16.1	54.1
MAC	1.7	28.6	11.1	9.1	49.6
巴西 C 粉	4.9	21.3	10.5	12.0	51.3
自 返	—	13.8	18.4	24.6	43.1
石灰石	0.3	11.1	23.9	34.4	30.2

续表 3-38

原料名称	>10mm	5~10mm	3~5mm	1~3mm	<1mm
生石灰	—	3.6	8.0	18.8	69.6
白云石	—	1.6	6.6	29.2	62.6
高 返	0.2	42.6	40.0	12.6	4.7
除尘灰	—	1.7	1.3	3.1	93.9
球 返	—	16.6	21.6	24.5	37.4
钢 渣	3.3	37.4	14.9	17.3	27.2
焦 粉	1.4	12.7	14.4	22.2	49.4

3.5.1.3 烧结混合料制粒性能

根据烧结实验方案进行配料，取烧结混合料 5kg，补充适量的水分，放置 3min；使用圆盘造球机混匀制粒 5min；最后将混合料烘干后，用 10mm、5mm、3mm 及 1mm 筛子筛分，进行烧结料的粒度分析。成球性能主要比较制粒前后大于 3mm 或 3~5mm 粒级的比例。

A 司家营精粉、生石灰不同配比的影响

a 生石灰配加量 4.0%

当生石灰配加量为 4.0% 时，制粒前后大于 3mm 粒级比较表明，制粒后烧结混合料中大于 3mm 粒级大幅度提高，所占比例基本在 60.0% 以上，且随司家营精粉配比的提高，烧结混合料中大于 3mm 的比例有所增加，成球性改善（图 3-44）。主要原因是司家营铁精

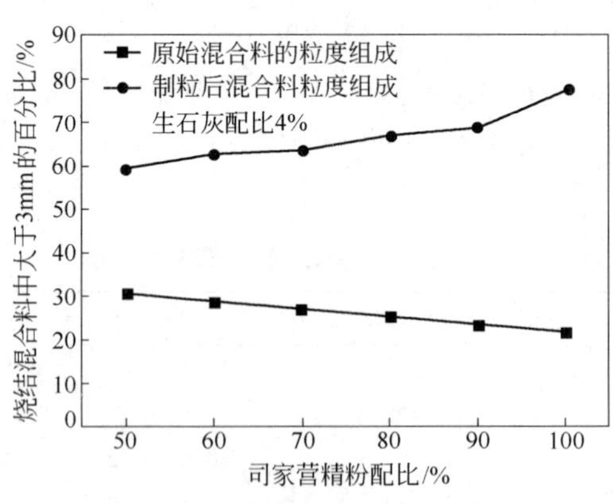

图 3-44 生石灰配比 4.0% 时司家营铁精粉配比对制粒性能的影响

粉粒度细，比表面积大，黏结性好，易于制粒。

b 生石灰配加量5.0%

生石灰配比5.0%时，制粒效果明显好于4.0%，说明加入生石灰有利于改善烧结料的制粒效果。原因是生石灰与水消化成粒度极细的消石灰，呈胶体颗粒，比表面积增大，增强了烧结混合料制粒。制粒效果随司家营精粉配比的增加而改善，但司家营精粉配比超过70%后，效果变缓（图3-45）。

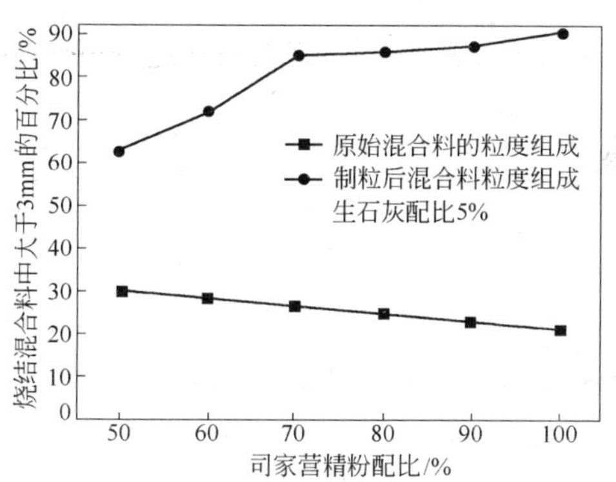

图3-45 生石灰配比5%时司家营铁精粉配比对制粒性能的影响

c 生石灰配加量6.0%

生石灰配加量6%与5%的烧结混合料制粒效果变化规律基本相似（图3-46）。

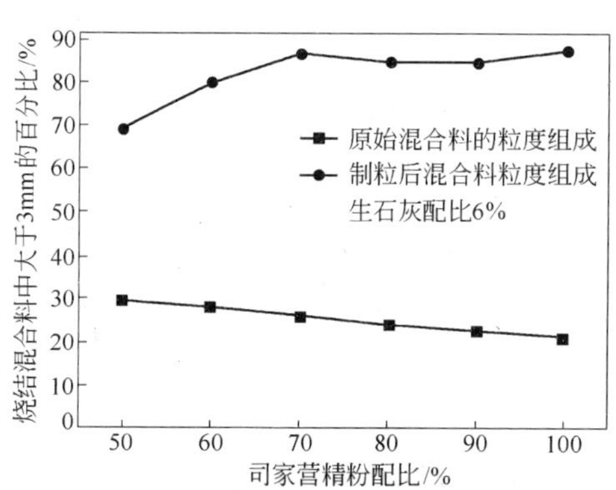

图3-46 生石灰配比6%时司家营铁精粉配比对制粒性能的影响

B 碱度变化的影响

采用司家营精粉配比 60%，生石灰配比 4.0% 时，随碱度的不同，烧结混合料中大于 3mm 的比例变化不明显，说明石灰石配加量的变化对烧结混合料成球性的影响不大（图 3-47）。

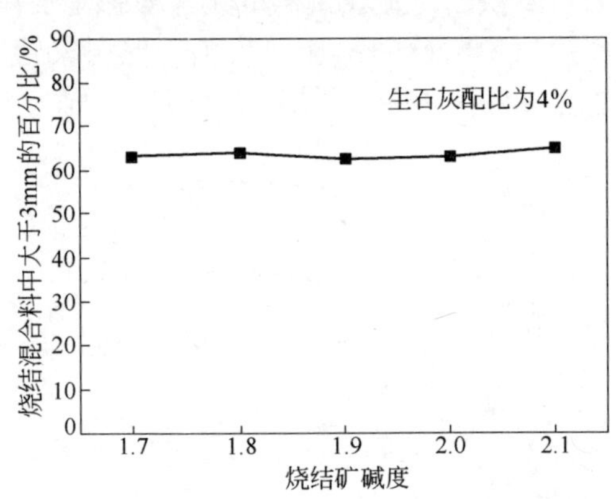

图 3-47 烧结矿碱度对司家营铁精粉烧结混合料制粒性能的影响

C 司家营铁精粉烧结混合料制粒性能

通过以上成球试验可以看出：（1）所有试样制粒效果较好，大于 3mm 的比例均在 60% 以上；宏观制粒过程，易于成球，球体表面光滑。（2）随司家营精粉配比的提高，烧结混合料中大于 3mm 的比例增加，成球性能改善。（3）三种生石灰的配比制粒效果都较好，且提高生石灰配比有利于改善烧结料的制粒效果，但生石灰配加量增加到 6% 后，继续增加生石灰量，烧结料的制粒效果改善不明显。（4）碱度（即改变石灰石配加量）对制粒效果影响不明显。（5）物料的粒度差别大，易产生偏析，混合料中的大粒级尽可能减少，这对于提高混匀度和制粒都有利。因此，对于司家营精粉烧结，配加一定数量的返矿作为核颗粒是必要的。返矿的粒度上限最好控制在 5 ~ 6mm，这对于混匀和制粒都有利。

3.5.2 司家营精粉烧结性能

烧结试验中，固定自返、高返、生石灰、除尘灰、球返、钢渣配加比例，用石灰石调整烧结矿碱度，用镁灰调整 MgO 含量，改变司家营精粉、MAC 粉、巴西 C 粉的配比、碱度及配碳量来进行烧结杯试验（表 3-39），主要测定烧结矿强度、成品率、粒度组成、烧结速度、混合料水分和烧结矿冶金性能。

表 3-39 司家营铁精粉烧结配矿方案 （%）

实验编号	司家营精粉	MAC 粉	巴西 C 粉	自返	石灰石	生石灰	白云石	高返	除尘灰	球返	钢渣	焦粉
$S_{50}R_{1.7}C_{3.5}$	28.32	8.32	20.00	15.00	5.31	4.00	3.05	10.00	2.00	2.00	2.00	4.33
$S_{50}R_{1.8}C_{3.5}$	27.51	7.50	20.00	15.00	7.52	4.00	2.47	10.00	2.00	2.00	2.00	4.33
$S_{50}R_{1.9}C_{3.5}$	26.67	6.67	20.00	15.00	9.80	4.00	1.87	10.00	2.00	2.00	2.00	4.33
$S_{50}R_{2.0}C_{3.5}$	25.81	5.81	20.00	15.00	12.13	4.00	1.25	10.00	2.00	2.00	2.00	4.33
$S_{50}R_{2.1}C_{3.5}$	24.93	4.92	20.00	15.00	14.54	4.00	0.61	10.00	2.00	2.00	2.00	4.33
$S_{50}R_{1.9}C_{3.75}$	26.60	6.60	20.00	15.00	9.98	4.00	1.82	10.00	2.00	2.00	2.00	4.64
$S_{50}R_{1.9}C_{4.0}$	26.54	6.53	20.00	15.00	10.16	4.00	1.77	10.00	2.00	2.00	2.00	4.95
$S_{60}R_{1.7}C_{3.5}$	33.51	7.33	15.00	15.00	6.30	4.00	2.86	10.00	2.00	2.00	2.00	4.33
$S_{60}R_{1.8}C_{3.5}$	32.52	6.67	15.00	15.00	8.55	4.00	2.26	10.00	2.00	2.00	2.00	4.33
$S_{60}R_{1.9}C_{3.5}$	31.50	5.99	15.00	15.00	10.87	4.00	1.64	10.00	2.00	2.00	2.00	4.33
$S_{60}R_{2.0}C_{3.5}$	30.45	5.30	15.00	15.00	13.24	4.00	1.01	10.00	2.00	2.00	2.00	4.33
$S_{60}R_{2.1}C_{3.5}$	29.38	4.58	15.00	15.00	15.68	4.00	0.36	10.00	2.00	2.00	2.00	4.33
$S_{60}R_{1.9}C_{3.75}$	31.42	5.94	15.00	15.00	11.04	4.00	1.60	10.00	2.00	2.00	2.00	4.64
$S_{60}R_{1.9}C_{4.0}$	31.34	5.89	15.00	15.00	11.22	4.00	1.55	10.00	2.00	2.00	2.00	4.95
$S_{70}R_{1.7}C_{3.5}$	38.55	6.52	10.00	15.00	7.26	4.00	2.68	10.00	2.00	2.00	2.00	4.33
$S_{70}R_{1.8}C_{3.5}$	37.38	6.01	10.00	15.00	9.55	4.00	2.06	10.00	2.00	2.00	2.00	4.33
$S_{70}R_{1.9}C_{3.5}$	36.17	5.50	10.00	15.00	11.91	4.00	1.43	10.00	2.00	2.00	2.00	4.33
$S_{70}R_{2.0}C_{3.5}$	34.93	4.97	10.00	15.00	14.32	4.00	0.78	10.00	2.00	2.00	2.00	4.33
$S_{70}R_{2.1}C_{3.5}$	33.66	4.43	10.00	15.00	16.79	4.00	0.12	10.00	2.00	2.00	2.00	4.33
$S_{70}R_{1.9}C_{3.75}$	36.08	5.46	10.00	15.00	12.08	4.00	1.38	10.00	2.00	2.00	2.00	4.64
$S_{70}R_{1.9}C_{4.0}$	35.99	5.42	10.00	15.00	12.26	4.00	1.34	10.00	2.00	2.00	2.00	4.95
$S_{80}R_{1.7}C_{3.5}$	43.49	0.00	10.87	15.00	8.00	4.00	2.63	10.00	2.00	2.00	2.00	4.33
$S_{80}R_{1.8}C_{3.5}$	42.13	0.00	10.53	15.00	10.35	4.00	1.99	10.00	2.00	2.00	2.00	4.33

续表 3-39

实验编号	司家营精粉	MAC粉	巴西C粉	自返	石灰石	生石灰	白云石	高返	除尘灰	球返	钢渣	焦粉
$S_{80}R_{1.9}C_{3.5}$	40.74	0.00	10.18	15.00	12.74	4.00	1.34	10.00	2.00	2.00	2.00	4.33
$S_{80}R_{2.0}C_{3.5}$	39.31	0.00	9.82	15.00	15.20	4.00	0.67	10.00	2.00	2.00	2.00	4.33
$S_{80}R_{2.1}C_{3.5}$	37.88	0.00	9.47	15.00	17.08	4.00	0.57	10.00	2.00	2.00	2.00	4.33
$S_{80}R_{1.9}C_{3.75}$	40.63	0.00	10.16	15.00	12.92	4.00	1.29	10.00	2.00	2.00	2.00	4.64
$S_{80}R_{1.9}C_{4.0}$	40.53	0.00	10.13	15.00	13.09	4.00	1.25	10.00	2.00	2.00	2.00	4.95
$S_{90}R_{1.7}C_{3.5}$	48.27	0.00	5.36	15.00	8.94	4.00	2.44	10.00	2.00	2.00	2.00	4.33
$S_{90}R_{1.8}C_{3.5}$	46.71	0.00	5.19	15.00	11.31	4.00	1.79	10.00	2.00	2.00	2.00	4.33
$S_{90}R_{1.9}C_{3.5}$	45.13	0.00	5.01	15.00	13.74	4.00	1.12	10.00	2.00	2.00	2.00	4.33
$S_{90}R_{2.0}C_{3.5}$	43.51	0.00	4.83	15.00	16.21	4.00	0.45	10.00	2.00	2.00	2.00	4.33
$S_{90}R_{2.1}C_{3.5}$	41.89	0.00	4.65	15.00	18.13	4.00	0.33	10.00	2.00	2.00	2.00	4.33
$S_{90}R_{1.9}C_{3.75}$	45.01	0.00	5.00	15.00	13.91	4.00	1.08	10.00	2.00	2.00	2.00	4.64
$S_{90}R_{1.9}C_{4.0}$	44.90	0.00	4.99	15.00	14.08	4.00	1.03	10.00	2.00	2.00	2.00	4.95
$S_{100}R_{1.7}C_{3.5}$	52.91	0.00	0.00	15.00	9.85	4.00	2.25	10.00	2.00	2.00	2.00	4.33
$S_{100}R_{1.8}C_{3.5}$	51.16	0.00	0.00	15.00	12.25	4.00	1.59	10.00	2.00	2.00	2.00	4.33
$S_{100}R_{1.9}C_{3.5}$	49.38	0.00	0.00	15.00	14.70	4.00	0.91	10.00	2.00	2.00	2.00	4.33
$S_{100}R_{2.0}C_{3.5}$	47.57	0.00	0.00	15.00	17.20	4.00	0.23	10.00	2.00	2.00	2.00	4.33
$S_{100}R_{2.1}C_{3.5}$	45.76	0.00	0.00	15.00	19.13	4.00	0.11	10.00	2.00	2.00	2.00	4.33
$S_{100}R_{1.9}C_{3.75}$	49.26	0.00	0.00	15.00	14.87	4.00	0.87	10.00	2.00	2.00	2.00	4.64
$S_{100}R_{1.9}C_{4.0}$	49.14	0.00	0.00	15.00	15.04	4.00	0.82	10.00	2.00	2.00	2.00	4.95

3.5.2.1 烧结矿品位

烧结矿化学成分分析表明：（1）烧结矿 FeO 含量控制较适宜，基本在 8.5% ~9.0% 之间。由于原料的含铁量低，烧结矿 SiO_2 含量均在 6.0% 以上，品位均在 56% 以下。（2）由于司家营精粉含铁品位低，SiO_2 含量高，因此随司家营精粉配加量提高，烧结矿品位下降。(3) 烧结矿含铁品位随烧结碱度及配碳量的提高而降低。(4) 比较而言，碱度对烧结矿品位的影响最明显，其次是司家营精粉的配比。虽然烧结配碳量的影响相对较小，但是燃料灰分中的

SiO_2 不容忽视，特别是随司家营精粉配比和碱度的提高，更应该注意燃料的质量。

3.5.2.2 烧结矿转鼓强度

烧结矿的主要指标转鼓强度，除碱度 1.7 相对较低外，其他全部试样的转鼓指标均可，波动在 60% 左右。宏观烧结矿液相量充分，强度较好，均能满足生产要求。

（1）配碳量为 3.5% 时，随司家营精粉配比的提高，烧结矿的转鼓指数改善；但司家营精粉配比超过 70%，烧结矿的转鼓指数有所降低（图 3-48）。烧结过程中观察，司家营精粉的配比高于 70%，烧结配碳量略显不足，烧结矿表层有烧不透的现象，烧结矿液相量略显不足。

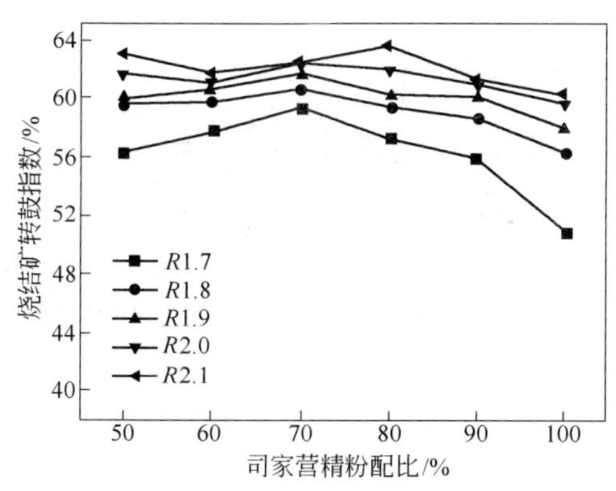

图 3-48 司家营精粉配比对转鼓指数的影响

（2）司家营精粉配比在 50% ~100% 范围内，配碳量为 3.5% 时，烧结矿转鼓强度随着碱度的提高而改善，这符合一般烧结规律（图 3-49）。

（3）配碳量从 3.5% 增加到 3.75% 时，随配碳量提高，烧结矿强度指标改善；当配碳量提高到 4.0%，强度指标反而下降。当司家营精粉增加到 100%，转鼓强度随配碳量提高而改善（图 3-50）。

以上规律说明随司家营精粉配比的变化，应有相适宜配碳量；司家营精粉配比增加，配碳量应有所提高。实践证明，配碳量是影

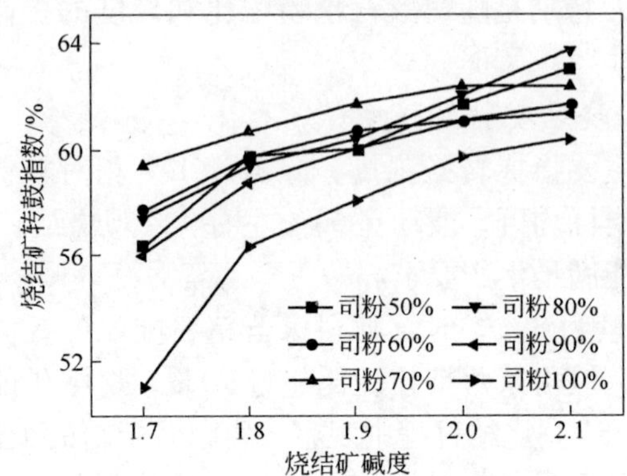

图 3-49 烧结矿碱度对转鼓指数的影响

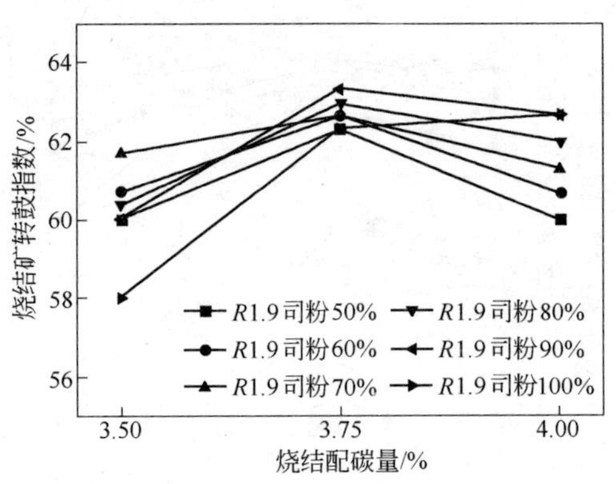

图 3-50 烧结配碳量对转鼓指数的影响

响烧结矿产量和质量的重要因素之一，如果烧结配碳量低，会造成烧结过程中热量不足，烧不透，使烧结矿的强度降低，返矿率升高，产量降低；烧结配碳量高，造成液相过分发展，形成薄壁大气孔结构，也会使烧结矿强度降低。

3.5.2.3 烧结矿冶金性能

所有试样的冶金性能均较好，尤其是还原和低温还原粉化性能指标（表 3-40）。还原性能除碱度 1.7 外，还原度指数（*RI*）均在 85% 以上；低温还原粉化指标是烧结矿冶金性能的主要指标之一，

$RDI_{+3.15}$值均在73%以上，基本波动在75%左右。软化开始温度和软化区间也都在正常范围内。

表3-40 司家营铁精粉烧结矿冶金性能

实验编号	低温还原粉化/%			还原		软化性能/℃		
	$RDI_{+6.3}$	$RDI_{+3.15}$	$RDI_{-0.5}$	RVI/%·min^{-1}	RI/%	$T_{10\%}$	$T_{40\%}$	ΔT
$S_{50}R_{1.7}C_{3.5}$	37.4	73.0	8.3	0.52	82.2	1146	1275	128
$S_{50}R_{1.8}C_{3.5}$	42.6	74.8	7.5	0.57	86.7	1149	1284	135
$S_{50}R_{1.9}C_{3.5}$	45.1	75.6	7.1	0.61	89.4	1155	1280	124
$S_{50}R_{2.0}C_{3.5}$	44.6	76.5	6.9	0.62	90.0	1160	1291	130
$S_{50}R_{2.1}C_{3.5}$	46.2	76.9	7.0	0.62	90.8	1163	1300	137
$S_{50}R_{1.9}C_{3.75}$	45.0	77.1	6.7	0.60	88.4	1153	1281	128
$S_{50}R_{1.9}C_{4.0}$	46.7	78.2	6.3	0.58	86.6	1150	1279	129
$S_{60}R_{1.7}C_{3.5}$	39.2	73.4	8.0	0.53	83.1	1148	1277	129
$S_{60}R_{1.8}C_{3.5}$	40.8	75.1	7.2	0.59	87.6	1151	1287	136
$S_{60}R_{1.9}C_{3.5}$	42.5	75.9	7.0	0.63	90.6	1157	1291	134
$S_{60}R_{2.0}C_{3.5}$	45.1	77.0	6.8	0.64	91.4	1163	1295	133
$S_{60}R_{2.1}C_{3.5}$	45.9	77.5	6.4	0.64	91.8	1166	1303	138
$S_{60}R_{1.9}C_{3.75}$	45.4	77.2	6.5	0.62	89.1	1156	1290	134
$S_{60}R_{1.9}C_{4.0}$	46.5	78.9	6.1	0.60	87.9	1154	1287	133
$S_{70}R_{1.7}C_{3.5}$	40.6	74.0	7.6	0.53	83.5	1150	1280	131
$S_{70}R_{1.8}C_{3.5}$	44.5	75.8	7.3	0.58	87.2	1153	1291	138
$S_{70}R_{1.9}C_{3.5}$	40.4	76.2	7.1	0.62	90.2	1160	1298	138
$S_{70}R_{2.0}C_{3.5}$	45.8	77.5	6.9	0.62	90.2	1166	1301	136
$S_{70}R_{2.1}C_{3.5}$	48.2	78.1	6.2	0.63	90.8	1169	1308	138
$S_{70}R_{1.9}C_{3.75}$	46.8	77.9	6.3	0.60	89.3	1158	1294	136
$S_{70}R_{1.9}C_{4.0}$	50.1	79.1	5.8	0.59	88.8	1156	1292	136
$S_{80}R_{1.7}C_{3.5}$	41.2	74.6	6.8	0.54	84.6	1154	1285	131
$S_{80}R_{1.8}C_{3.5}$	43.9	76.8	7.0	0.59	88.9	1159	1298	139
$S_{80}R_{1.9}C_{3.5}$	45.6	77.6	6.3	0.63	90.8	1168	1308	140
$S_{80}R_{2.0}C_{3.5}$	46.8	78.2	5.9	0.62	90.8	1172	1312	140

续表 3-40

实验编号	低温还原粉化/%			还原		软化性能/℃		
	$RDI_{+6.3}$	$RDI_{+3.15}$	$RDI_{-0.5}$	$RVI/\% \cdot min^{-1}$	$RI/\%$	$T_{10\%}$	$T_{40\%}$	ΔT
$S_{80}R_{2.1}C_{3.5}$	48.9	78.0	6.1	0.63	91.0	1175	1319	144
$S_{80}R_{1.9}C_{3.75}$	48.6	78.6	5.8	0.59	89.1	1165	1304	139
$S_{80}R_{1.9}C_{4.0}$	50.6	79.8	5.2	0.58	88.5	1163	1301	138
$S_{90}R_{1.7}C_{3.5}$	43.8	75.6	6.9	0.54	84.9	1159	1293	135
$S_{90}R_{1.8}C_{3.5}$	46.7	76.9	6.4	0.60	89.1	1164	1307	143
$S_{90}R_{1.9}C_{3.5}$	49.3	78.5	5.2	0.64	91.6	1176	1318	143
$S_{90}R_{2.0}C_{3.5}$	50.1	79.2	5.0	0.65	91.9	1180	1323	144
$S_{90}R_{2.1}C_{3.5}$	52.9	80.0	5.1	0.65	92.3	1182	1332	150
$S_{90}R_{1.9}C_{3.75}$	54.3	80.5	5.2	0.63	90.9	1174	1315	141
$S_{90}R_{1.9}C_{4.0}$	55.3	81.3	4.9	0.61	90.2	1173	1313	140
$S_{100}R_{1.7}C_{3.5}$	45.8	76.2	6.5	0.54	85.0	1161	1298	137
$S_{100}R_{1.8}C_{3.5}$	48.9	77.8	5.4	0.59	88.6	1168	1312	144
$S_{100}R_{1.9}C_{3.5}$	50.8	79.7	4.8	0.64	92.0	1181	1325	145
$S_{100}R_{2.0}C_{3.5}$	53.9	80.2	5.2	0.65	93.1	1185	1331	146
$S_{100}R_{2.1}C_{3.5}$	55.1	80.9	4.9	0.65	93.4	1188	1341	153
$S_{100}R_{1.9}C_{3.75}$	56.8	81.4	4.7	0.62	91.6	1178	1322	144
$S_{100}R_{1.9}C_{4.0}$	56.9	82.0	4.6	0.59	91.0	1176	1318	142

A 烧结矿的低温还原粉化指数

（1）烧结矿的低温还原粉化指数随司家营精粉配比的提高而改善（图 3-51）。主要原因是司家营精粉粒度细，比表面积大，矿化性能好，为生成更多复合铁酸钙提供了条件，而金属相中 Fe_2O_3 含量减少。从矿相分析也可看出，随司家营精粉配比的提高，金属相中 Fe_2O_3 含量减少，黏结相中的铁酸钙含量增加。

（2）烧结矿的低温还原粉化指数随碱度的提高而改善（图 3-52）。这主要是由于碱度提高后，CaO 量多，铁酸钙含量增加，而易于产生低温还原粉化的再结晶 Fe_2O_3 含量相应减少。

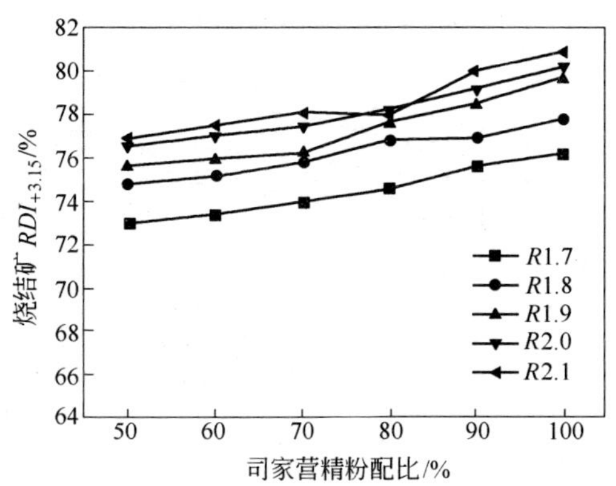

图 3-51 司家营精粉配比对烧结矿 $RDI_{+3.15}$ 的影响

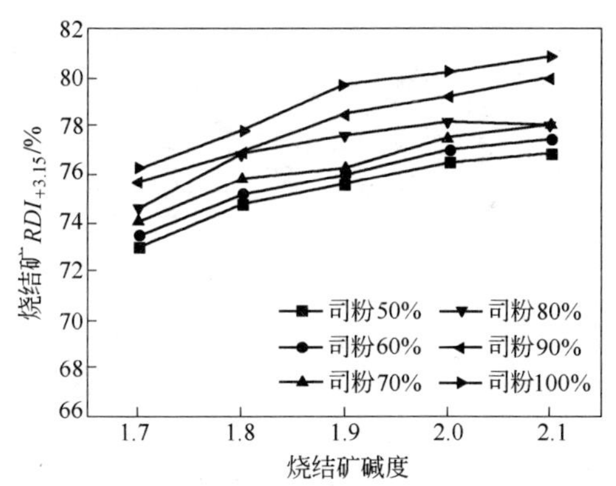

图 3-52 烧结矿碱度对烧结矿 $RDI_{+3.15}$ 的影响

(3) 烧结矿的低温还原粉化指数随烧结配碳量的提高而改善(图 3-53)。主要原因是配碳量提高，还原性气氛增加，FeO 量提高，有利于改善烧结矿的低温还原粉化指标。

B 烧结矿的还原度

(1) 烧结矿的还原度随司家营精粉配比的提高而略有改善(图 3-54)。由矿相分析可知，随司家营精粉配比的增加，强度与还原性都较好的铁酸钙含量增加，改善了烧结矿的还原性，这是烧结矿还原性能改善的原因之一。

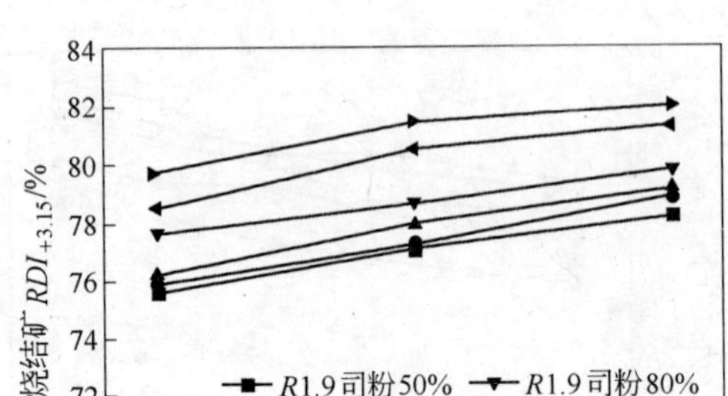

图 3-53 烧结配碳量对烧结矿 $RDI_{+3.15}$ 的影响

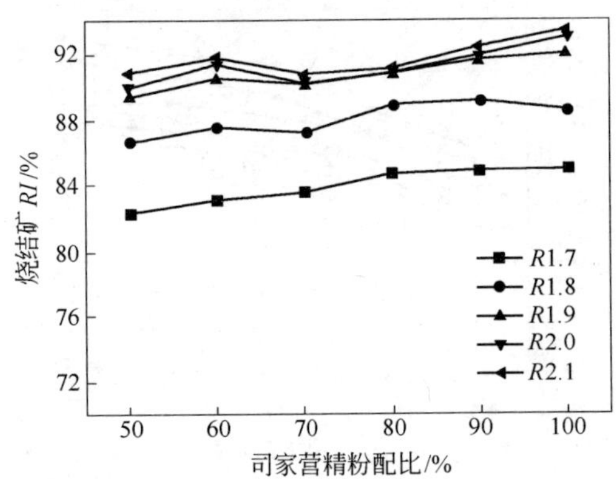

图 3-54 司家营精粉配比对烧结矿 RI 的影响

（2）烧结矿的还原性能随碱度的提高而改善（图 3-55）。一般而言，随着碱度的提高，铁酸钙含量增加，烧结矿的气孔率增加，还原速度加快，还原度提高。

（3）随烧结配碳量提高，还原度略有降低（图 3-56）。主要原因是随配碳量提高，烧结过程中氧化气氛降低，FeO 含量增加。

C 烧结矿的软化开始温度

评价烧结矿的软化性能主要是软化开始温度的高低，软化开始温度高，有利于提高高炉的透气性。

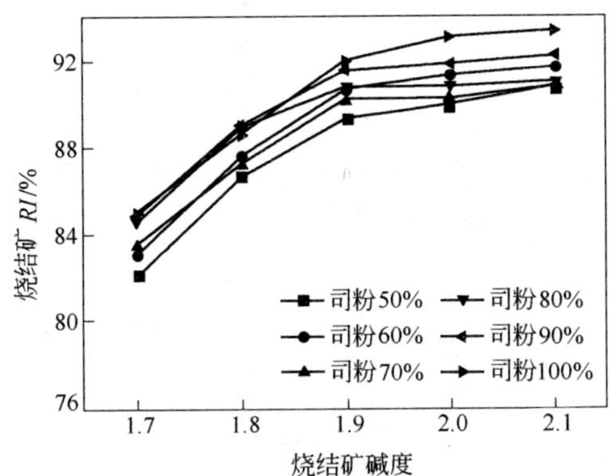

图 3-55 烧结矿碱度对烧结矿 RI 的影响

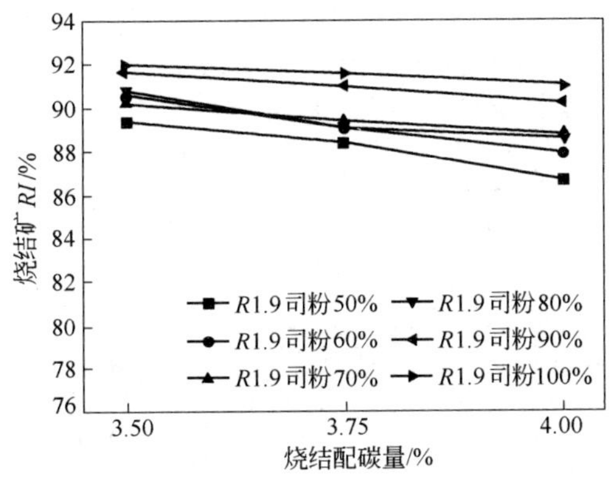

图 3-56 烧结配碳量对烧结矿 RI 的影响

影响软化的因素很多，如温度、晶格结构、孔隙度、还原度、粒度、含铁量、原始氧化状态、脉石的特性及其含量、碱度等等，主要是烧结矿的渣相数量和熔点、FeO 含量及与其形成的矿物的熔点。(1) 渣相的熔点取决于它的组成，并能在较宽的范围内变化，显著影响渣相熔点的是碱度和 MgO（图 3-57）。(2) 粒度细硅高易生成高熔点的矿物（如硅酸钙等），且随司家营精粉配比的提高，烧结矿渣相数量和熔点有所提高，是软化开始温度提高的主要原因

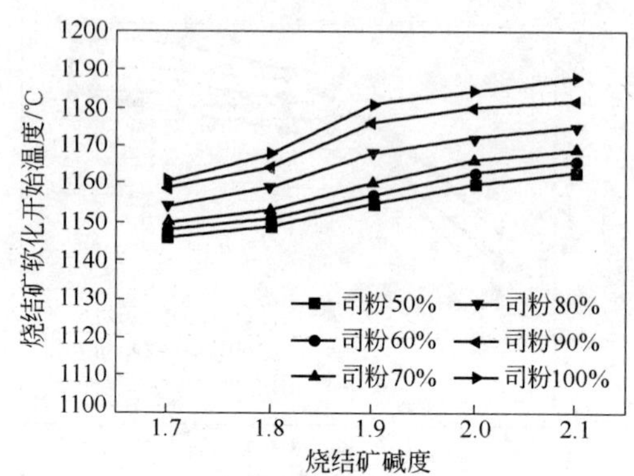

图 3-57 烧结矿碱度对烧结矿软化开始温度的影响

(图 3-58)。(3) 烧结矿的软化开始温度随配碳量的提高而略有降低(图 3-59)。因为配碳量高时，易于生成低熔点 FeO 矿物。

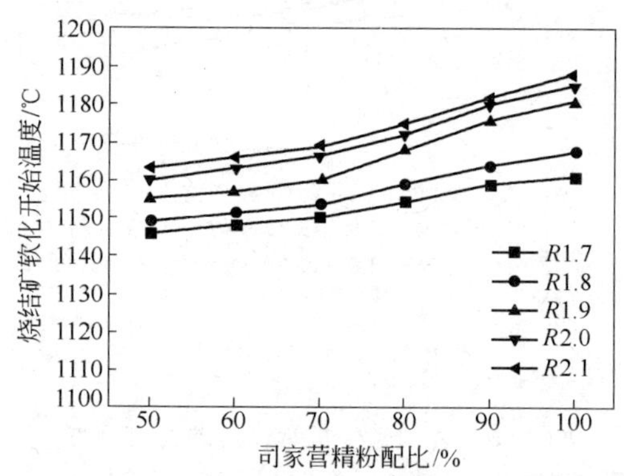

图 3-58 司家营精粉配比对烧结矿软化开始温度的影响

3.5.2.4 料层厚度对烧结指标与烧结矿质量的影响

(1) 当料层厚度提高到 700mm 后，烧结矿的转鼓指数提高了 5~8 个百分点，成品率也有所改善。但烧结规律相同，烧结矿转鼓强度随烧结碱度和司家营精粉配比的提高而改善。

(2) 料层厚度提高到 700mm 后，配碳量提高到 3.75%，烧结矿

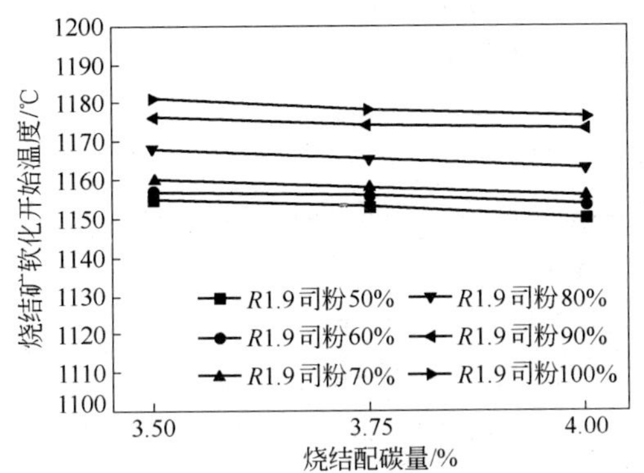

图 3-59 烧结配碳量对烧结矿软化开始温度的影响

的转鼓强度变差，且存在粘炉箅子现象。

（3）料层厚度提高到700mm后，烧结矿冶金性能的变化规律相同，重现性较好。料层高度提高后，烧结矿的低温还原粉化指数有所改善，还原度及软化开始温度略有降低，但变化不大。

3.5.3 司家营铁精粉烧结合理炉料结构

3.5.3.1 炉料结构配比

以司家营铁精粉配比为50%的烧结矿为基础，考查烧结矿、球团矿、块矿的合理配加比例（表3-41）：（1）1号样：80%的50%司家营精粉烧结矿+20%球团矿；（2）2号样：75%的50%司家营精粉烧结矿+25%球团矿；（3）3号样：75%的50%司家营精粉烧结矿+20%球团矿+5%块矿；（4）4号样：73%的50%司家营精粉烧结矿+22%球团矿+5%块矿。

表3-41 烧结矿、球团矿的化学成分 （%）

试样	TFe	FeO	SiO_2	CaO	MgO	R_2
烧结矿	54.26	10.12	6.37	12.05	2.48	1.89
球团矿	63.43	0.83	6.69	0.42	0.13	0.06

3.5.3.2 炉料结构试验参数

（1）坩埚直径：ϕ48mm。

（2）试样粒度：6.3～10mm。

（3）荷重：9.8N/cm^2。

（4）还原气体：成分为30% CO，70% CO_2；流量12L/min。

（5）升温速率：

800～1000℃时，10℃/min

1000～1100℃时，2℃/min

大于1100℃时，5℃/min

3.5.3.3 炉料结构的熔滴性能

4种炉料结构均具有良好的高温熔滴性能（表3-42）：开始陡升温度均在1500℃以上，滴落区间较窄，S值也都不大于40kPa·℃的参考指标；在陡升温度以前，压差相对较低，说明透气性良好；渣铁分离良好。

表3-42 司家营铁精粉烧结炉料结构熔滴性能

序 号	T_S/℃	T_D/℃	ΔT_{DS}/℃	Δp_{max}/kPa	S/kPa·℃	滴落物/g
1	1520	1536	16	1.7	20.8	35
2	1505	1528	23	2.1	39.0	40
3	1512	1533	21	1.8	31.5	53
4	1506	1525	19	2.3	34.2	65

注：T_S——试验过程中压差陡升的温度,℃；

T_D——开始滴落温度,℃；

$\Delta T_{DS} = T_D - T_S$,℃；

Δp_{max}——实验过程中出现的最高压差，kPa；

S——计算值，为参考指标，kPa·℃。

参 考 文 献

[1] 赵志勇．冀东铁矿资源价值研究[D]．河北理工学院，2003.

[2] 于勇．冀东铁矿资源合理利用的研究[D]．北京科技大学，2003.

[3] 黑色金属矿产资源可持续发展战略研究课题组．中国可持续发展矿产资源战略研究——黑色金属卷（机密）[M]．北京：科学出版社，2006.

[4] 骆华宝，王永基，胡达骧，等．我国铁矿资源状况[J]．地质论评，2009，55(6)：885～891.

[5] 王海涛．典型进口铁矿石烧结特性研究[D]．中南大学，2005.

[6] 蔡九菊，陆钟武，王睿利．关于铁精矿合理品位的研究[J]．钢铁，1996，31(12)：1～4.

[7] 高丙寅，金德刚，王宏斌．安钢烧结厂的精料技术[J]．炼铁，1998，18(3)：46～48.

[8] 韦振强．烧结原料结构与最终经济效益[J]．马钢技术，1998(3)：32～34.

[9] 侯兴．烧结矿产质量与炼铁指标的关系[J]．烧结球团，1996，21(4)：48～49.

[10] 吴胜利，刘宇，杜建新，等．铁矿石的烧结基础特性之新概念[J]．北京科技大学学报，2002，24(3)：254～257.

[11] 范晓慧，袁礼顺，曹亮．高炉精料与科学配矿[J]．烧结球团，2004，29(4)：1～4.

[12] 李云涛．烧结优化配矿系统的研究[D]．中南大学，2004.

[13] 潘宝巨，张成吉．中国铁矿石造块适用技术[M]．北京：冶金工业出版社，2000.

[14] 首都钢铁公司，北京钢铁学院联合烧结试验组．迁安磁选精矿粉烧结矿粉化机理的研究 [J]．北京钢铁学院学报，1979(1)：11～22.

[15] 徐瑞图，吴胜利．中国铁矿石烧结研究——周取定教授论文集[M]．北京：冶金工业出版社，1997.

4 低硅烧结成矿机理与关键技术

SiO_2 含量是影响烧结矿强度和冶金性能的重要因素：SiO_2 含量过高易引起烧结矿粉化，且使高炉炼铁渣量增加，焦比升高，生铁成本增加；但 SiO_2 含量过低，则导致烧结矿黏结相数量减少，烧结成品率和强度下降。研究初期，针对国内高硅磁铁矿粉烧结矿易粉化问题，探明了烧结矿中 SFCA 相及正硅酸钙对烧结矿质量的影响机理，提出了高硅磁铁矿烧结过程中强度-碱度低凹区的形成机理，并开发了硼镁复合添加剂，使烧结生产技术经济指标和烧结矿质量得以大幅度改善。随进口矿粉使用量增加，烧结矿含铁品位明显提高，降低了吨铁渣量，从而降低了生铁成本，提高了企业经济效益。但当 SiO_2 含量下降到 4.5% 以下，传统烧结工艺条件下，烧结过程中液相数量减少，显微结构均匀性变差，从而导致烧结矿强度变差、成品率下降、低温还原粉化加重等诸多问题。

低 SiO_2 烧结矿，通常是指烧结矿中的 SiO_2 含量低于 5.0% 的烧结矿。由于 SiO_2 含量影响烧结生产过程黏结相种类与生成数量，进而影响烧结矿冶金性能。因此，低硅烧结过程中微观结构形成与控制机理的定量解析和在此基础上的关键技术研发，已成为低硅烧结应用与发展的瓶颈。为此，以低硅烧结矿适宜的液相体系及其生成条件为切入点，研究低硅烧结成矿机理；并定量解析碱度、配碳量等对低硅烧结矿液相生成、矿物组成、微观结构的影响，从而获得了控制烧结矿微观结构形成的机制和与外部条件的依存关系；在此基础上，优化低硅烧结工艺参数，提出低硅烧结生产关键技术，以期达到降低烧结矿中 SiO_2 含量、改善成品矿冶金性能的目的。进而，促进高炉炼铁精料目标的实现，推动钢铁企业节能降耗，促进国内外两种铁矿资源的合理利用和钢铁工业的可持续发展。

4.1 低硅烧结技术特点及生产现状

4.1.1 SiO_2 含量对铁矿粉烧结和炼铁生产的影响

4.1.1.1 SiO_2 含量对烧结生产的影响

纵观我国烧结发展历程，与高炉合理炉料结构相适应，烧结矿生产主要经历了自然碱度（酸性）烧结矿、自熔性烧结矿和高碱度烧结矿等发展阶段[1]。与此相对应，有研究者认为烧结固结机理可分为[2]：第一阶段为低铁高硅低碱度烧结，采用高燃耗操作以发展钙铁橄榄石和玻璃质黏结相，烧结矿 FeO 含量高，强度和还原性较差，低温还原粉化性能好；第二阶段为普通高碱度烧结，发展铁酸钙黏结相以改善烧结矿强度和还原性；第三阶段为高铁低硅烧结，仍以铁酸钙固结为主，但高铁低硅烧结的固结机理不同于低铁高硅低碱度和普通高碱度烧结固结机理，铁矿物再结晶固结作用不容忽视。

烧结过程本质上是液相黏结成矿的过程，液相不仅是烧结矿的黏结相，而且液相具有一定的流动性，可使高温熔融带的温度和成分均匀，液相反应后的烧结矿化学成分均匀化；同时，从液相中形成并析出烧结料中所没有的新生矿物有利于改善烧结矿的强度和还原性。因此，生成液相是烧结矿固结成型的基础，液相的组成性质和数量在很大程度上决定了烧结矿的还原性和强度。烧结理论研究与生产实践表明，影响液相生成的主要因素包括温度、碱度、混合料化学成分等。其中，硅酸铁、硅酸钙，乃至 SFCA 等液相生成均与 SiO_2 相关。通常认为 SiO_2 含量一般希望不低于 5%，SiO_2 含量过高则液相量太多，过低则液相量不足[3]。

研究表明[4]，SiO_2 含量降低，一方面烧结过程中液相量减少，流动性下降，引起烧结料层的热态透气性降低；另一方面，矿物组成中铁酸钙和硅酸盐黏结相数量减少，呈松散状结构，气孔率上升，导致烧结矿强度、成品率及烧结生产率下降，*RDI* 指标恶化。生产实践统计数据发现[5]，当 SiO_2 含量达到 5% 时，每下降 1 个百分点，就会使吨矿返矿量增加 6%，使固体燃耗上升 5%，烧结矿产量下降

10% 左右，并存在混合料成球性变差、抽风负压升高等工艺问题。

4.1.1.2 低 SiO_2 烧结矿对高炉炼铁影响

高炉冶炼采用低 SiO_2 烧结矿，在入炉品位提高渣量减少的同时，烧结矿还原性、软熔特性等也发生变化，进而会影响高炉内物料运动、炉渣性能、料柱透气性等。

有文献认为[4]，随 SiO_2 含量降低，烧结矿还原性明显改善，冶炼过程中未反应的残留 FeO 和低熔点熔体生成量减少，料层的高温平均透气阻力指数 K_S 下降；低硅烧结矿的开始收缩温度比高硅烧结矿高，高炉使用低硅烧结矿配以高喷煤，可提高液相生成前达到的还原率和开始收缩温度，从而使软熔带变薄。从目前高炉的应用效果来看，SiO_2 含量为 4.5% 左右的烧结矿可以满足高炉正常生产的需要，高炉总体透气性改善，渣量减少，有利于增加喷煤和提高焦炭负荷，将给高炉带来一系列的经济效益。

4.1.2 低硅烧结技术措施

4.1.2.1 低硅烧结矿冶金性能

A 强度

低 SiO_2 烧结矿由于 SiO_2 含量降低，特别是碱度一定时，随 SiO_2 和 CaO 含量降低，烧结过程黏结相数量减少；而且烧结矿显微结构的均匀性有所恶化，由交织熔蚀结构转变为以交织熔蚀结构为主局部存在大量斑状结构，裂隙逐渐发育，气孔率上升导致烧结矿强度降低[6]。

B 还原性

研究表明[7]，随着烧结矿中 SiO_2 含量的降低，SFCA、C_2S、玻璃质的生成量也依次降低，但其还原性提高。其还原性的提高可能是由于：在碱度保持不变的前提下，烧结矿中 SiO_2 含量的降低，则必然导致 CaO 含量的降低，利于生成铁酸半钙（$CaO \cdot 2Fe_2O_3$），即针状铁酸钙，而其还原性比铁酸一钙（$CaO \cdot Fe_2O_3$）和铁酸二钙（$2CaO \cdot Fe_2O_3$）要好；另外，当低 SiO_2 烧结矿存在 Fe_2O_3 再结晶固结时，还原性较好的 Fe_2O_3 的含量也显著增加。因此烧结矿的还原性得以提高。

C 低温还原粉化率

随 SiO_2 含量降低，烧结矿低温还原粉化性能变差，主要原因是低 SiO_2 烧结过程生成的骸晶状菱形赤铁矿和低硅烧结矿较好的还原性。在还原过程中，由于 Fe_2O_3 到 Fe_3O_4 晶形转变时体积膨胀2.5%，造成了烧结矿的粉化，一般烧结矿中含10%～28%的 Fe_2O_3 时就会发生异常粉化。湘钢试验表明[8]，二烧矿样含 Fe_2O_3 达16.33%，比一烧高得多，是二烧矿发生异常粉化和低温还原粉化率远高出一烧矿的主要原因。

4.1.2.2 改善低硅烧结矿质量的措施

A 提高烧结矿碱度

为弥补因 SiO_2 含量减少而使黏结相总量减少的问题，需要提高烧结矿二元碱度以增加烧结矿中 CaO 含量，为生成还原性和强度均较好的铁酸钙创造物质条件。高碱度烧结是低硅烧结的基本条件，而且碱度随着 SiO_2 降低有所升高。

烧结矿的性质决定于它的矿物组成、微观和宏观结构，黏结相的矿物组成及其与非黏结相的胶结状态以及气孔壁的厚度对烧结矿的性质至关重要[9]。就黏结相的矿物组成而言，高碱度烧结矿以铁酸钙为主要黏结相，玻璃质很少，而且矿物组成简单；就微观结构而言，高碱度烧结矿的磁铁矿以熔蚀状态被网络状分布的铁酸钙胶结。以上特点使高碱度烧结矿具有较高的常温强度和优良的还原性。

B 适当降低 MgO 含量

在烧结配料中添加一些 MgO 添加剂（白云石）代替石灰石时，发现烧结矿中随着 MgO 含量的增加粉化率有明显的下降，烧结矿的强度有所改善[10]。这是因为高硅低铁高温烧结，添加白云石可以减少玻璃质生成，有利于提高烧结矿强度。当 MgO 存在时，形成新的黏结物如钙镁橄榄石（$CaO \cdot MgO \cdot SiO_2$），镁蔷薇石（$CaO \cdot MgO \cdot 2SiO_2$）及镁橄榄石（$2MgO \cdot SiO_2$），黄长石（$2CaO \cdot MgO \cdot 2SiO_2$）等矿物，同时烧结矿物中 MgO 有稳定 $\beta\text{-}2CaO \cdot SiO_2$ 作用[11]。研究证明[12]，烧结矿中的 Mg^{2+} 主要进入磁铁矿晶格中取代 Fe^{2+} 并充填于磁铁矿晶格中八面体空位，形成结构式为 $Fe^{3+}(Fe^{2+},Mg^{2+},Fe^{3+})O_4$

的含镁磁铁矿。由于 Mg^{2+} 进入磁铁矿晶格中取代 Fe^{2+} 和充填于八面体空位中，从而降低了磁铁矿晶格缺陷的程度，有稳定磁铁矿和防止或减少磁铁矿氧化成次生赤铁矿的作用，故能抑制烧结矿的低温还原粉化。

但对于高铁低硅烧结来说，白云石中的 MgO 对烧结矿强度是不利的[2]，因为 MgO 的存在生成镁橄榄石（熔点 1890℃）、钙镁橄榄石（熔点 1454℃）等高熔点矿物。而高铁低硅烧结应该采用低碳操作，有利于铁酸钙的生成，况且上述矿物的形成都要消耗烧结料中的 SiO_2，使得烧结液相量进一步减少，SiO_2 是 SFCA 中的一种组分，大量高熔点的含硅矿物的形成，对 SFCA 的生成也是不利的。一般来说，高硅高镁、低硅低镁烧结有利于烧结矿强度的提高。另外，烧结矿强度取决于烧结矿的矿物组成和结构，烧结矿的成矿作用主要发生在冷却阶段。与烧结过程中形成的熔体黏度有关，SFCA 的含量随熔体黏度下降而减少，黏度小，其固化率也高，SFCA 来不及结晶析出，熔体凝固。反之，熔融物很黏稠，固化缓慢，有利于 SFCA 形成。烧结熔体可以看做一种硅酸盐熔融体，其中硅酸盐网状结构对矿物的形成起着重要的作用。MgO 是抑制网状物形成的，不利于 SFCA 的形成。因此适当降低 MgO 含量有利于 SFCA 的形成，有利于烧结矿强度。

C 采用厚料层低温烧结技术

低温烧结是指烧结温度不超过或稍高于 1250℃（最高不超过 1300℃）的烧结。高品位、低 SiO_2 精矿适于低温烧结，因为烧结低 SiO_2 精矿时，进入熔体的 SiO_2 量少，熔体的碱度高，有利于生成针状铁酸钙，而针状铁酸钙强度和还原性均较好。在烧结过程中，Si^{4+} 和 Al^{3+} 离子能作为类质同象成分取代二元铁酸钙（$CaO \cdot 2Fe_2O_3$、$CaO \cdot Fe_2O_3$、$2CaO \cdot Fe_2O_3$）中的部分 Fe^{3+} 离子，生成复合铁酸钙固溶体[13]。按其结晶形态，可分为针状和柱状两种：针状铁酸钙的间隙内很少夹杂渣状物，残存原矿的微气孔被堵塞的几率小，微孔发达，所以还原性好；柱状铁酸钙中固熔有较多的 Al_2O_3 和 SiO_2，从而引起的晶面收缩比针状铁酸钙的大，产生的内应力也较大，裂纹粗而长，且易扩展，所以柱状铁酸钙的强度及抗低温还原粉化性不如针状铁酸钙。但针状铁酸钙生成的温度范围较窄，约为1200～1250℃。温度超过1250℃，针状铁酸钙量减少[14]。若气相中氧的分压较高，温度又不超过1350℃，则分解出Fe_2O_3；若氧的分压较低，温度又较高，则分解出Fe_3O_4。磁铁矿从熔体溶入其他成分而变得稳定，冷却时被氧化成骸晶状菱形赤铁矿，同时熔体中结晶出柱状铁酸钙，来不及结晶的硅酸盐熔体则形成玻璃质。低温烧结产生的黏结相主要是针状铁酸钙，其本身强度高，而且与残存原矿结合得牢固；生成的熔体量少（熔体量过少对强度不利），烧结矿不会形成薄壁大孔结构；溶入熔体的SiO_2量少，黏结相中强度差的玻璃质少；烧结矿的矿物组成简单，内应力小，微细裂纹少。

低温烧结矿的优良冶金性能与针状铁酸钙的存在密切相关，只有创造大量生成针状铁酸钙的条件，才能成功地进行低温烧结，关键是把温度控制在较低范围内，但只靠减少固体燃料用量不能达到预期目的，必须采取相应的技术措施。

（1）加强原料混匀，严格控制物料粒度。大粒矿粉和返矿在制粒过程中容易挤碎团粒，也容易发生偏析，而且结块性能差。低温烧结产生的熔体量少，粒度过大时影响更坏。因此，应使富矿粉粒度小于8mm。石灰石粒度大时，CaO和矿石中的Fe_2O_3等的反应速度慢，影响铁酸钙的生成量，烧结矿中也容易存在游离的CaO吸收空气中的水分，体积膨胀，使烧结矿的常温强度降低。固体燃料粒度过大，高温层过厚，影响烧结过程中料层的透气性。另外，大粒燃料周围容易产生还原气氛，使Fe_2O_3还原成Fe_3O_4，不利于生成铁酸钙。若粒度过小，势必影响料柱的透气性，不但影响烧结生产率，而且会降低烧结料层气氛中氧分压，不利于铁酸钙的生成。

（2）强化混合料制粒、全部采用生石灰作熔剂。强化混合料制粒能改善烧结料层的透气性，提高料层气相中氧的分压，为Fe_2O_3的存在及铁酸钙的生成创造条件。强化制粒的方法很多，延长制粒时间、添加生石灰是两种主要的方法。研究表明[15]，提高生石灰配比，生石灰充分消化及有充分的制粒时间，能够显著改善料层透气性。强化制粒所得到高铁低硅烧结矿中铁酸钙增加了2.73%，铁酸钙呈针状、条状及熔蚀状，与Fe_2O_3和Fe_3O_4形成良好的交织结构，铁橄榄石、硅酸二钙、玻璃质较少，强化制粒显著改善了烧结矿矿物组成和显微结构。

（3）改善固体燃料的分布状态。混合料制粒时，固体燃料和矿粉一起形成团粒，团粒内部的燃料燃烧条件不好，生成较多的 CO，既影响燃料的发热量，又降低气氛的氧化性，对生成铁酸钙十分不利。为了使较多的燃料黏附在团粒表层，可采用燃料分加工艺，即配料时只加入一部分燃料，一次混合时形成含燃料较少的团粒，二次混合前再加入另一部分燃料，使最终制成的团粒表层含有较多的燃料，从而改善了固体燃料的燃烧条件。

（4）提高料层厚度、改善布料操作。厚料层对任何烧结工艺来说都是改善烧结矿质量的重要措施之一。通过强化混合料制粒，在改善料层透气性的前提下提高料层厚度，充分发挥自动蓄热作用，能够大幅度减少固体燃耗，降低烧结矿中 FeO 含量。厚料层烧结具有良好的蓄热作用，可减少燃料用量，而且垂直烧结速度的减慢和烧结混合料中氧化气氛的增强，有利于铁酸钙液相的充分发展和析晶，从而提高烧结矿的转鼓指数和成品率。特别是对于高铁低硅烧结来说，由于固结机理的改变，厚料层烧结除了有利于铁酸钙的形成外，还有利于铁氧化物的固相扩散再结晶和重结晶[2]。

4.1.3 矿物组成及显微结构对烧结矿质量的影响

4.1.3.1 烧结矿的显微结构

显微结构通常定义为材料在显微尺度下具有的内结构（internal structure）[16]，也即指在显微镜下观察到的材料中不同相的存在和分布。主要指晶粒的大小、形状和取向，气孔的形状和位置，各种杂质、缺陷和微裂纹的存在形式和分布以及晶间特征等。

烧结矿的不同特性和性能，取决于不同的化学组分和生产工艺；而从显微角度而言，这是由于烧结矿内部出现了不同的内结构，即所谓的“显微结构”所决定。烧结生产原料经过预处理、破碎、粉磨、混合、造粒及烧成等工艺过程，生产工艺过程中的各种工艺条件必然影响烧结矿的结构，而烧结矿的结构又决定了它的性能。因此，研究烧结矿显微结构可以帮助我们判断烧结矿的性能和质量，同时，通过对烧结生产工艺过程中的诸要素的总结、对比，掌握烧结矿显微结构的变化特征，分析工艺过程的各条件是否合理，找出生产上存在问题的原因，从而提出改进办法，以达到指导生产改善烧结矿质量的目的。

烧结矿的显微结构，一般是指在显微镜下，烧结矿中矿物结晶颗粒的形状、相对大小和它们相互结合排列的关系。由于烧结矿的生产工艺和矿石原料条件的不同，因而表现在烧结矿的矿物组成及显微结构上都有明显的差异。常见的显微结构包括[17]：

（1）斑状结构。在烧结矿中首先结晶出自形、半自形晶的磁铁矿呈斑晶状与较细粒或非晶质硅酸盐黏结相，相互结合成斑状结构。

（2）粒状结构。烧结矿中首先结晶出的磁铁矿晶粒，由于冷却速度快，多呈半自形或他形晶与黏结相矿物相互结合成粒状结构。

（3）骸晶结构。是指在烧结矿中早期结晶的磁铁矿晶体中，有黏结矿物充填于内，而仍大致保持磁铁矿原来的结晶外形和边缘部分的骸晶状结构。

（4）熔蚀结构。在烧结矿中磁铁矿多被熔蚀成他形晶或浑圆状、细小晶粒与铁酸钙形成熔蚀结构。

（5）铁酸钙与磁铁矿的共晶结构。

4.1.3.2 烧结矿的矿物组成

A 主要矿物组成

烧结矿中的矿物组成及其相互间的结构特征，对烧结矿的机械强度和还原性有着直接的影响，所以研究烧结矿的质量的同时还必须得与其内部的矿物组成联系起来。

由于原料条件及烧结工艺条件不同，其矿物组成不尽相同，但总是由含铁矿物和黏结相矿物两大类组成[18,19]。烧结矿碱度（CaO/SiO_2）在0.5～5.0范围内时，主要铁矿物为：磁铁矿 Fe_3O_4、赤铁矿 Fe_2O_3、浮氏体 Fe_xO；黏结相矿物有：铁橄榄石 $2FeO \cdot SiO_2$、钙铁橄榄石$(CaO)_x \cdot (FeO)_{2-x} \cdot SiO_2$（$x$ 为0.25～1.5）、硅灰石$CaO \cdot SiO_2$、硅钙石 $3CaO \cdot 2SiO_2$、铁酸钙 $CaO \cdot Fe_2O_3$ 等其他含铁硅酸盐玻璃相。当原料中含 Al_2O_3 较多或烧结料中 Fe_2O_3 含量较高时，烧结矿中常出现铝黄长石 $2CaO \cdot Al_2O_3 \cdot SiO_2$、铁铝酸四钙 $4CaO \cdot$

$Al_2O_3 \cdot Fe_2O_3$、铁铝黄长石 $2CaO \cdot (Al, Fe)_2O_3 \cdot SiO_2$ 或铁黄长石 $2CaO \cdot FeO \cdot 2SiO_2$，有时还出现富铝的辉石等[20]。当烧结料中含 MgO 量较多时，则有镁橄榄石 $2MgO \cdot SiO_2$、钙镁橄榄石 $CaO \cdot MgO \cdot SiO_2$、镁黄长石 $2CaO \cdot MgO \cdot 2SiO_2$ 及镁蔷薇辉石 $3CaO \cdot MgO \cdot 2SiO_2$ 等。

B 烧结矿工艺矿物形成过程

烧结矿是一种由多种矿物组成的集合体，是由烧结混合料蒸发、分解、还原、氧化、固相反应、熔化、液相生成以及冷却结晶变成固相等几个基本阶段而形成。在形成烧结矿的同时，其内部的各种工艺矿物也逐步生成。

已经证实[21,22]：(1) 固相中只能进行放热的化学反应，而且两种物料之间反应的最初产物只能形成同一种化合物，其成分往往与反应物的浓度比不相吻合。如 CaO 与 SiO_2 的固相反应中，最初产物几乎都是 $2CaO \cdot SiO_2$，而 $2CaO + Fe_2O_3$ 和 $CaO + Fe_2O_3$ 的固相反应产物也仅为 $CaO \cdot Fe_2O_3$。(2) Fe_2O_3 只能溶入 CaO 而不能与 SiO_2 发生相互作用，而 Fe_3O_4 则不能与 CaO 反应，它们之间也就不能形成低熔点矿物来降低软化温度。因此在烧结磁铁矿熔剂性烧结矿时，需低配碳以保持较强的氧化性气氛，使 Fe_3O_4 氧化为 Fe_2O_3，在固相反应中才能形成铁酸钙。

烧结熔剂性烧结料时，石英颗粒与磁铁矿的接触部分，可能生成铁酸钙也可能生成铁橄榄石，只是在固相反应中铁橄榄石形成的过程比铁酸钙形成要慢。此外，铁酸钙开始生成的温度条件也低一些。总的反应效果取决于烧结过程燃料的用量，用量增加，易于造成还原气氛和高温分解，这就会促进固相反应中铁橄榄石的形成，而阻碍铁酸钙的出现[23]。

在烧结时尽管 SiO_2 与 CaO 的化学亲和力比 Fe_2O_3 与 CaO 的化学亲和力大得多，固相反应开始的温度又几乎接近，但由于熔剂性烧结料中 SiO_2 与 CaO 颗粒的接触数量比 Fe_2O_3 与 CaO 的接触数量少得多，所以铁酸钙形成的速度较快[24]。在固相反应中形成的复杂化合物，随着温度升高继续发生变化，一部分分解成较简单的组分，一部分变成液相。其最终矿物组成，取决于一定燃料用量和烧结料的碱度，当然还和原料特性有关。在烧结燃料用量低时，只有少部分烧结料熔化，因此固相反应产物能转到烧结矿中去。在这种情况下，尽管烧结料碱度不高，还可能得到含铁酸钙的烧结矿。所以低燃料用量和高碱度不仅能使熔化物进行结晶形成的铁酸钙出现在烧结矿中，而且还使固相中形成的铁酸钙也转到烧结矿中。固相间发生的反应，可促进原有烧结料中所没有的易熔物质的形成。当这种反应进行得足够快时，形成的熔融物就较多，烧结的强度可得到明显的提高。

在实际烧结过程中，由于烧结原料的不同，生成的矿物种类也会增多，除上述工艺矿物外，还可能有更多的成分（如 Al_2O_3、MgO 及 CaF_2 等）参加反应，生成种类更多的工艺矿物。

4.1.3.3 矿物组成和显微结构对烧结矿强度的影响

近几年来国内外学者对烧结矿中各种矿物的机械强度作了大量的研究工作[25,26]，发现烧结矿中的磁铁矿、赤铁矿、铁酸一钙、铁橄榄石、铁黄长石有较高的抗压强度，其次则为钙铁橄榄石、钙镁橄榄石及铁酸二钙，在钙铁橄榄石中，当 $x \leqslant 1.0$ 时，其抗压性、耐磨性及脆性的指标均与前一类接近或超过，当 $x = 1.5$ 时，其强度相当低，而且易产生裂纹，它的晶格常数接近于 $2CaO \cdot SiO_2$。研究表明：铁酸钙的抗压强度为 3630kPa，玻璃相仅为 450kPa。因此在烧结矿的结构中应尽量减少玻璃相的形成，这有利于提高烧结矿的强度。

烧结矿的矿物组成对其强度有重要影响。非熔剂性烧结矿在矿物组成方面是属低组分的，其显微结构为斑状或共晶结构，其中磁铁矿斑晶被钙铁橄榄石和少量玻璃相所固结，因而强度好。熔剂性烧结矿在矿物组成上是属多组分的烧结矿，其显微结构呈斑状结构，其中的磁铁矿斑晶被钙铁橄榄石、玻璃相以及少量的硅酸二钙和铁酸钙等所固结，强度较差。高碱度烧结矿在矿物组成上也属低组分烧结矿，其显微结构为熔蚀或共晶结构，其中磁铁矿与铁酸钙一起固结，具有良好的强度。

4.1.3.4 矿物组成和显微结构对烧结矿还原性的影响

赤铁矿、磁铁矿、铁酸半钙、铁酸一钙容易还原，铁酸二钙、铁铝酸四钙还原性稍低，而玻璃相、钙铁橄榄石，特别是铁橄榄石是难还原的矿物。如非熔剂性烧结矿的气孔壁大部分是由铁橄榄石和玻璃相组成，而熔剂性烧结矿的气孔壁则由钙铁橄榄石、玻璃相及铁酸钙等组成，所以在同样的气孔度条件下，非熔剂性烧结矿的还原性比熔剂性烧结矿差。随着烧结矿碱度的提高，烧结矿气孔率增加，难还原的铁橄榄石为钙铁橄榄石和铁酸钙所代替，因而在高碱度烧结矿中因有大量的铁酸钙固结，所以它强度及还原性都好。

烧结矿的结构对其还原性影响也很大。例如当磁铁矿晶粒细小，其晶粒间黏结相也很少，这种烧结矿在800℃时容易还原，而大颗粒磁铁矿被硅酸盐黏结相包裹时，则难还原或只表面还原。另外，气孔率高，矿物晶体嵌布松弛以及裂纹多的结构，虽然其强度较差，但却容易还原。关于单矿物的还原性，还可以从结晶化学的观点来说明，晶格能低的晶体容易还原，晶格能高者则还原性差。

4.1.3.5 矿物组成和显微结构对烧结矿低温还原粉化的影响

烧结矿发生低温还原粉化的最根本原因是：烧结矿中的再生 Fe_2O_3 由 α-Fe_2O_3 还原成 γ-Fe_2O_3 时，由于前者为三方晶系六方晶格，而后者为等轴晶系立方晶格，在还原气体作用下发生了晶格的转变，造成了结构的扭曲，产生极大的内应力，导致在机械作用下严重的破裂。

还原过程中产生的内应力主要是由烧结矿中赤铁矿逐级还原时体积膨胀引起的。1000℃时，赤铁矿在被 CO-CO_2 混合气体还原过程中体积变化如下：

$$Fe_2O_3 \longrightarrow Fe_3O_4 \longrightarrow FeO \longrightarrow Fe$$

相对体积/%　100　125　132　127

磁铁矿及浮氏体的晶格都是立方晶格，在第二阶段还原时体积变化很小，最后从浮氏体还原为铁，因为铁的分子体积比氧化物的小，并且伴随着体积的收缩。

研究表明[27]，烧结矿的裂纹普遍发生在骸晶状的次生赤铁矿晶体集中处，如果赤铁矿周围和玻璃相及赤铁矿内部有较多的气孔，它就能够缓和赤铁矿向磁铁矿转变时低温还原相变力，阻止裂纹扩散。

4.2 低硅烧结矿矿物组成及显微结构

4.2.1 SiO_2 含量对烧结矿矿物组成及显微结构的影响

为探究不同 SiO_2 含量下烧结矿矿物组成及显微结构的变化规律，从而分析其对烧结矿质量的影响机理，在碱度为 2.0、MgO 含量为 2.2%、配碳量 4.0% 参数下，SiO_2 含量分别为 8.0%、7.0%、6.0%、5.0%、4.0% 五个水平进行研究。结果表明（表 4-1），随着烧结矿中 SiO_2 含量的降低，各烧结指标均呈先升高后降低的趋势，且均在 SiO_2 含量为 6.0% 附近达到最佳值。

表 4-1 SiO_2 含量与烧结矿产量质量的关系

试样号	成品率/%	转鼓指数/%	抗磨指数/%	烧结速度/mm · min^{-1}
A-$SiO_2$8.0	75.0	56.7	7.5	15.56
A-$SiO_2$7.0	81.0	59.8	6.4	17.68
A-$SiO_2$6.0	83.0	61.7	5.0	18.36
A-$SiO_2$5.0	82.0	60.0	5.3	17.95
A-$SiO_2$4.0	76.0	56.6	8.3	18.27

4.2.1.1 SiO_2 含量对烧结矿矿物组成的影响

烧结矿样岩相偏光显微镜测试分析结果表明，随着 SiO_2 含量的减少，烧结矿中磁铁矿和铁酸钙的含量减少，赤铁矿含量有所增加，液相总量减少而结晶较差的玻璃质含量增加。从矿物强度的递减顺序（铁酸一钙→磁铁矿→赤铁矿→钙铁橄榄石→铁酸二钙→玻璃质）进一步证实了前面的实验结果，即随着烧结矿中铁品位的提高，SiO_2 含量降低，烧结矿质量变差。

4.2.1.2 SiO_2 含量对烧结矿显微结构的影响

借助扫描电子显微镜及光学显微镜对烧结矿内部显微结构进行了分析研究（图 4-1 ~ 图 4-5），随 SiO_2 含量降低，烧结矿显微结构均匀性有所恶化，由交织熔蚀结构转变为以交织-熔蚀结构为主、局部存在大量斑状结构；裂纹逐渐发育，当 SiO_2 含量为 4.0% 时，裂纹较多、大；金属相由他形结构向自形、半自形结构转变；黏结相

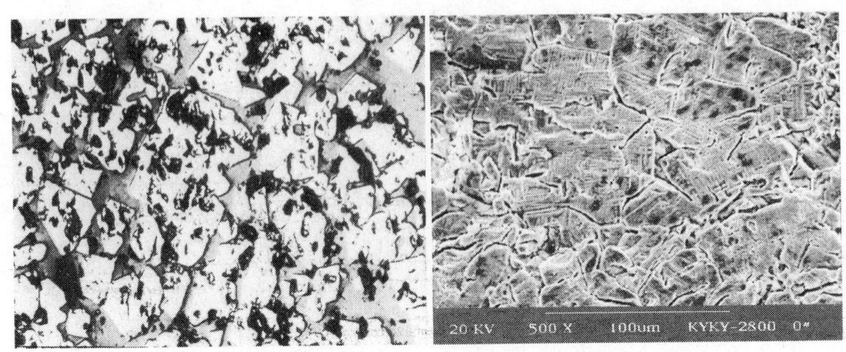

图 4-1　烧结矿 SiO_2 = 8.0% 时的矿相结构照片和电镜照片

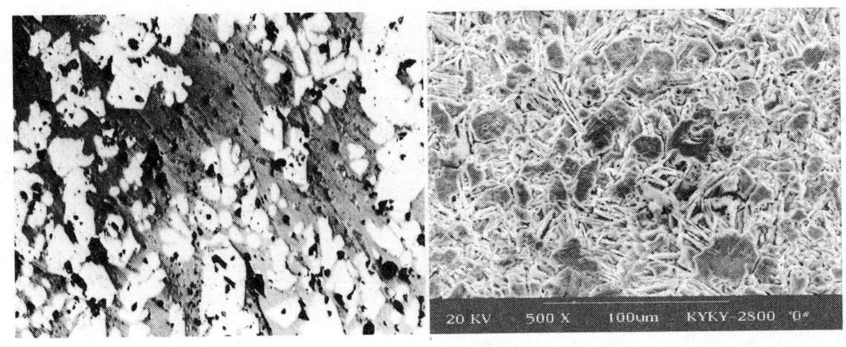

图 4-2　烧结矿 SiO_2 = 7.0% 时的矿相结构照片和电镜照片

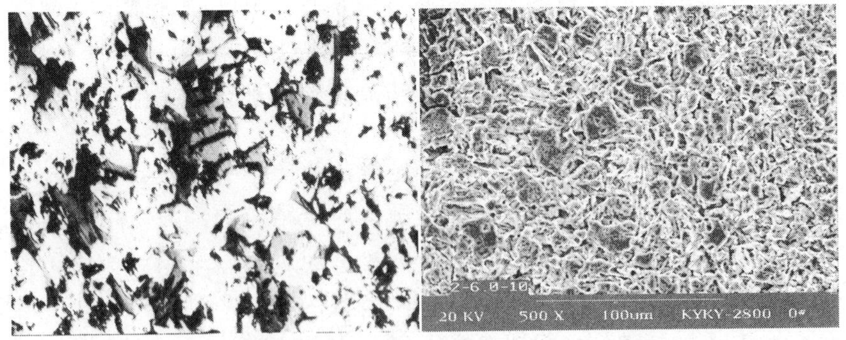

图 4-3　烧结矿 SiO_2 = 6.0% 时的矿相结构照片和电镜照片

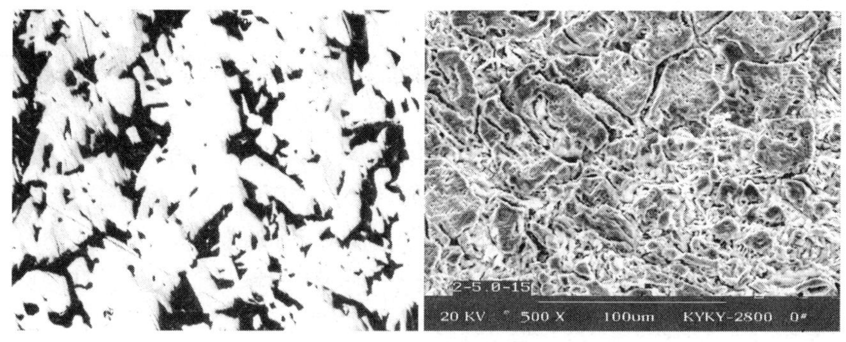

图 4-4 烧结矿 SiO_2 =5.0% 时的矿相结构照片和电镜照片

图 4-5 烧结矿 SiO_2 =4.0% 时的矿相结构照片和电镜照片

总量大大减少，且铁酸钙由针状、树枝状向粒状、片状转变。烧结矿 SiO_2 含量高时，烧结时液相量较多，冷却过程中由于冷速过快，液相来不及结晶，而在低温下成为结晶较差的玻璃质，由于其内部存在内应力，致使其强度较差。随 SiO_2 含量降低，矿样中的磁铁矿呈交织、熔蚀状与铁酸钙共晶连成一片，均匀分布，少数呈自形、半自形晶与硅酸盐黏结镶嵌分布；铁酸钙多呈针状、柱状与磁铁矿共晶，少数呈条状与硅酸二钙、玻璃质镶嵌充填，局部样边见小块富集。而在 SiO_2 含量更低的情况下，由于烧结时产生的液相量减少，高温下各反应没有充分进行，各矿物颗粒呈彼此孤立状态存在，晶粒没有长大，大多仍以原状存在，他形晶很少，自形晶较多，赤铁矿一般呈块状、粒状富集，偶尔呈针状与磁铁矿共生，铁酸钙含量较少且大多以块状存在。

综上分析可知，正是由于烧结时产生的黏结相总量减少、铁酸钙数量减少、显微结构均匀性显著恶化，从而导致烧结矿的强度随着 SiO_2 含量的降低而逐渐变差。因此，为了提高低硅烧结矿的强度，在生产时，应促进利于黏结相数量、针状铁酸钙数量增多以及显微结构均匀、金属相以他形为主的这类反应的发生。以此理论分析为指导，针对低硅烧结矿强度较差这一显著弊端，在生产时采取具体的应对措施，以促进烧结矿质量的改善。

4.2.2 碱度对低硅烧结矿矿物组成及显微结构的影响

为探究碱度对低硅（SiO_2 含量为 4.0%）烧结矿矿物组成及显微结构的影响，对不同碱度条件下的烧结矿进行了研究，碱度分为七个水平，SiO_2 含量为 4.0%，MgO 含量为 2.2%，配碳量为 4.0%。结果表明（表 4-2），当 SiO_2 = 4.0% 时，随着碱度的增加，烧结矿的转鼓指数呈先升高后降低的趋势，在碱度为 2.4 附近，强度达到最大值 63.5%，比其他混合料配比不变、碱度为 1.8 时的转鼓指数（54.5%）提高了 9 个百分点。

表 4-2 碱度与低硅烧结矿产量质量的关系

试样号	成品率/%	转鼓指数/%	抗磨指数/%	烧结速度/mm · min^{-1}
B-R1.8	76.0	54.5	8.0	19.40
B-R2.0	76.0	56.6	8.3	18.27
B-R2.2	77.0	61.7	5.0	20.00
B-R2.4	84.0	63.5	6.3	21.91
B-R2.6	84.0	61.3	6.0	19.86
B-R3.0	83.0	59.7	5.3	18.92
B-R3.5	78.0	57.3	6.0	17.50

4.2.2.1 碱度对低硅烧结矿矿物组成的影响

碱度较低时，烧结矿中主要铁矿物为磁铁矿，其中含有少量浮氏体和赤铁矿，黏结相矿物主要为铁橄榄石、钙铁橄榄石、玻璃相、铁酸钙以及少量钙铁辉石等。磁铁矿多为自形晶或半自形晶及少量他形晶，与黏结相矿物形成均匀的粒状结构，局部也呈斑状结构。

随着烧结矿碱度的提高，黏结相中玻璃相所占比例逐渐降低，铁酸钙和正硅酸钙增多，且铁酸钙逐渐取代铁橄榄石、钙铁橄榄石而成为高碱度烧结矿的主要黏结相，矿物组成简单。当碱度在2.0～2.2范围内时，黏结相中玻璃相与铁酸钙共存，而且随碱度值升高，铁酸钙所含比例增大；当碱度大于2.2时，黏结相以铁酸钙为主。由于铁酸钙的性能优于玻璃质，所以烧结矿质量有所改善。

碱度继续升高，烧结矿中几乎不含钙铁橄榄石和玻璃相，烧结矿的矿物组成比较简单，主要有铁酸钙，其次为赤铁矿、硅酸二钙和硅酸三钙。但当碱度增加到一定程度时，过多的CaO与铁酸一钙反应生成强度较差的铁酸二钙，同时由于碱度过高，赤铁矿将与过量的CaO结合：$y\mathrm{Fe_2O_3} + \mathrm{CaO} = \mathrm{CaO} \cdot y\mathrm{Fe_2O_3}$，导致铁酸一钙数量减少，铁酸二钙和铁酸三钙明显增加，此时烧结矿质量又有所恶化。

按照玻璃结构网络学说，SiO_2为网络形成体，Na_2O、K_2O、CaO等为网络修改体，MgO、Al_2O_3等为网络中间体。由于CaO在玻璃相中起修改体作用，当其含量增高时，会使玻璃相的网络结构受到一定程度的破坏，使玻璃相强度下降。因此对于碱度在3.0以上的高碱度烧结矿来说，烧结矿强度随碱度的升高而降低。

综上分析可知，低硅烧结矿碱度以不超过2.4为宜。

4.2.2.2 碱度对低硅烧结矿显微结构的影响

借助光学显微镜、扫描电镜对烧结矿矿物组成及内部显微结构进行了分析研究，结果表明：

(1) 当烧结矿碱度为1.8时（图4-6），矿相结构不均匀，以斑状结构为主，另见交织熔蚀结构。矿块中连通气孔的微裂纹发育。磁铁矿多呈半自形晶体，与半自形的赤铁矿被玻璃质胶结呈斑状结构；他形磁铁矿被铁酸钙、硅酸二钙和少量玻璃质胶结呈交织熔蚀结构。赤铁矿含量较多，多呈菱形定向排列，局部呈他形晶粒状连接成片。黏结相主要以铁酸钙和硅酸二钙为主，其中铁酸钙多呈针状，硅酸二钙分布不均匀，多呈粒状，部分为柳叶状。由以上分析可知在此种碱度条件下，烧结矿矿相结构分布不均匀并以斑状结构

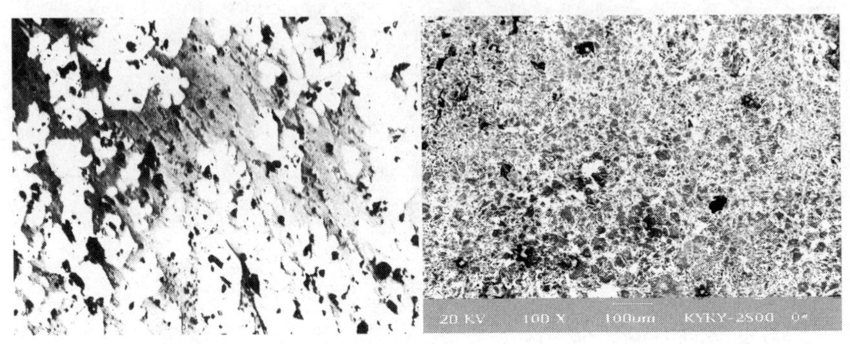

图 4-6　碱度 $R = 1.8$ 时低硅烧结矿的矿相结构照片和电镜照片

为主、铁氧化物多以强度较差的自形半自形状态存在、黏结相总量较少致使碱度为 1.8 的低硅烧结矿强度较差。因此，为了提高低硅烧结矿的强度，碱度应有所提高。

（2）当烧结矿碱度为 2.0 时（图 4-7），矿相结构较均匀，主要为交织熔蚀结构。磁铁矿多呈他形，部分呈半自形，主要被铁酸钙、硅酸二钙、少量玻璃质胶结呈交织-熔蚀结构。赤铁矿分布不均匀，多呈他形，局部集中成片，部分呈菱形定向排列。黏结相主要为铁酸钙、硅酸二钙和少量玻璃质。铁酸钙多呈针状、树枝状，部分呈板柱状和他形；硅酸二钙结晶细小，多呈他形粒状和细小柳叶状。此碱度条件下，矿相结构以交织熔蚀结构为主，他形铁氧化物明显

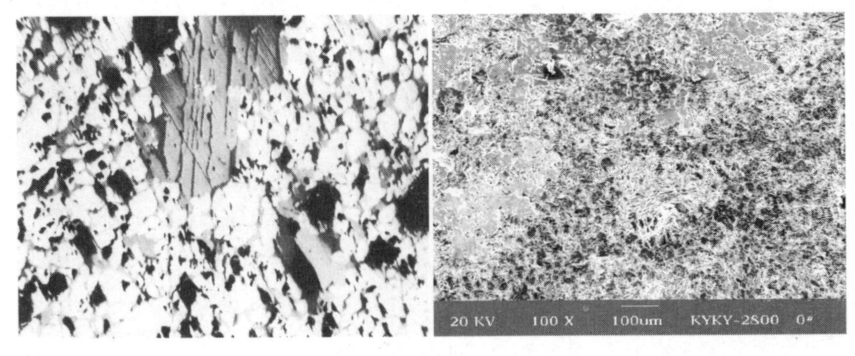

图 4-7　碱度 $R = 2.0$ 时低硅烧结矿的矿相结构照片和电镜照片

增多，因此碱度为 2.0 的低硅烧结矿强度有所升高。

（3）当烧结矿的碱度增至 2.4 后（图 4-8），烧结矿矿相结构的均匀性大幅度提高且以交织-熔蚀结构为主。矿块中微裂隙、微裂纹发育。磁铁矿粒度不均匀，多呈他形，部分为半自形晶体，他形细小磁铁矿被针状铁酸钙和硅酸二钙胶结呈交织-熔蚀结构；半自形铁酸钙被玻璃质胶结呈斑状结构。赤铁矿多呈他形，局部集中成片分布。铁酸钙为主要黏结相，多呈细小针状或他形板柱状；硅酸二钙粒度不均匀，粒度较粗者呈柳叶状，较细者呈梳状和他形粒状。虽然此碱度条件下烧结矿裂纹、裂隙发育，但由于均为微细发育，所以对烧结矿的冷强度影响不大；同时由于此碱度条件下烧结矿矿相结构的均匀性得到大大提高，并且针状铁酸钙含量较多且为主要黏结相，最终使碱度为 2.4 的低硅烧结矿强度较好。

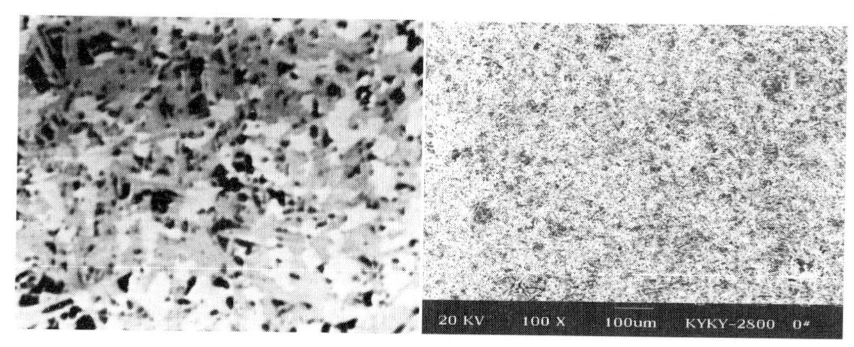

图 4-8 碱度 $R=2.4$ 时低硅烧结矿的矿相结构照片和电镜照片

（4）当烧结矿碱度增加到 3.0 后（图 4-9），烧结矿矿相结构虽然仍较均匀，且以交织-熔蚀结构为主，但局部赤铁矿集中分布，其间被玻璃质胶结呈斑状结构，且强度较差的玻璃质含量有所增加，矿块中裂纹较多，且发育较完全。磁铁矿多呈他形晶，结晶细小。赤铁矿多呈自形-半自形粒状，分布不均匀，局部集中成片。黏结相主要为铁酸钙、硅酸二钙和少量玻璃质。铁酸钙多呈针状、部分为板柱状。针状铁酸钙多与结晶细小的柳叶状或梳状硅酸二钙共同胶结他形细粒磁铁矿呈交织结构；板状铁酸钙与玻璃质共同胶结磁铁

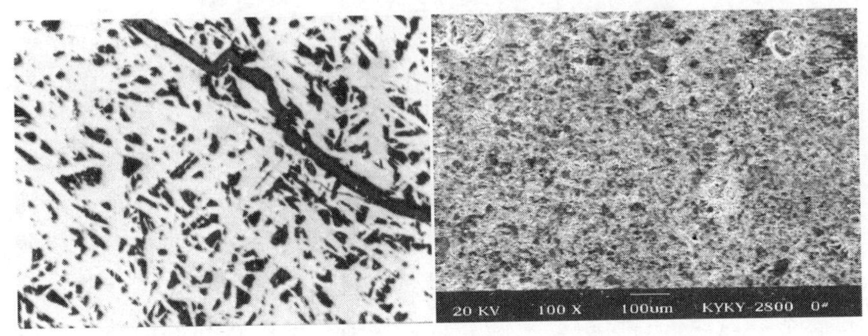

图 4-9 碱度 $R = 3.0$ 时低硅烧结矿的矿相结构照片和电镜照片

矿和赤铁矿呈熔蚀结构。因此，当烧结矿碱度增加到 3.0 后，虽然黏结相仍以针状铁酸钙为主，不过强度较差的玻璃质含量有所增加，并且烧结矿中裂纹较多、发育较完全。这是碱度为 3.0 的比碱度为 2.4 的低硅烧结矿强度差的根本原因所在。

从烧结矿微观结构来看，高碱度烧结矿中，大量的磁铁矿受铁酸一钙熔蚀，以熔蚀状和铁酸一钙交织在一起，呈网状结构，这使烧结矿常温强度进一步提高。从烧结矿的宏观结构来看，高碱度烧结矿熔融充分，气孔分布均匀，这也有利于烧结矿常温强度的提高。

4.2.3 配碳量对低硅烧结矿矿物组成及显微结构的影响

为研究不同配碳量下烧结矿矿物组成及显微结构的变化规律，并探究出其对烧结矿质量影响的根源所在，拟定配碳量为 3.5%、3.75%、4.0%、4.5% 四个配碳水平，SiO_2 含量为 4.0%，碱度为 2.4，MgO 为 2.2%。结果表明（表 4-3），随着配碳量的递增，转鼓强度均呈先升高后降低趋势，在配碳量 4.0% 附近转鼓指数、成品率均达到最大值。

表 4-3 配碳量与低硅烧结矿产量质量的关系

试样号	成品率/%	转鼓指数/%	抗磨指数/%	烧结速度/mm · min^{-1}
C-C3.50	81.0	58.4	9.3	19.92
C-C3.75	83.0	62.2	7.0	20.40
C-C4.00	84.0	63.5	6.3	21.91
C-C4.50	80.0	59.1	8.0	17.56

4.2.3.1 配碳量对低硅烧结矿矿物组成的影响

配碳量决定烧结的温度、气氛性质和烧结速度，因而随烧结料中固定碳用量变化，烧结矿矿物组成也随之变化。在烧结时，当固定碳过少就不能促使赤铁矿足够还原和热分解，此时燃烧带所产生的熔融物数量也较少，但在烧结矿的最终结构中仍有可能并不是经过液相而形成的橄榄石晶粒，它位于赤铁矿和石英颗粒直接接触处，这样就起不到烧结作用。在正常燃料用量时，烧结矿的主要矿物为磁铁矿和铁橄榄石以及少量的浮氏体、残存的原生赤铁矿和二氧化硅，烧结处于低温氧化气氛，有利于赤铁矿、铁黄长石及铁酸钙的生成，不利于 C_2S 生成。随配碳量增加，烧结温度提高，废气中的 CO_2/CO 下降，烧结气氛更趋于还原性，利于浮氏体及硅酸盐矿物的发展，不利于赤铁矿及铁酸钙的生成，因为随配碳量增加，烧结矿 FeO 含量升高，铁酸半钙和铁酸一钙为异分熔点矿物，温度过高时发生分解，铁酸半钙分解为铁酸一钙与 Fe_2O_3，铁酸一钙又分解为铁酸二钙与液相。铁酸钙的分解造成铁酸钙含量的减少，并生成强度差的铁酸二钙和 C_2S，从而导致烧结矿粉化。

4.2.3.2 配碳量对低硅烧结矿显微结构的影响

扫描电镜显微结构及矿相结构分析表明（图 4-10 ~ 图 4-13），当配碳量为 4.5% 时，烧结矿矿样中磁铁矿多呈粒状与铁酸钙共晶连成一片，均匀分布，少数呈自形、半自形晶；赤铁矿局部呈蜂窝状富集，铁酸钙多呈条、柱状与磁铁矿共晶，少数呈针状与硅酸二钙、

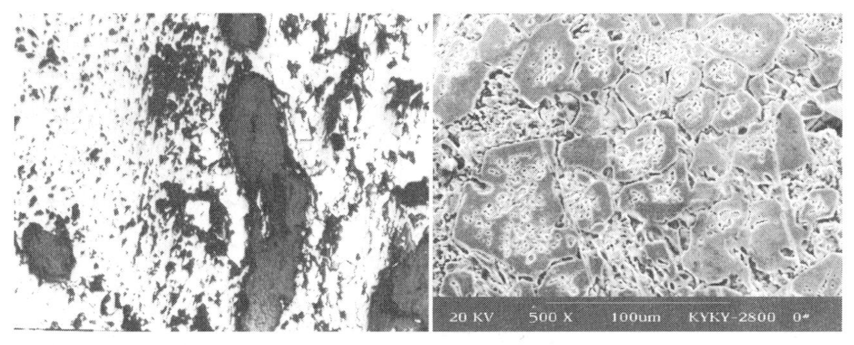

图 4-10 C = 3.5% 时低硅烧结矿的矿相结构照片和电镜照片

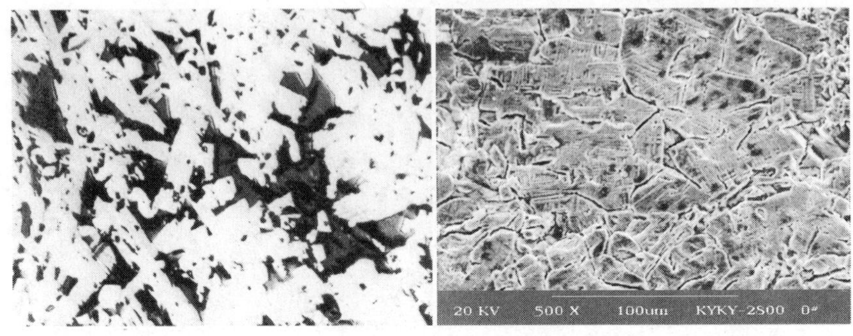

图 4-11 C = 3.75% 时低硅烧结矿的矿相结构照片和电镜照片

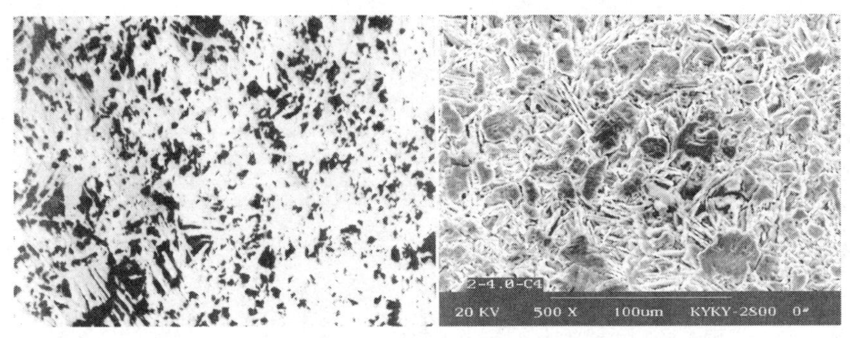

图 4-12 C = 4.0% 时低硅烧结矿的矿相结构照片和电镜照片

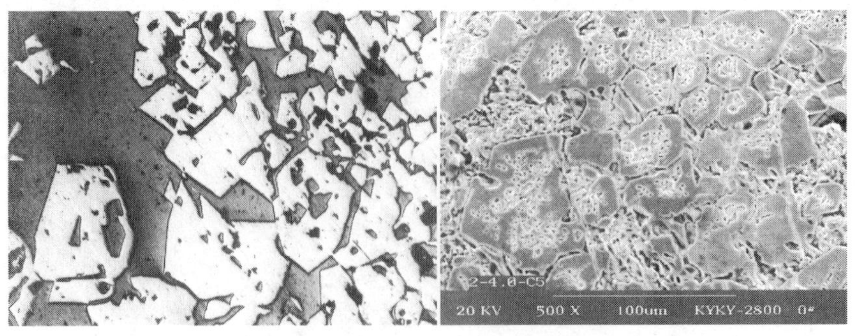

图 4-13 C = 4.5% 时低硅烧结矿的矿相结构照片和电镜照片

玻璃质镶嵌充填，硅酸二钙呈长条状、米粒状、纺锤状分布不均。此配碳量情况下烧结过程中的还原气氛较浓，难还原矿物含量升高，易还原矿物含量降低，降低了烧结矿的冶金性能。烧结矿配碳量为4.0%时，烧结矿矿相结构均匀分布，主要为交织-熔蚀结构，局部为斑状结构。矿块中裂隙较多，但发育不完全，残余CaO较多。磁铁矿多呈他形晶体，部分为半自形晶体，局部集中成片。粒度一般为0.02~0.3mm，最大达0.48mm。赤铁矿含量较多，多呈粒状集合体，局部集中成片，部分呈菱形定向分布于块、孔边缘。黏结相主要为铁酸钙、硅酸二钙和少量玻璃质。板柱状铁酸钙多与玻璃质共同胶结半自形磁铁矿呈熔蚀结构；针状铁酸钙多与硅酸二钙共同胶结他形磁铁矿呈典型的交织-熔蚀结构。气孔大小不一，分布不均匀，形态较规则，大气孔较多，气孔率约为25%~30%。

综上所述，当烧结矿配碳量达到4.0%后，烧结矿矿相结构均匀分布，以熔蚀结构为主，铁酸钙、赤铁矿含量较高，这是配碳量为4.0%的烧结矿强度、还原性均较好的根本原因。

4.2.4 MgO含量对低硅烧结矿矿物组成及微观结构的影响

为研究烧结矿中MgO含量的变化对烧结矿矿物组成及显微结构的影响，拟定MgO含量为1.6%、1.9%、2.2%、2.5%、2.8%五个水平，SiO_2含量为4.0%，碱度为2.4，配碳量为4.0%。结果表明（表4-4），随烧结矿中MgO含量增多，烧结矿转鼓指数显著降低。也即，在MgO含量为1.6%时，转鼓强度达到最大值，但是其他烧结指标，尤其是成品率、烧结速度要比MgO含量为2.2%的差些。

表4-4 MgO含量与低硅烧结矿产量质量的关系

试样号	成品率/%	转鼓指数/%	抗磨指数/%	烧结速度/$mm \cdot min^{-1}$
D-M1.6	79.0	64.0	7.0	18.13
D-M1.9	83.0	63.7	7.5	20.87
D-M2.2	84.0	63.5	6.3	21.91
D-M2.5	82.0	61.2	7.6	21.21
D-M2.8	82.0	59.5	8.7	20.34

4.2.4.1 MgO 含量对低硅烧结矿矿物组成的影响

随着 MgO 含量的增多，黏结相中形成新矿物：钙镁橄榄石（$CaO \cdot MgO \cdot SiO_2$）、镁黄长石（$2CaO \cdot MgO \cdot 2SiO_2$）、镁蔷薇辉石（$3CaO \cdot MgO \cdot 2SiO_2$）、镁橄榄石（$2MgO \cdot SiO_2$）等，矿物组成变得复杂。$Mg^{2+}$ 主要进入磁铁矿晶格中取代 Fe^{2+} 并充填于磁铁矿晶格中八面体空位，形成结构式为 $Fe^{3+}(Fe^{2+},Mg^{2+},Fe^{3+})O_4$ 的含镁磁铁矿。并且随着氧化镁含量的增加，烧结矿中的磁铁矿含量明显增加，硅酸盐液相渣增多，而赤铁矿和铁酸钙含量减少，同时孔洞也变得规则，圆孔增多。因此，在生产高碱度烧结矿时，应适当地降低烧结矿中 MgO 含量。但是，烧结料中配加适量的 MgO 能提高硅酸盐熔体的结晶能力，减少强度最差的玻璃质含量，抑制正硅酸钙的晶型转变，从而提高烧结矿的强度；而且高炉冶炼时，MgO 能够显著改善炉渣的流动性、稳定性，不但能稳定高炉操作、利于高炉顺行，而且利于硫等其他杂质的脱除。

4.2.4.2 MgO 含量对低硅烧结矿微观结构的影响

矿相结构及扫描电镜显微结构分析表明（图 4-14 ~ 图 4-16），当 MgO 含量为 1.6% 时，赤铁矿被交织熔蚀结构更均匀、更紧密地固结，这种结构有助于烧结矿的组织结构均匀化和铁酸钙的发育长大，强度较不加 MgO 时会有提高，而由于赤铁矿核料的存在，烧结反应渣相的孔隙较多，可以形成以铁酸钙和细微孔包围致密赤铁矿的晶核结构。这种结构能够改善烧结矿的强度。但氧化镁含量达到 2.8%

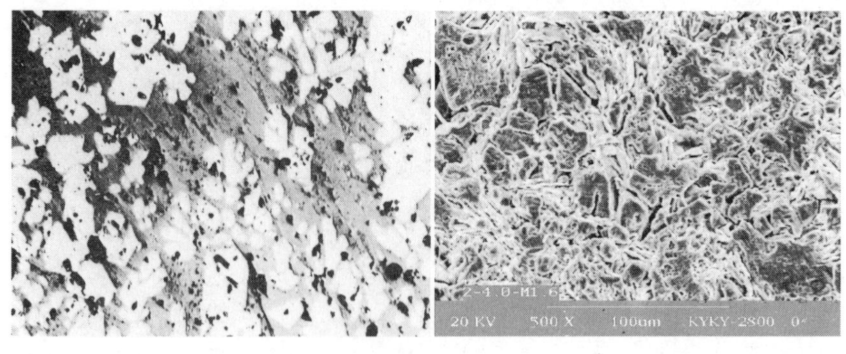

图 4-14 MgO = 1.6% 时低硅烧结矿的矿相结构照片和电镜照片

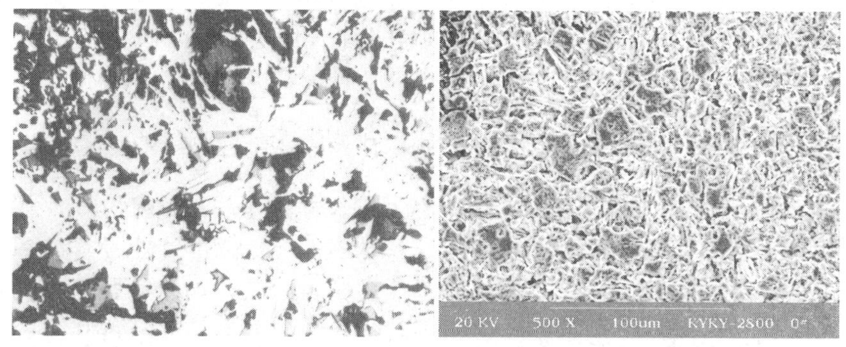

图 4-15 MgO = 2.2% 时低硅烧结矿的矿相结构照片和电镜照片

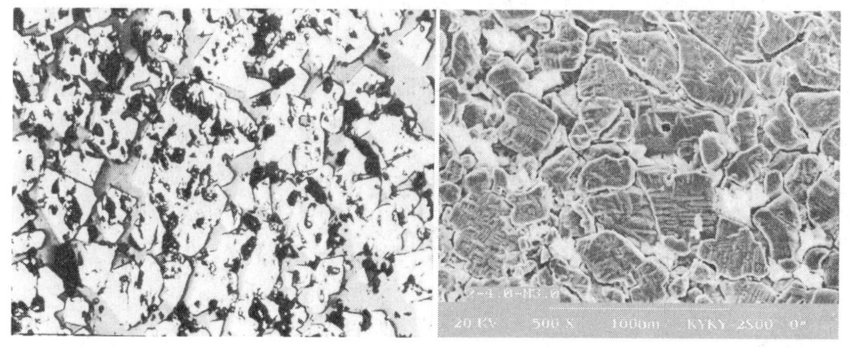

图 4-16 MgO = 2.8% 时低硅烧结矿的矿相结构照片和电镜照片

时，磁铁矿、玻璃相明显增多，赤铁矿、铁酸钙有所减少，使磁铁矿与铁酸钙的交织熔蚀结构形成过多，甚至成为矿物结构的主体，而熔蚀结构的显微硬度低于交织结构和铁酸钙，更远低于赤铁矿，从而使烧结矿强度下降。随氧化镁含量的增加，烧结矿中赤铁矿减少，磁铁矿增加，并且促进铁酸钙与磁铁矿交织熔蚀结构的形成。研究结果表明，配加 MgO 后磁铁矿增加的原因是由于 Mg^{2+} 与磁铁矿中的 Fe^{2+} 可进行类质同象取代，使磁铁矿的颜色和形态有所变化，形成了含镁磁铁矿(Mg · Fe) · O · Fe_2O_3，由于 Mg^{2+} 对磁铁矿起稳定作用，使含镁磁铁矿比 Fe_3O_4 难于氧化，因此在高温氧化冷却带有较多的磁铁矿保留下来未再被氧化为赤铁矿。当有较多的磁铁矿存在时，就会有部分磁铁矿与 SiO_2 等成分形成硅酸盐液相渣；同时由于赤铁矿减少，使铁酸钙含量也有所减少。

综上可见，低硅烧结矿中 MgO 的适宜含量为 2.2%。

4.2.5 工艺制度对低硅烧结矿矿物组成及微观结构的影响

4.2.5.1 混合料制粒时间对低硅烧结矿质量与矿相结构的影响

烧结混合料制粒的目的在于改善料层透气性。透气性改善后一方面可提高垂直烧结速度，增加产量；另一方面利于发展氧化性气氛，利于生成强度及还原性能均较好的针状铁酸钙。烧结料制粒效果与原料粒度组成密切相关，随着混合料中小粒级颗粒的增加，垂直烧结速度降低，产量下降，烧结矿的强度也下降。因此，应努力减少烧结料中小颗粒的含量，这是提高烧结矿产、质量的重要途径；而混合料制粒时间则是影响制粒效果的重要因素。

A 混合料制粒时间对低硅烧结矿产量和质量的影响

为研究混合料制粒时间对低硅烧结矿矿物组成及显微结构的影响规律，进而探究出其对烧结矿质量的影响机理，拟定混合料制粒时间分别为 3min、5min、7min。配碳量为 4%、碱度 2.4、MgO 为 2.2%。烧结矿各项指标均在混合料制粒时间为 5min 时，达到各自的最佳值（表 4-5）。

表 4-5 混合料制粒时间对低硅烧结指标的影响

混合料制粒时间/min	成品率/%	转鼓指数/%	抗磨指数/%	垂直烧结速度/mm · min^{-1}
3.0	79.0	60.8	6.7	18.52
5.0	84.1	63.5	6.3	21.91
7.0	76.0	59.2	6.5	23.26

B 混合料制粒时间对低硅烧结矿微观结构的影响

混合料制粒时间为 3min、5min、7min 时的低硅烧结矿微观结构分析表明（图 4-17 ~ 图 4-19），当混合料制粒时间为 3min 时，烧结矿矿相结构不均匀，以粒状-斑状为主。磁铁矿多呈自形-半自形，粒度较均匀。局部可见骸晶状赤铁矿。赤铁矿多呈菱形定向排列分布，部分呈条状，主要分布于块边缘局部。黏结相主要为铁酸钙、钙铁

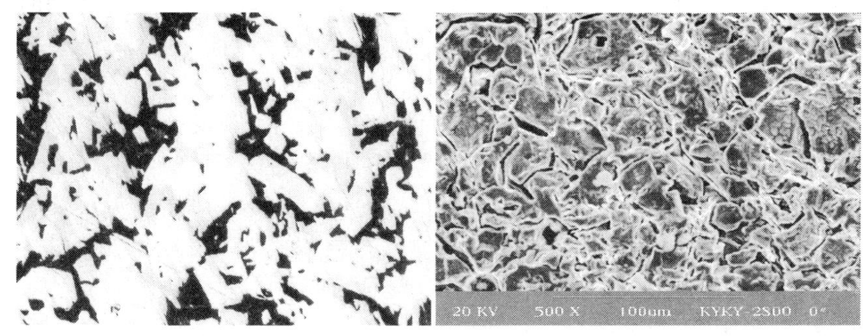

图 4-17 混合料制粒时间 3min 时低硅烧结矿矿相结构照片和电镜照片

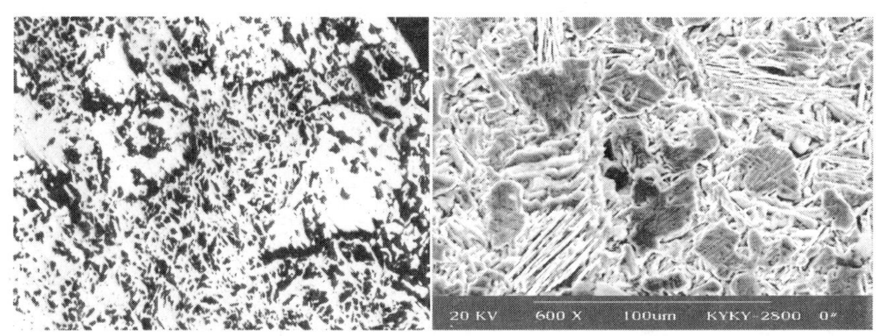

图 4-18 混合料制粒时间 5min 时低硅烧结矿矿相结构照片和电镜照片

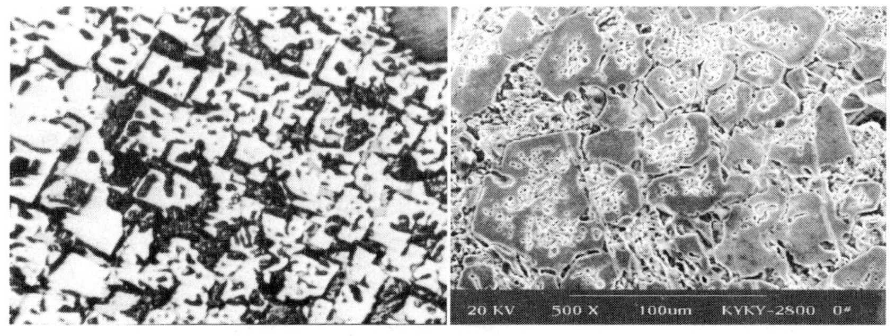

图 4-19 混合料制粒时间 7min 时低硅烧结矿矿相结构照片和电镜照片

橄榄石、玻璃质及少量硅酸二钙和黄长石。铁酸钙多呈板柱状，分布于块边缘局部，与柳叶状硅酸二钙及少量玻璃质共同胶结磁铁矿呈熔蚀结构，并且矿块中裂纹发育。当混合料制粒时间为5min时，矿相结构趋于均匀，金属矿物主要为赤铁矿，且被以铁酸钙为主的黏结相紧密连接成片，可见大量的细小针状铁酸钙与少量细小的硅酸二钙共同胶结赤铁矿。赤铁矿主要表现为细晶再结晶长大，紧密连接成片，可见局部连接成片的石英。当混合料制粒时间为7min时，烧结矿矿相结构不均匀，以块状结构为主，块中裂纹较多。磁铁矿多呈他形晶体，部分为半自形晶体，局部集中成片。赤铁矿含量较多，多呈粒状集合体，部分呈菱形定向分布于块、孔边缘。黏结相主要为铁酸钙、硅酸二钙，且二者共同胶结他形磁铁矿。

综上可见，由于混合料制粒时间的不同，导致铁矿物、黏结相主要成分不同及其不同的胶结状态，从而产生了烧结矿质量的不同。当混合料制粒时间为5min时，通过微观检测可发现大量的细小针状铁酸钙与少量细小的硅酸二钙共同胶结赤铁矿，赤铁矿主要表现为细晶再结晶长大，紧密连接成片。正是由于此时的矿物组成及矿相结构决定了此种状态下烧结矿的强度最好。因此，低硅烧结时，适宜的混合料制粒时间为5min。

4.2.5.2 料层厚度对低硅烧结矿质量与矿相结构的影响

料层厚度直接影响烧结矿的产量和质量。一般说来，料层薄，机速快，生产率高。但在薄料层烧结时表层强度差的烧结矿数量相对增加，使烧结矿的平均强度降低，返矿和粉末增多，同时还会削弱料层“自动蓄热作用”，增加固体燃料用量，使烧结矿 FeO 含量增高，还原性变坏。采用厚料层操作时虽然烧结速度有所降低，但可以较好地利用热量，减少燃料用量，降低烧结矿 FeO 含量，改善还原性，同时提高烧结矿的平均强度及成品率，更利于低硅条件下黏结相数量减少时烧结矿质量改善，但增加料层厚度应以强化制粒、改善料层透气性为基础。

A 料层厚度对低硅烧结矿产量和质量的影响

为研究不同料层厚度下烧结矿矿物组成及显微结构的变化规律，进而得出其对烧结矿质量的影响机理，将料层厚度分为450mm、

550mm、650mm 三个梯度水平。结果表明（表 4-6），烧结矿各项指标均在料层厚度为 550mm 时达到各自的最佳值。料层厚度提高到 550mm 后烧结矿各项指标均得到显著改善，只是垂直烧结速度有所降低，当料层厚度达到 650mm 后，烧结矿各项指标显著恶化，垂直烧结速度下降尤为显著。

表 4-6 料层厚度对低硅烧结指标的影响

试样号	料层厚度/mm	成品率/%	转鼓指数/%	抗磨指数/%	垂直烧结速度/mm · min^{-1}
B-450mm	450	70.1	67.5	6.0	21.35
B-550mm	550	78.0	69.1	6.0	17.98
B-650mm	650	70.0	68.7	7.0	12.35

B 料层厚度对低硅烧结矿微观结构的影响

对料层厚度为 450mm、550mm、650mm 的烧结矿进行了微观检测分析表明（图 4-20 ~ 图 4-22）：

（1）当料层厚度为 450mm 时，烧结矿矿相结构虽然较为均匀，但以粒状结构、斑状结构为主。磁铁矿他形晶体较多，半自形晶体较少，他形磁铁矿多被板柱状、树枝状铁酸钙、硅酸二钙及少量玻璃质胶结呈熔蚀结构。赤铁矿含量较多，分布不均匀，多呈菱形定向排列。黏结相主要为铁酸钙、玻璃质、硅酸二钙，铁酸钙多呈板柱状、针状；硅酸二钙分布不均匀，多呈柳叶状和他形粒状。

（2）当料层厚度为 550mm 时，烧结矿矿相结构均匀性大大增

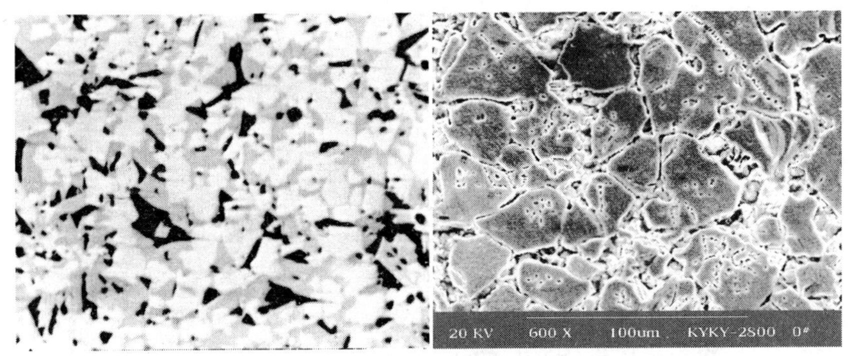

图 4-20 料层厚度为 450mm 低硅烧结矿矿相结构照片和电镜照片

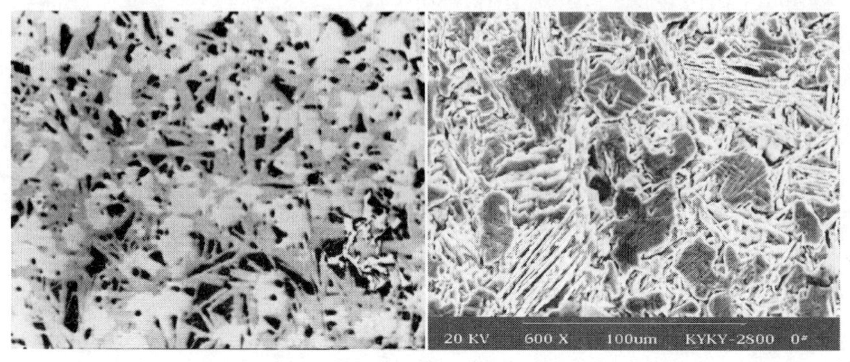

图 4-21 料层厚度为 550mm 低硅烧结矿矿相结构照片和电镜照片

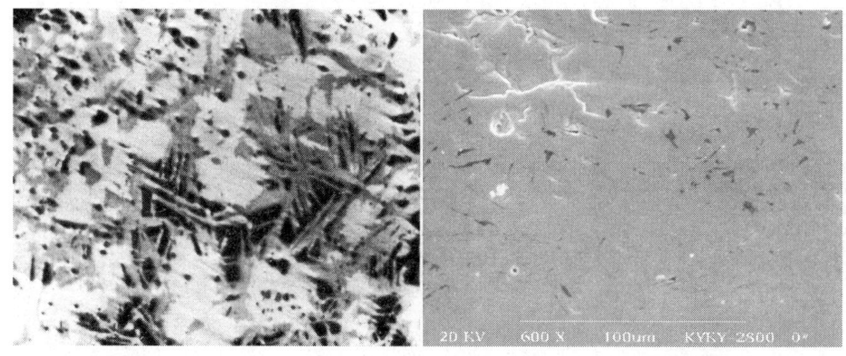

图 4-22 料层厚度 650mm 低硅烧结矿矿相结构照片和电镜照片

加，以交织熔蚀结构为主。磁铁矿多呈他形，粒度均匀，一般为 0.015 ~0.25mm。较粗粒者多呈自形、半自形，与半自形的赤铁矿被硅酸盐玻璃质胶结呈熔蚀状结构；他形磁铁矿被铁酸钙、硅酸二钙和少量玻璃质胶结呈交织熔蚀结构。赤铁矿含量较多，多呈菱形定向排列，局部呈他形晶粒状连接成片，部分呈条状分布于粗粒磁铁矿中。黏结相主要为铁酸钙、硅酸二钙和玻璃质。铁酸钙多呈针状和他形；硅酸二钙分布不均匀，多呈粒状，部分为柳叶状。

（3）当料层厚度为 650mm 时，烧结矿矿相结构较均匀，以交织熔蚀结构为主，局部可见斑状结构。磁铁矿多呈他形-半自形晶体，粒度不均匀，粒度一般为0.003～0.32mm，局部集中成片，其间被硅酸二钙、铁酸钙、玻璃质胶结呈交织-熔蚀结构。赤铁矿含量较多，呈菱形定向排列，在块边缘局部集中出现。黏结相主要为铁酸钙、硅酸二钙和玻璃质，铁酸钙含量较多，多呈板柱状及他形，部分呈针状；硅酸二钙含量较少，主要呈他形粒状和细小柳叶状。

综上分析知，高品位、低 SiO_2 精矿适于低温烧结，因为烧结低 SiO_2 精矿时，进入熔体的 SiO_2 量少，熔体的碱度高，有利于生成强度和还原性均较好的针状铁酸钙。就本原料条件下，在料层高度为550mm时，矿相结构较均匀，磁铁矿主要以强度较好的他形晶存在，铁酸钙以细小的针状、树枝状存在，且此时黏结相数量也较多，致使此条件下的烧结矿强度最好。

4.2.5.3 点火时间对烧结矿质量的影响

传统的点火工艺中，点火不仅起着将混合料中燃料点着的作用，而且还起着给表层混合料补充热量的作用，以使表层能产生一定的液相而熔结，由于烧结过程中液相产生的温度均在1100～1300℃之间，所以一般规定点火温度为1200～1250℃，点火时间为1.0min左右。

A 点火时间对低硅烧结矿产量和质量的影响

为得出低硅烧结最佳点火时间，分为1min、1.5min、2min三个水平。研究结果表明（表4-7），适当延长点火时间，可显著改善低硅烧结矿的冷态强度。烧结点火时间从1min延长到1.5min后，烧结矿强度明显提高。但当点火时间为2min时，烧结各项指标又有所恶化，垂直烧结速度尤为严重。

表4-7 点火时间对低硅烧结指标影响

试样号	点火时间/min	成品率/%	转鼓指数/%	抗磨指数/%	垂直烧结速度/mm·min^{-1}
C-1.0min	1.0	77.0	68.0	7.0	18.35
C-1.5min	1.5	78.0	69.1	6.0	17.98
C-2.0min	2.0	76.0	67.8	6.0	16.62

B 点火时间对低硅烧结矿微观结构影响

对点火时间为1min、1.5min、2min的烧结矿进行了微观检测分析，结果表明（图 4-23 ~ 图 4-25）：

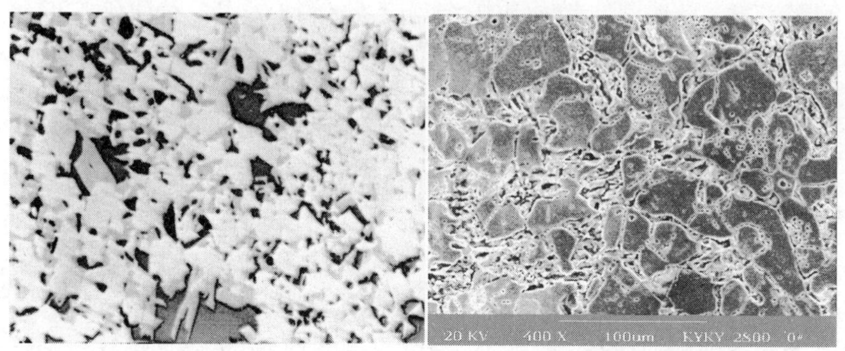

图 4-23　点火时间为 1.0min 低硅烧结矿矿相结构照片和电镜照片

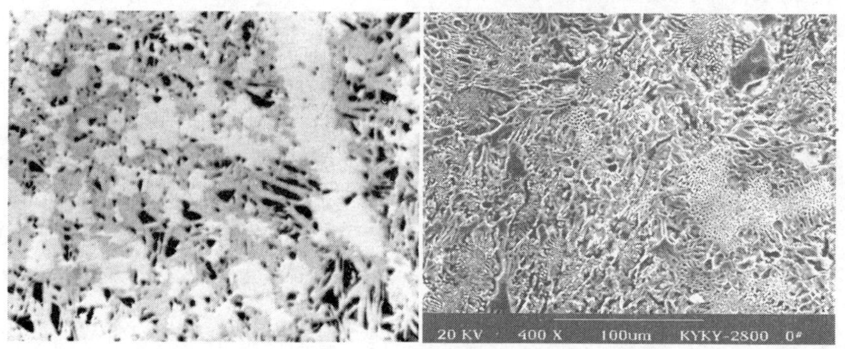

图 4-24　点火时间为 1.5min 低硅烧结矿矿相结构照片和电镜照片

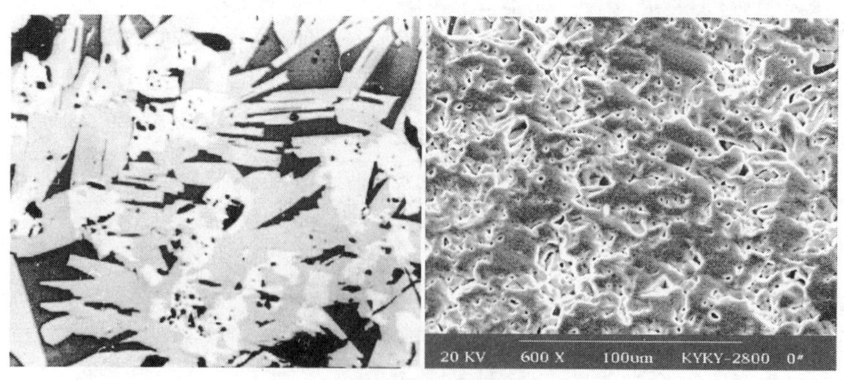

图 4-25　点火时间为 2.0min 低硅烧结矿矿相结构照片和电镜照片

（1）当烧结点火时间为1.0min时，烧结矿矿相结构主要以熔蚀结构为主，局部可见粒状结构、斑状结构。残余CaO较多，气孔大小不一，分布不均匀，气孔率约30%～35%。磁铁矿多呈他形晶体，部分呈半自形晶体，粒度一般为0.005～0.25mm。他形磁铁矿多被板柱状、树枝状铁酸钙、硅酸二钙及少量玻璃质胶结呈熔蚀结构，半自形晶磁铁矿多被玻璃质及少量黄长石胶结呈斑状、粒状结构。赤铁矿分布不均匀，多呈他形，部分呈条状或他形，局部集中成片。部分呈网状分布于磁铁矿中。黏结相主要为铁酸钙、玻璃质、硅酸二钙和少量黄长石，铁酸钙多呈板柱状、针状；硅酸二钙分布不均匀，多呈柳叶状和他形粒状。

（2）当烧结点火时间为1.5min时，矿相结构较均匀，以交织-熔蚀结构为主。磁铁矿多呈他形-半自形晶体，粒度不均匀，一般为0.003～0.35mm。他形细粒磁铁矿多被铁酸钙、硅酸二钙及少量玻璃质等胶结呈熔蚀-交织结构。局部集中的磁铁矿多被玻璃质、钙镁橄榄石胶结呈斑状-粒状结构；赤铁矿分布不均匀，多呈半自形粒状。黏结相主要为铁酸钙、硅酸二钙和少量玻璃质、钙镁橄榄石，铁酸钙多呈树枝状、他形及细小针状等多种形态，总体结晶细小。树枝状铁酸钙多与细小针状硅酸二钙局部集中出现。硅酸二钙以细小他形粒状为主，部分呈针状。

（3）当烧结点火时间为2.0min时，烧结矿矿相结构虽然仍较均匀，且以交织-熔蚀结构为主，局部赤铁矿集中分布，其间被玻璃质胶结呈斑状结构，但强度较差的玻璃质数量有所增加，矿块中裂纹较多，且发育较完全。磁铁矿多呈他形晶，结晶细小，粒度一般为0.005～0.10mm。赤铁矿分布不均匀，自形-半自形粒状，局部集中成片。黏结相主要为铁酸钙、硅酸二钙和少量玻璃质。铁酸钙多呈针状、部分为板柱状。针状铁酸钙多与结晶细小的柳叶状或梳状硅酸二钙共同胶结他形细粒磁铁矿呈交织结构；板状铁酸钙与玻璃质共同胶结磁铁矿和赤铁矿呈熔蚀结构。气孔大小不一，分布不均匀，气孔率约25%～30%。

综上分析知，点火时间由1min延长到1.5min后，转鼓强度显著提高，这是由于低硅烧结混合原料本身硅含量较低，在烧结过程中产生的黏结相数量较少导致强度较差，而表层又由于没有自动蓄热作用，产生的黏结相数量更少，这就导致了表层烧结矿强度更差。肉眼可明显看到点火时间为 1min 的表层烧结矿以细粉末或彼此孤立的块状原矿为主存在，这必然导致表层烧结矿强度较差。而在延长点火时间后，由于点火燃料的燃烧给予表层烧结料提供更多的热量，增加表层液相总量，提高烧结矿强度。同时，料层上部温度升高后，还可显著增强下层的自动蓄热作用，以利于减少配碳量、改善料层的气氛条件，进一步改善下层烧结矿的质量。当点火时间延长到 2min 时，引起表层烧结料过烧，使整个烧结料层透气性变坏，不仅影响产量，而且降低料层气相中氧气的分压，不利于铁酸钙的生成，从而恶化了烧结矿质量，也降低了烧结速度。因此，延长点火时间对改善烧结矿质量、提高成品矿量、降低返矿量具有重要意义。

4.3 低硅烧结关键技术

4.3.1 低硅烧结工艺参数优化

4.3.1.1 低硅烧结适宜配碳量

当烧结矿碱度为 2.0 时，通过调整铁矿粉配比，控制烧结矿 SiO_2 含量为 4.5%、4.0%、3.5%、3.0%，配碳量为 3.5%、3.75%、4.0%、4.5%，优化不同 SiO_2 含量下烧结配碳量。

不同 SiO_2 含量下烧结矿的转鼓强度在配碳量 4% 附近达到各自的最高点，并且随着 SiO_2 含量的降低，其转鼓指数也随之降低（表 4-8，图 4-26）。在碱度保持不变的前提下，随着 SiO_2 含量的降低，烧结混合料中熔剂配加量也将相应地降低，这样烧结时形成的液相量将减少，烧结矿的转鼓强度也随之降低。为保证烧结矿具有足够强度，烧结时应随着 SiO_2 含量的降低，适当提高烧结配碳量，以确保生成足够的液相量。但是随着配碳量的提高，一方面烧结料层中还原气氛得到发展，不利于强度、还原性都好的铁酸钙的生成，FeO 含量增多，烧结矿还原性变差。另一方面，配碳量增多，燃烧层最高温度提高、厚度增加，液相量增多，这必将恶化烧结料层的透气性，降低垂直烧结速度，进而降低生产率。因此，从提高烧结矿强度，改善质量角度，低硅烧结配碳量应控制在4.0%左右。

表4-8 低硅烧结适宜配碳量

试样号	配碳量/%	SiO_2 含量/%	成品率/%	转鼓指数/%	抗磨指数/%	烧结速度/$mm \cdot min^{-1}$	水分/%
2-4.4-C3.50	3.50	4.5	76.0	54.36	9.6	19.23	7.5
2-4.4-C3.75	3.75	4.5	80.0	58.70	6.30	15.21	7.6
2-4.4-C4.00	4.00	4.5	81.2	59.60	6.7	19.42	7.6
2-4.4-C4.50	4.50	4.5	81.9	53.50	6.2	18.87	7.1
2-4.0-C3.50	3.50	4.0	77.0	53.70	9.30	18.92	7.6
2-4.0-C3.75	3.75	4.0	79.0	56.70	8.00	19.40	7.7
2-4.0-C4.00	4.00	4.0	79.0	58.60	6.30	19.44	7.7
2-4.0-C4.50	4.50	4.0	80.0	54.20	6.00	15.56	7.0
2-3.4-C3.50	3.50	3.5	76.0	54.30	8.00	20.59	—
2-3.4-C3.75	3.75	3.5	76.0	55.20	7.00	23.33	—
2-3.4-C4.00	4.00	3.5	79.0	55.70	6.80	16.43	—
2-3.4-C4.50	4.50	3.5	78.0	53.80	6.70	15.59	—
2-3.0-C3.50	3.50	3.0	75.0	48.90	10.6	20.32	—
2-3.0-C3.75	3.75	3.0	77.0	50.10	10.0	21.21	—
2-3.0-C4.00	4.00	3.0	81.0	50.90	7.00	15.56	—
2-3.0-C4.50	4.50	3.0	79.0	53.20	6.70	15.56	—

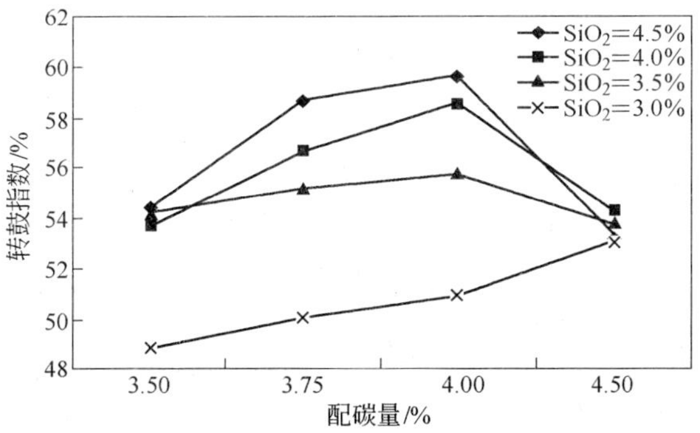

图4-26 不同 SiO_2 含量下配碳量与转鼓指数的关系

4.3.1.2 SiO_2 含量及配矿对烧结矿质量的影响

SiO_2 含量分别为4.5%、4.0%、3.5%、3.0% 四个水平时，依据某企业原料条件与配矿需求，调整巴西粉配比为0%、10%、15%、20%、25%、30%、35%七个水平，优化不同 SiO_2 含量下烧结配矿方案。

当烧结矿中 SiO_2 含量为4.5%时，混匀料配加量为5%，MgO 配加量3.0%。巴西粉含量从0%开始以5%的梯度递增，其结果见表4-9。

表 4-9 低硅烧结适宜 SiO_2 含量和巴西粉配比

试样号	SiO_2 /%	MgO /%	巴西粉 /%	精粉 /%	成品率 /%	转鼓指数/%	抗磨指数/%	烧结速度 /mm · min^{-1}	水分 /%
2-4.4-0	4.5	3.0	0	5.5	78.0	58.0	7.0	25.90	8.4
2-4.4-10	4.5	3.0	10	20.0	73.0	56.0	6.9	25.20	7.9
2-4.4-15	4.5	3.0	15	30.0	72.0	56.3	6.3	22.90	8.4
2-4.4-20	4.5	3.0	20	37.0	74.0	58.7	6.2	21.2	8.2
2-4.4-25	4.5	3.0	25	45.0	79.0	56.7	6.3	18.2	7.8
2-4.4-30	4.5	3.0	30	53.0	80.0	56.2	6.3	15.21	7.6
2-4.0-20	4.0	3.0	20	0	79.0	58.6	7.1	19.70	7.8
2-4.0-25	4.0	3.0	25	0	79.0	56.6	8.00	19.40	7.7
2-4.0-30	4.0	3.0	30	0	78.0	57.2	7.2	20.30	8.0
2-4.0-35	4.0	3.0	35	0	79.0	58.6	7.00	20.00	7.5
2-4.0-35'	4.0	3.0	35	5	83.0	57.5	6.3	21.30	7.7
2-3.4-40	3.5	2.0	2.0	40.0	78.0	57.20	6.2	21.20	7.6
2-3.4-45	3.5	2.0	2.0	45.0	73.0	56.70	6.7	20.00	7.7
2-3.4-50	3.5	2.0	2.0	50.0	76.0	55.30	8.0	20.59	7.7
2-3.4-50'	3.5	1.7	1.7	50.0	76.0	55.70	7.0	23.33	7.8
2-3.1-60	3.1	1.7	1.7	60.0	78.0	52.3	8.0	21.88	7.8
2-3.0-70	3.0	1.3	1.3	70.0	77.0	50.9	10.0	21.12	7.7

研究结果表明（表4-9），在烧结矿 SiO_2 含量相同的条件下，随巴西粉配比增加，烧结矿强度呈先降低后升高的趋势（图4-27），烧结混合料中巴西粉、印度粉配加总量比例越多，烧结矿各项烧结指标越好，但超过80%以后反而会变差。这是由于烧结所用巴西粉、印度粉均为大颗粒富块矿，这样就改善了烧结混合料的成球性，提高了料层透气性，利于烧结指标的改善。而当 SiO_2 含量相同时，在不采取措施提高烧结混合料成球性的前提下，当地精粉配加量越多，料层透气性越差，各项烧结指标均不好。随着外矿配加总量的增加，烧结矿中 SiO_2 含量降低、含铁品位大幅度提高、转鼓指数显著下降，其他各项烧结指标也不同程度地变差。这是因为在碱度保持不变的前提下，SiO_2 含量降低后，烧结过程生成的液相量减少，一方面降低了烧结过程的传热速度，使烧结料温度不均，这不但降低了烧结速度，影响生产率的提高，而且也恶化了烧结矿的质量；另一方面，生成的液相量少，则黏结相数量少，导致烧结矿的冷强度降低。

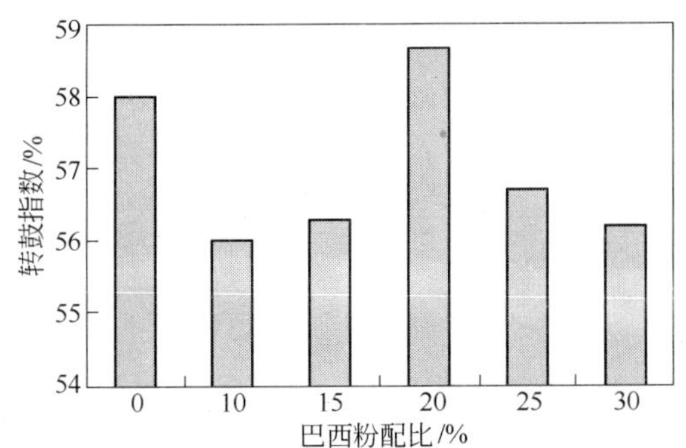

图4-27 巴西粉配比对低硅烧结矿强度的影响

单从烧结矿冷强度来看，不同的 SiO_2 含量，适宜的配矿方案见表4-10。由表4-10也可明显看出，随着 SiO_2 含量的降低，转鼓指数降低。

表4-10 低硅烧结不同 SiO_2 含量下适宜配矿方案 （%）

SiO_2 含量	巴西粉配比	MgO 含量	混匀料配比	转鼓指数
4.5	20	3.0	5	58.7
4.0	35	2.8	5	58.6
3.5	40	2.0	0	57.2
3.1	60	1.7	0	52.3

4.3.1.3 低硅烧结适宜碱度

当低硅烧结矿 SiO_2 含量为 4.0%、3.0% 时，保持配矿结构，配碳量为 4.0%，MgO 含量为 2.2%，碱度为 1.8、2.0、2.2、2.4、3.0、3.5 六个水平，优化不同 SiO_2 含量下低硅烧结矿碱度，见表 4-11。

表 4-11 低硅烧结矿适宜碱度

试样号	SiO_2 /%	巴西粉 /%	MgO /%	成品率 /%	转鼓指数/%	抗磨指数/%	烧结速度 /mm · min^{-1}	水分 /%
2-4.0-R1.8	4.0	25	2.2	73.0	54.7	8.3	16.27	7.6
2-4.0-R2.0	4.0	25	2.2	79.0	56.6	8.0	19.40	7.7
2-4.0-R2.2	4.0	25	2.2	76.0	62.7	5.0	20.00	7.6
2-4.0-R2.4	4.0	25	2.2	84.0	66.7	6.3	15.91	6.6
2-4.0-R3.0	4.0	25	2.2	83.0	64.7	5.3	18.92	7.5
2-4.0-R3.5	4.0	25	2.2	78.0	62.3	6.0	17.50	7.7
2-3.0-R2.0	3.0	70	1.3	77.0	54.50	10.0	21.12	7.7
2-3.0-R2.4	3.0	70	1.0	83.0	62.0	7.0	14.29	6.5
2-3.0-R3.0	3.0	70	1.0	80.0	65.3	3.7	20.59	7.1
2-3.0-R3.5	3.0	70	0.8	86.0	65.0	5.7	20.00	7.2

研究结果表明（表 4-11）：

（1）当 SiO_2 含量为 4.0% 时，随着碱度的增加，烧结矿的转鼓强度呈先升高后降低的趋势，在碱度为 2.4 附近，强度达到最大值 66.7%，比其他混合料配比不变、碱度为 2.0 时的转鼓强度（56.6%）提高 10 个百分点。

（2）当 SiO_2 含量为 3.0% 时，烧结矿转鼓强度在碱度 3.0 附近达到最大值 65.3%，比其他混合料配比不变、碱度为 2.0 时的转鼓强度（50.9%）提高近 15 个百分点。

（3）SiO_2 含量为 4.0% 的转鼓强度最大值（66.7%）大于 SiO_2 含量为 3.0% 的转鼓强度最大值（65.3%）。这说明随着 SiO_2 含量的降低，转鼓强度也降低。

（4）SiO_2 含量为 4.0%，碱度为 2.4 时，其成品率最高、抗磨指数最低，粒度组成较好。

4.3.1.4 低硅烧结适宜 MgO 含量

在烧结矿 SiO_2 含量为 4.0% 时，MgO 含量为 1.6%、2.2%、3.0% 三个水平，优化低硅烧结矿 MgO 含量，见表 4-12。

表 4-12 低硅烧结适宜 MgO 含量

试样号	MgO /%	SiO_2 /%	巴西粉 /%	成品率 /%	转鼓指数/%	抗磨指数/%	烧结速度 /mm · min^{-1}	水分 /%
2-4.0-M1.6	1.6	4.0	25	74.0	62.3	7.0	11.29	7.5
2-4.0-M2.2	2.2	4.0	25	79.0	56.6	8.0	19.40	7.7
2-4.0-M3.0	3.0	4.0	25	77.0	54.0	8.7	18.92	7.7

研究结果表明（表 4-12），随着烧结矿中 MgO 含量的增多，烧结矿的转鼓指数显著降低，在 MgO 含量为 1.6% 时，转鼓强度达到最大值，但其成品率、烧结速度较 MgO 含量为 2.0% 的差些。分析认为：MgO 含量对烧结矿常温强度有双重影响，在高碱度烧结矿范围内，MgO 含量增加时，烧结矿常温强度有下降趋势。在碱度保持一定情况下，随着烧结矿中 MgO 含量的增多，CaO 含量必然降低，而 MgO 的反应能力比 CaO 弱得多，不易反应完全。生产高碱度烧结矿时，为创造生成铁酸钙的条件，采用低温烧结，MgO 矿化作用不完全的现象会有所发展。与自熔性烧结矿相比，高碱度烧结矿的矿物组成相对简单；添加 MgO 后，使高碱度烧结矿的矿物组成复杂化。由于各种矿物的结晶能力不同，冷凝后，必然存在应力。这些影响均不利于烧结矿常温强度的提高。此外，高碱度烧结矿中存在大量的铁酸钙，硅酸二钙数量相对降低，MgO 抑制硅酸二钙相变的突出作用则相对减弱；随着 MgO 含量的增加，强度较好的铁酸一钙大量减少、玻璃质大量出现，这是造成烧结矿常温强度降低的最主要原因。因此，在生产高碱度烧结矿时，应适当地降低烧结矿中 MgO 含量。但是，烧结料中配加适量的 MgO 能提高硅酸盐熔体的结晶能力，减少强度最差的玻璃质含量，从而提高烧结矿的强度。另外，MgO 在高炉冶炼时，能够显著改善炉渣的流动性、稳定性。这在一定程度上，不但能稳定高炉操作、利于高炉顺行，而且利于硫

等其他杂质的脱除。但当烧结矿中 MgO 含量为 1.7% 时，垂直烧结速度较慢，这将导致台时产量低、生产率低，成品率低。因此，烧结矿中的 MgO 含量应该控制在一个适宜的范围，当烧结矿中 SiO_2 为 4.0% 时，MgO 含量以 2.0% 为宜。

4.3.1.5 低硅烧结适宜 Al_2O_3 含量

烧结混合料中较高的 Al_2O_3 含量造成烧结矿低温还原粉化现象加剧。理论上认为：Fe_2O_3 向 Fe_3O_4 的还原反应迅速激烈进行，使膨胀应力集中产生，而造成急剧膨胀时才出现粉化现象。Al_2O_3 可促进铁酸钙生成，玻璃相的数量和孔隙度增加。此外，随 Al_2O_3 在赤铁矿中固溶量的增加，促使 Fe_2O_3 再结晶连晶，由粒状向片状发展，使 Fe_2O_3 还原时产生的膨胀应力由较为分散变得相对集中，促进膨胀应力激烈化；而烧结矿中玻璃相的增加，使 Fe_2O_3 还原产生的膨胀裂纹变得容易扩展，膨胀应力的破坏作用加剧；孔隙度和铁酸钙的数量增加，会加快还原反应，同时煤气通道增多，将煤气引向烧结矿内部，加大了煤气与 Fe_2O_3 的接触面积。以上各因素都可归结为 Al_2O_3 促使 Fe_2O_3 还原应力集中和膨胀裂纹扩展，从而使还原粉化率提高。

因此，虽然一定的 Al_2O_3 含量对烧结矿有利，可以促使铁酸钙的生成，但其含量不能过高；否则，会使烧结矿的低温还原粉化率提高，导致烧结矿质量下降，并且烧结矿中较高的 Al_2O_3，会提高高炉的渣铁比，并影响炉渣的流动性和脱硫能力。鉴于实施低硅烧结时，烧结矿转鼓强度较为适宜、还原度较高、低温还原粉化严重。因此，低硅烧结矿的 Al_2O_3 含量应比普通烧结矿的含量有所降低，Al_2O_3 含量介于 0.8% ~1.4% 之间为宜。

4.3.1.6 低硅烧结适宜添加剂

五种不同添加剂试样的成品率和转鼓强度接近，与基准样相比，成品率提高 4 个百分点，转鼓指数提高近 5 个百分点。烧结速度 1 ~ 3 号与基准样基本一致，4 号、5 号烧结速度快些，垂直烧结速度提高 3% 左右，总体看，烧结速度提高不太明显（表 4-13）。五种添加剂的粒度组成均好于基准样，与基准样相比，小于 16mm 的下降 7 个百分点，而大于 25mm 的粒度上升 8 个百分点左右。

表 4-13 不同添加剂对低硅烧结影响

序号	成品率/%	转鼓指数/%	抗磨指数/%	烧结速度/mm · min^{-1}
1 号添加剂	79.8	63.5	5.3	20.5
2 号添加剂	81.1	64.3	5.0	20.0
3 号添加剂	80.5	64.0	5.2	20.0
4 号添加剂	80.0	63.6	5.3	20.5
5 号添加剂	79.6	64.0	6.0	20.5
基准样	76.3	59.0	6.3	20.0

注：添加剂的配加量均为 0.04%。

综上分析知，低硅烧结中，加入添加剂，对强化烧结过程有明显效果，与配加钢渣相比，烧结矿成品率提高 4 个百分点以上；转鼓强度提高 5 个百分点；烧结矿粒度组成有明显变化（图 4-28），5 ~ 16mm 粒级明显减少，大于 16mm 的粒级增多；烧结速度也有所提高。

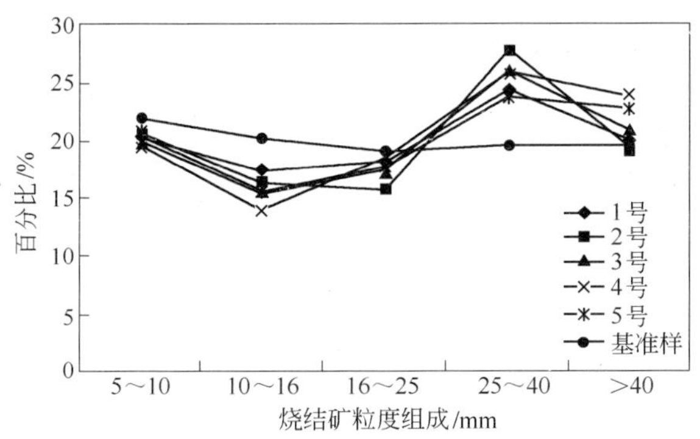

图 4-28 不同添加剂下低硅烧结矿粒度组成的对比关系

4.3.2 低硅烧结矿冶金性能

4.3.2.1 SiO_2 含量对烧结矿冶金性能的影响

随烧结矿 SiO_2 含量降低，烧结矿还原性能明显改善、软化区间明显变窄，但低温还原粉化性能显著恶化（表 4-14）。

表 4-14　不同 SiO_2 含量时低硅烧结矿的冶金性能

试样号	RI/%	低温还原粉化/%			软化性能/℃		
		$RDI_{+6.3}$	$RDI_{+3.15}$	$RDI_{-0.5}$	$T_{10\%}$	$T_{40\%}$	ΔT
A-$SiO_2$8. 0	80. 2	56. 5	80. 3	5. 6	1190	1350	160
A-$SiO_2$7. 0	81. 5	57. 2	82. 6	4. 9	1195	1340	145
A-$SiO_2$6. 0	83. 2	59. 8	84. 0	3. 6	1195	1335	140
A-$SiO_2$5. 0	86. 4	56. 2	81. 3	4. 9	1200	1330	130
A-$SiO_2$4. 0	90. 3	26. 8	64. 2	7. 0	1200	1330	130

4. 3. 2. 2　碱度对烧结矿冶金性能的影响

在各碱度范围内烧结矿的还原性能、软化性能均较好，随着碱度的升高，低温还原粉化性能呈先升高后降低的趋势，在碱度为 2. 4 附近达到最佳值（表 4-15）。

表 4-15　不同碱度时低硅烧结矿的冶金性能

试样号	RI/%	低温还原粉化/%			软化性能/℃		
		$RDI_{+6.3}$	$RDI_{+3.15}$	$RDI_{-0.5}$	$T_{10\%}$	$T_{40\%}$	ΔT
B-R1. 8	89. 9	26. 3	62. 7	7. 0	1190	1340	150
B-R2. 0	90. 2	34. 4	63. 1	5. 7	1195	1340	145
B-R2. 4	92. 3	27. 9	65. 5	6. 8	1210	1350	140
B-R3. 0	91. 4	26. 7	61. 4	8. 5	1220	1365	145

4. 3. 2. 3　配碳量对烧结矿冶金性能的影响

随配碳量增加，还原性能明显下降、软熔区间变窄（表 4-16）。配碳量增加后，利于烧结料层中还原气氛的发展，FeO 含量增加，Fe_2O_3 含量减少，冷却过程中生成的骸晶状菱形赤铁矿减少，还原粉化得到抑制。但是在配碳量为 4. 5% 时，烧结矿的还原性能显著恶化。因此，提高配碳量可改善低硅烧结矿的低温还原粉化性能，但若配碳过高，则会影响烧结矿的还原性。

表 4-16 不同配碳量时低硅烧结矿的冶金性能

试样号	RI/%	低温还原粉化/%			软化性能/℃		
		$RDI_{+6.3}$	$RDI_{+3.15}$	$RDI_{-0.5}$	$T_{10\%}$	$T_{40\%}$	ΔT
C-C3.5	93.0	27.1	61.2	8.8	1210	1360	150
C-C4.0	92.3	27.9	65.5	6.8	1210	1350	140
C-C4.5	84.5	31.5	64.2	6.3	1210	1350	140

4.3.2.4 MgO 含量对烧结矿冶金性能的影响

随 MgO 含量增加，低温还原粉化性能在 MgO 含量为 2.2% 附近达到最佳值（表 4-17）。原因是由于 Mg^{2+} 进入磁铁矿晶格中取代 Fe^{2+} 和充填于八面体空位中，从而降低了磁铁矿晶格缺陷的程度，有稳定磁铁矿和防止或减少磁铁矿氧化成次生赤铁矿的作用，故能抑制烧结矿的低温还原粉化。但是，MgO 含量过高会使液相在冷凝过程中生成复杂的化合物，由于各种矿物的结晶能力不同，冷凝后必然存在应力，在烧结矿冷却后会存在大量的微细裂纹，而骸晶状菱形赤铁矿主要分布于这些裂纹的周围，还原膨胀使裂纹扩展，烧结矿强度降低，粉化加剧。

表 4-17 不同 MgO 含量时低硅烧结矿冶金性能的测试结果

试样号	RI/%	低温还原粉化/%			软化性能/℃		
		$RDI_{+6.3}$	$RDI_{+3.15}$	$RDI_{-0.5}$	$T_{10\%}$	$T_{40\%}$	ΔT
D-M1.6	92.6	21.8	60.1	8.0	1210	1355	145
D-M2.2	92.3	27.9	65.5	6.8	1210	1350	140
D-M2.8	92.7	22.4	59.2	6.2	1220	1360	140

4.3.2.5 工艺制度对烧结矿冶金性能的影响

A 造球时间对烧结矿冶金性能的影响

造球时间对烧结矿还原度、软化性能都有不同程度的影响，对烧结矿的抗低温还原粉化性能影响较为明显（表 4-18）。当造球时间为 5min 时，烧结矿的抗低温还原粉化性能最好。因此，低硅烧结时适宜的造球时间应为 5min。

表 4-18 不同造球时间的烧结矿冶金性能

试样号	低温还原粉化/%			还原度/%	软化性能/℃		
	$RDI_{+6.3}$	$RDI_{+3.15}$	$RDI_{-0.5}$	RI	$T_{10\%}$	$T_{40\%}$	ΔT
A-4min	27.0	63.2	6.5	90.0	1210	1360	150
A-5min	27.9	65.5	6.8	92.3	1210	1350	140
A-6min	25.1	62.5	7.0	88.2	1205	1360	155

B 料层厚度对烧结矿冶金性能的影响

料层厚度对烧结矿还原度、软化性能都有不同程度的影响（表 4-19）。当料层厚度应为 550mm 时，烧结矿的抗低温还原粉化性能及软化性能最好。因此，低硅烧结时适宜的料层厚度为 550mm。

表 4-19 不同料层厚度的烧结矿冶金性能

试样号	低温还原粉化/%			还原度/%	软化性能/℃		
	$RDI_{+6.3}$	$RDI_{+3.15}$	$RDI_{-0.5}$	RI	$T_{10\%}$	$T_{40\%}$	ΔT
B-450mm	51.2	67.1	5.6	85.5	1195	1355	160
B-550mm	52.5	69.2	3.6	87.6	1205	1350	145
B-650mm	52.7	66.6	4.4	82.1	1180	1360	180

C 点火时间对烧结矿冶金性能的影响

点火时间对烧结矿还原度、软化性能都有不同程度的影响（表 4-20）。当点火时间为 1.5min 时，烧结矿的抗低温还原粉化性能及软化性能最好。因此，低硅烧结时适宜的点火时间应为 1.5min。

表 4-20 不同点火时间的烧结矿冶金性能

试样号	低温还原粉化/%			还原度/%	软化性能/℃		
	$RDI_{+6.3}$	$RDI_{+3.15}$	$RDI_{-0.5}$	RI	$T_{10\%}$	$T_{40\%}$	ΔT
C-1.0min	50.3	64.2	5.7	85.1	1200	1350	150
C-1.5min	52.5	69.2	3.6	87.6	1205	1350	145
C-2.0min	51.7	65.1	4.8	83.2	1210	1360	150

4.4 低硅烧结分形研究

低硅烧结矿是一种复相介质，其矿相组成及内部显微结构非常复杂。前已述及，随 SiO_2 含量降低，烧结矿显微结构均匀性有所恶化，由交织熔蚀结构转变为交织熔蚀结构为主局部存在大量斑状结构；金属相由他形结构向自形、半自形转变；黏结相总量大大减少，且铁酸钙由针状、树枝状向粒状、片状转变。但由于其内部显微结构的不规则性和自相似性恰恰是分形理论所具备的最基本的特征，所以可以用分形理论对低硅烧结矿的内部显微结构，如：粒度、孔隙、晶粒等影响烧结矿质量因素的某些性能进行机理研究。

4.4.1 低硅烧结分形维数的测定

低硅烧结矿试样分形维数的测定方法分为三种，即：筛分粒度分形维数测定方法，孔隙分布分形维数测定方法，晶界分布分形维数测定方法。

4.4.1.1 筛分粒度分形维数的测定方法

一般情况下粒度分布是由一定的粒度尺寸范围内的颗粒质量分布表示的，所以在实际生产中是通过测量各级颗粒的粒度质量来计算粒度分布的分形维数。其具体方法如下[28]。

设有一系列不同直径为 r 的球，用孔径为 ε 的筛子来筛选这些球，很显然直径小于 ε 的球就会漏掉，记为 $N(\varepsilon)$。并设 $M(\varepsilon)$ 为直径小于 ε 烧结矿的估计质量，M 为烧结矿的总质量。在一般情况下，烧结矿遵循质量-频率分布：

$$M(\varepsilon)/M = 1 - \exp[-(\varepsilon/\sigma)^b]$$

式中，σ 为平均尺寸，当 $\varepsilon/\sigma \ll 1$ 时，上式变为：

$$M(\varepsilon)/M = (\varepsilon/\sigma)^b$$

两边求导得：

$$\mathrm{d}M(\varepsilon) \propto \varepsilon^{b-1}\mathrm{d}\varepsilon$$

再由分形维数定义 $N(\varepsilon) \propto \varepsilon^{-D}$ 得 $\mathrm{d}N(\varepsilon) \propto \varepsilon^{-D-1}\mathrm{d}\varepsilon$，考虑 $\mathrm{d}M(\varepsilon) \propto \varepsilon^3 \mathrm{d}N(\varepsilon)$，则有：

$$\varepsilon^{b-1}\mathrm{d}\alpha \propto \varepsilon^3 \varepsilon^{-D-1}\mathrm{d}\varepsilon$$

可得：

$$D = 3 - b$$

式中 D——分形维数；

b——$M(\varepsilon)/M$ 在双对数坐标下的斜率值；

$M(\varepsilon)/M$——直径小于 ε 的烧结矿的累计质量分数。

4.4.1.2 孔隙分布分形维数的测定方法

烧结矿内部孔隙结构相似于分形数学模型——海绵体（图4-29）。用此构造孔隙介质分形模型来模拟烧结矿内部显微分形孔隙结构。

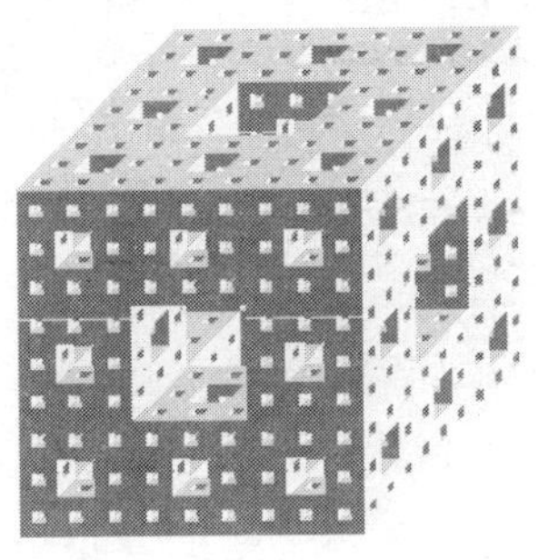

图 4-29 烧结矿内部孔隙分布分形维数测定的海绵体模型

设模型是边长为 L 的正六面体，将 L 分成 m 等份可得到 m^3 个小的立方体单元，边长为 R/m，然后随机去掉其中的 n 个立方体，则剩下的立方体的个数为 m^3-n，按照这样的规则，经过 k 次迭代构造后，剩余的小立方体的边长为 $r=R/m^k$，根据分形理论，该模型的分形维数为：

$$D = \frac{\log(m^3 - n)}{\log m}$$

由上述方程，k 次操作后剩余结构的体积为 $V_k \sim l_k^{3-D}$，两边微分有 $\mathrm{d}V_k/\mathrm{d}l \sim l_k^{2-D}$，其中孔隙体积：

$$V_p = L^3 - V_k$$

则
$$-\mathrm{d}V_p/\mathrm{d}l \sim l_k^{2-D}$$

即
$$\log(-\mathrm{d}V_p/\mathrm{d}l) \sim (2 - D)\log l$$

海绵体的构造过程类似于压汞测孔过程，汞先占有材料中的大尺寸孔，随压力增大，汞不断占据材料中的小孔直至微孔，可以认为汞压实际上反映了观测尺度的大小，汞压增大即相当于观测尺度减小。V_p 可由一定压力 p 下 MIP 测试的压入汞体积 V 确定，l 可由此压力 p 下对应的孔径 ϕ 确定，则孔的体积分形维数 D 可根据 MIP 的实验数据确定。

4.4.1.3 晶界分布分形维数的测定方法

烧结矿晶界的闭合显微组元类似于图4-30所示，可用测度关系求其分形维数，Mandelbrot给出了该测量方法的长度-面积关系：

$$\log P = (D/2)\log A + C$$

式中 C——常数；

P——周长，m；

A——面积，m^2。

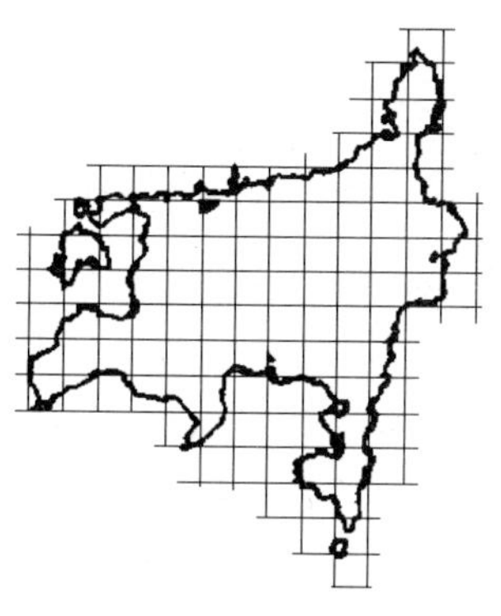

图4-30 烧结矿晶界示意图

根据以上原理采用自动图像处理技术，利用电子显微镜获得的数字图像和相应图像处理软件，能够对显微照片进行快速自动处理，获得诸如晶界周长、晶粒面积等数据，然后对有关数据进行线性拟合，从而获得相应的分维值 D。其中比较关键的步骤是选择适当的图像分析软件和适当的图像处理技术，以便计算机能够准确提取特征目标数据。

4.4.2 不同 SiO_2 含量下烧结矿粒度分布分形维数的研究

为了研究不同 SiO_2 含量条件下烧结矿粒度分布分形特征变化情况，拟定 SiO_2 含量为3.6%、3.9%、4.2%、4.5%四个水平，在实验室条件下，通过烧结杯实验制取烧结矿。经3次落下实验，取5mm以上的作为成品，然后对5mm以上的粒度进行分级筛分，测定粒度组成（表4-21～表4-23）（注：其他的实验原料条件及方法与此相同）。粒度的分布曲线见图4-31～图4-34，电镜照片见图4-36～图4-39。

表4-21 SiO_2 含量与烧结矿冷态性能和垂直烧结速度关系

试样号	SiO_2/%	成品率/%	转鼓指数/%	抗磨指数/%	烧结速度/$mm \cdot min^{-1}$
A-1	4.5	73.5	69.4	5.0	20.12
A-2	4.2	72.6	67.5	6.0	20.23
A-3	3.9	70.1	64.3	6.0	21.35
A-4	3.6	68.9	61.0	7.0	22.64

表 4-22 不同 SiO_2 含量下烧结矿的粒度组成 (%)

试样号	5～10mm	10～16mm	16～25mm	25～40mm	>40mm
A-1	24.56	21.05	21.05	30.17	3.18
A-2	22.57	18.37	23.10	25.72	10.24
A-3	23.54	19.65	20.12	29.68	4.65
A-4	28.65	20.13	21.01	28.57	6.98

表 4-23 不同 SiO_2 含量下烧结矿的粒度分布与分维

试样号	筛下累计质量分数/%					b 值	分维值 D	相关系数
	<5mm	<10mm	<16mm	<25mm	<40mm			
A-1	26.5	44.55	60.02	75.49	97.66	0.623	2.377	0.996
A-2	27.4	43.79	57.12	73.89	92.57	0.586	2.414	0.998
A-3	29.9	46.80	60.91	75.35	96.66	0.559	2.441	0.998
A-4	31.1	49.84	63.01	76.75	95.43	0.532	2.468	0.998

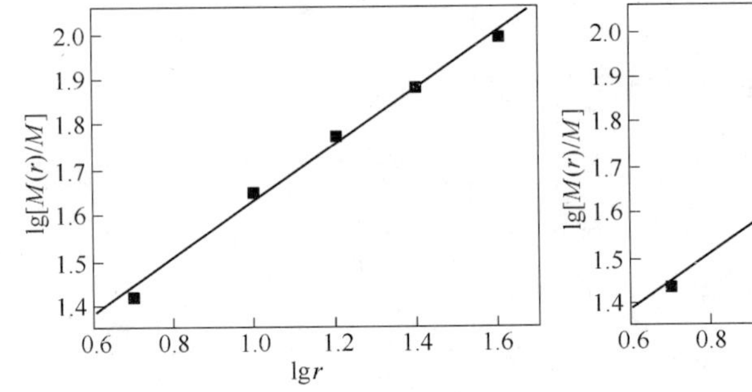

图 4-31 烧结矿 SiO_2 =4.5%时的粒度分布曲线

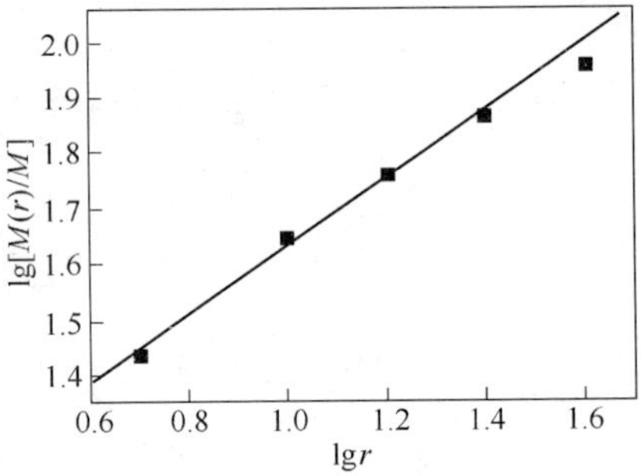

图 4-32 烧结矿 SiO_2 =4.2%时的粒度分布曲线

4.4.2.1 在相同的破碎条件下，其粒度分布具有分形特征，分形是表征这种分布空间结构的参数

从表 4-21～表 4-23 的分析结果可看出，对于不同 SiO_2 含量的烧结矿，$\lg \frac{M(r)}{M}$-$\lg r$ 线性关系的相关系数均在 0.99 以上，强相关性表

明烧结矿粒度分布的分形结构是客观存在的。从图 4-31 ~ 图 4-35 可见，在相同的操作工艺及条件下，SiO_2 含量不同，烧结矿粒度分布的分维值也不同，且随着 SiO_2 含量的降低，烧结矿粒度分布的分维值是不断变大的。

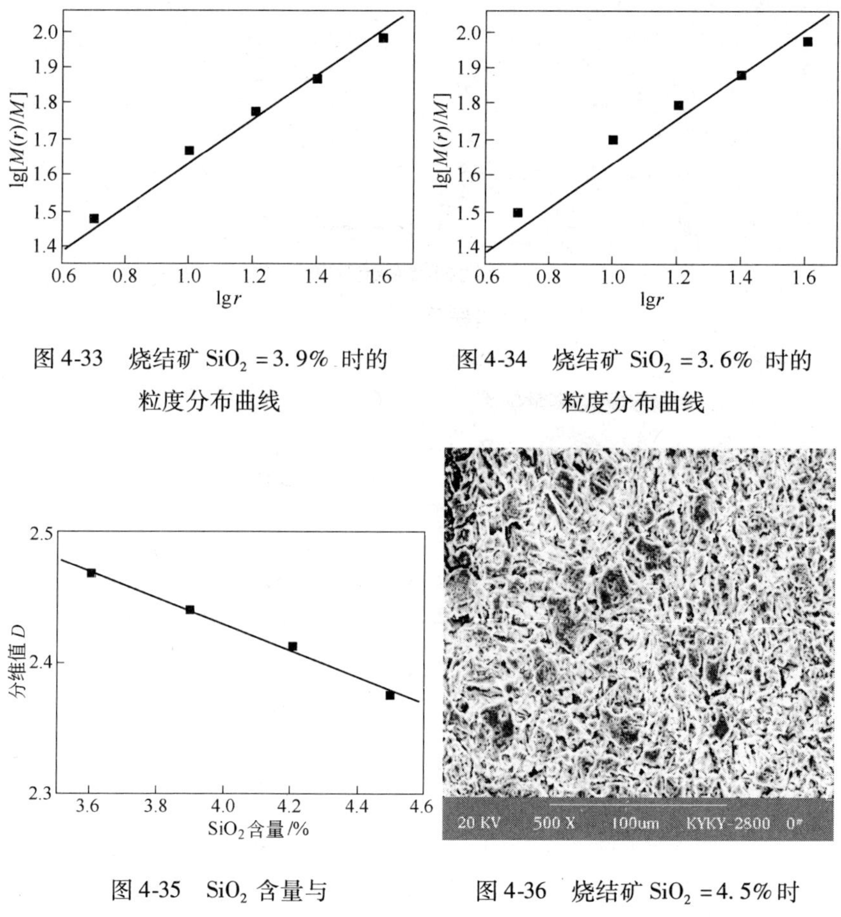

图 4-33　烧结矿 SiO_2 = 3.9% 时的粒度分布曲线

图 4-34　烧结矿 SiO_2 = 3.6% 时的粒度分布曲线

图 4-35　SiO_2 含量与分维值的关系

图 4-36　烧结矿 SiO_2 = 4.5% 时 500 倍电镜照片

其原因可以解释如下：从烧结的机理可知，烧结矿是液相固结的产物，单纯减少烧结矿的 SiO_2 含量，必然会导致烧结矿的液相量不足，从而引发烧结矿强度变差的问题。因为在二元碱度不变时，

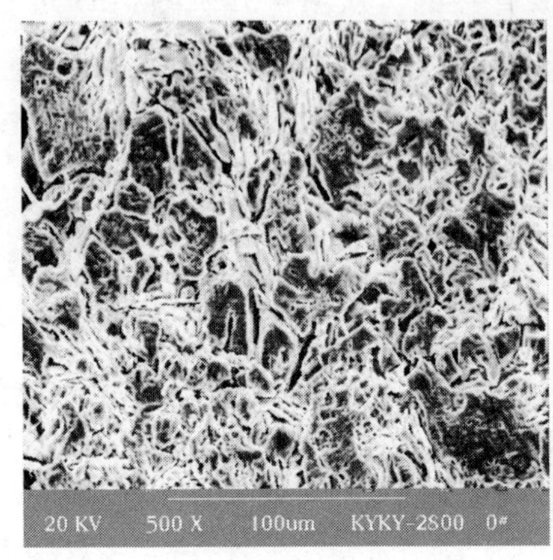

图 4-37 烧结矿 SiO_2 = 4.2% 时 500 倍电镜照片

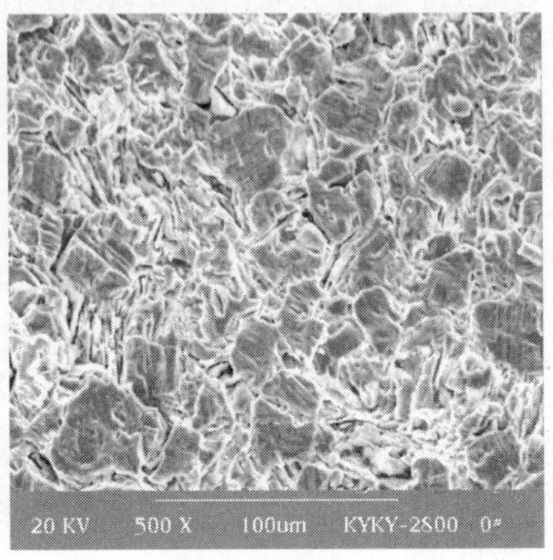

图 4-38 烧结矿 SiO_2 = 3.9% 时 500 倍电镜照片

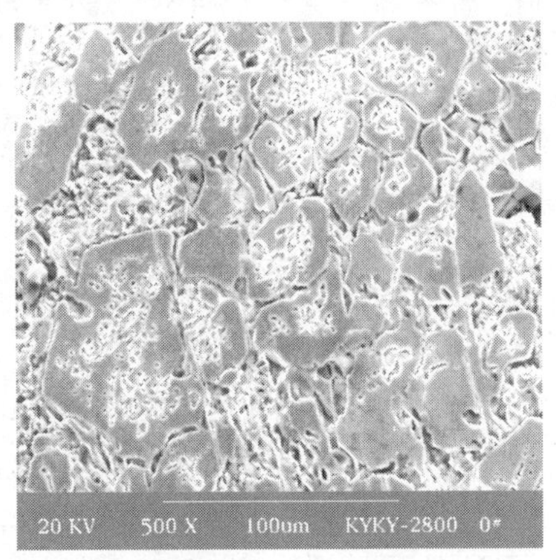

图 4-39 烧结矿 SiO_2 = 3.6% 时 500 倍电镜照片

SiO_2 含量的减少也意味着 CaO 含量减少，而 SiO_2 和 CaO 都是构成烧结矿液相的主要组元。因此，正是由于烧结时产生的黏结相总量减少、铁酸钙数量减少、显微结构均匀性的恶化，从而导致烧结矿的强度随着 SiO_2 含量的降低而逐渐变差。在相同的破碎机理下，由于强度变小，导致烧结矿的粒度分布不均匀，粒度分布的分形维数变大。

从图4-36～图4-39可知，随SiO_2含量降低，烧结矿显微结构均匀性有所恶化，由交织熔蚀结构转变为斑状结构为主；当SiO_2含量为3.6%时，为典型的斑状结构，裂纹得到发育，有连通整个矿块的裂纹；黏结相总量大大减少，铁酸钙数量亦减少，且由针状、树枝状向粒状、片状转变；金属相由他形结构向自形、半自形结构转变。综上分析可知，正是由于烧结时产生的黏结相总量及铁酸钙数量减少、显微结构均匀性恶化，裂纹得到发育，导致了烧结矿的粒度组成变差。进而，烧结矿的成品率降低，相应的分形维数减小，这和自然规律是吻合的。这也说明了烧结矿的粒度分布分形维数可以用来定性地描述其强度特征。

4.4.2.2 分形维数表征粒度分布的结构特征

尽管各种配矿的SiO_2含量不同，但烧成后的烧结矿都具有良好的分形结构，分形维数在2.377到2.468之间变化，平均维数为2.425（表4-23）。筛分后，小粒度所占的比例越大，成品率越低，分形维数越大。相反，如果烧成后，小粒度所占的比例越小，成品率越高，分形维数越小，如SiO_2为4.5%。所以从这里可以表明分维值D是评价烧结矿粒度组成的一个定量指标。

4.4.2.3 分形维数表征烧结矿粒度分布的集中性和均匀性

随着分维值的减小，烧结矿的粒度分布更加集中和均匀（表4-23），如SiO_2为4.5%比SiO_2为3.6%的10～40mm之间的粒级比例提高了2.56个百分点，而同时5～10mm之间的粒级降低了4.09个百分点。

4.4.2.4 分形维数是材料破碎过程中断裂阻力的一种量度，分维值减小，材料变得不易粉碎

随着SiO_2含量的增大，烧结矿的分形维数值不断降低，烧结矿在此种情况下的粒度群体变得不易破碎，分维值的进一步降低将越来越难；同样，烧结矿生产的自身工艺和原料条件决定了烧结矿的强度并不能无限制地提高，这样烧结矿粒度分布的分形维数值一般来说在2～3之间变化，不会超出或低于此值。

综上分析知，尽管各种配矿的SiO_2含量不同，但烧成后的烧结

矿都具有良好的分形结构，相关系数在 2.377 到 2.468 之间变化，平均维数为 2.425。筛分后，小粒度所占的比例越大，成品率越低，转鼓指数越小，维数越大。

4.4.2.5 SiO_2 含量与粒度分形维数 D 的关系

随着烧结矿 SiO_2 含量的降低烧结矿的分形维数逐渐升高。由表 4-23 可知，虽然各种 SiO_2 含量的烧结矿粒度组成具有良好的分形特征，但不同的 SiO_2 含量使得其烧成后的烧结矿粒度分形维数不同。所以建立烧结矿粒度分维值与 SiO_2 含量的关系就尤为重要，能指导人们进行烧结参数的优化，从而达到控制烧结矿的粒度，进行烧结矿的烧前粒度估算和预测。

以 SiO_2 含量为例，通过线性回归，建立 SiO_2 含量与分形维数 D 的线性关系：

$$D = 2.82829 - 0.09959 \cdot w(SiO_2)$$

此线性关系的相关系数为：0.99696。

从而表明，SiO_2 含量与粒度分形维数 D 在此范围内呈线性关系，如果增加 SiO_2 含量，则烧结矿的黏结相量越多，烧结矿的粒度就增加，其相应的维数就减小，这和自然规律是吻合的。

4.4.3 不同 MgO 含量下低硅烧结矿粒度分布分形维数的研究

为研究烧结矿中不同 MgO 含量条件下烧结矿粒度分布分形特征情况，在 SiO_2 含量为 4.0%、碱度为 2.4、配碳量 4.0% 时，MgO 含量分为 1.6%、2.2%、3.0% 三个水平。具体实验结果见表 4-24、表 4-25。

表 4-24 MgO 含量与烧结矿冷态性能和垂直烧结速度的关系

试样号	MgO/%	成品率/%	转鼓指数/%	抗磨指数/%	烧结速度/mm · min^{-1}
1-M1.6	1.6	75.0	68.8	7.0	11.29
2-M2.2	2.2	78.0	67.3	8.0	19.40
3-M3.0	3.0	76.0	62.1	8.7	18.92

表 4-25 不同 MgO 含量下烧结矿粒度组成 （%）

试样号	5 ~ 10mm	10 ~ 16mm	16 ~ 25mm	25 ~ 40mm	>40mm
1-M1.6	19.68	15.83	16.99	19.09	28.41
2-M2.2	23.25	21.4	23.31	18.38	13.66
3-M3.0	25.48	20.27	18.53	21.42	14.3

4.4.3.1 不同 MgO 含量下的低硅烧结矿均具有良好的分形结构特征

虽然烧结矿 MgO 含量不同，但由数据（表 4-26）可以看出其仍然都具有良好的分形结构，且相关系数在 0.987 ~ 0.995 之间，平均维数值为 2.381。

表 4-26 不同 MgO 含量下烧结矿的粒度分布与分维

试样号	筛下累计质量分数/%					b 值	分维值 D	相关系数
	<5mm	<10mm	<16mm	<25mm	<40mm			
1-M1.6	25	39.76	51.6325	64.375	78.6925	0.5513	2.4487	0.9955
2-M2.2	22	40.135	56.827	75.0088	89.3452	0.6833	2.3167	0.9894
3-M3.0	24	43.3648	58.77	72.8528	89.132	0.6279	2.3721	0.9879

4.4.3.2 不同 MgO 含量低硅烧结矿的粒度分维值定量表征烧结矿的粒度组成

由表 4-26 和图 4-40 ~ 图4-43可知，不同 MgO 含量的低硅烧结矿，筛分后小粒度所占比例越大，成品率越低，抗磨指数越小，维数越大，如 MgO 为 1.6% 时。相反，如果烧成后，小粒度所占比例越小，成品率越高，抗磨指数越大，维数越小，如 MgO 为 2.2% 时。

4.4.3.3 不同 MgO 含量烧结矿内部显微结构对其性能的影响

在实验室借助电子扫描电镜及矿相显微镜，分析研究了不同 MgO 含量下烧结矿内部显微结构对其性能的影响，如图 4-44、图 4-45所示。

当烧结矿 MgO 含量为 2.2% 时，由于烧结矿矿相结构分布较均

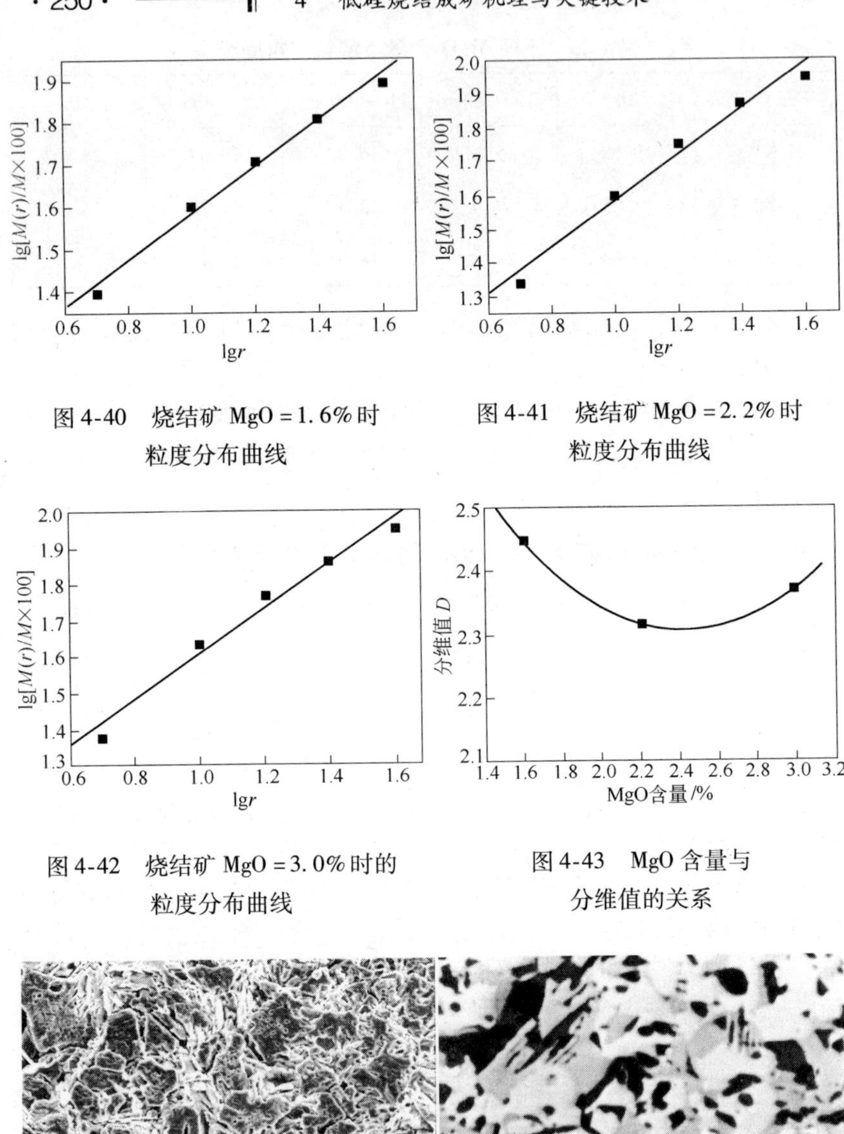

图 4-40　烧结矿 MgO = 1.6% 时粒度分布曲线

图 4-41　烧结矿 MgO = 2.2% 时粒度分布曲线

图 4-42　烧结矿 MgO = 3.0% 时的粒度分布曲线

图 4-43　MgO 含量与分维值的关系

图 4-44　烧结矿 MgO = 2.2% 时 500 倍电镜照片和矿相结构照片

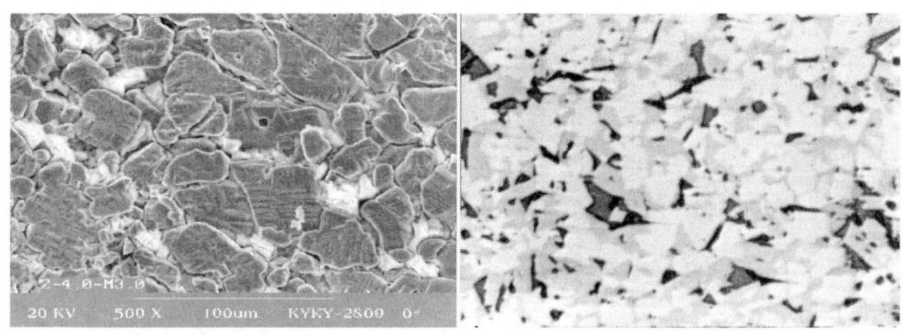

图 4-45 烧结矿 MgO = 3.0% 时 500 倍电镜照片和矿相结构照片

匀、黏结相总量较多且主要以铁酸钙为主，硅酸二钙含量较少，从而使此配比条件下的烧结矿强度较好。而当烧结矿 MgO 含量为 3.0% 时，由于烧结矿矿相结构均匀性较差、连通气孔的微裂纹较多、铁酸钙以结晶粗大的板柱状铁酸钙为主，从而使 MgO 含量为 3.0% 的烧结矿强度变差。

4.4.3.4 分维值随 MgO 含量的变化

随着低硅烧结矿中 MgO 含量的增加，其分维值先明显减小后缓慢增加。由表 4-26 及图 4-43 可知，当 MgO 含量为 1.6% 时，分维值 D 为 2.4487；当 MgO 含量为 2.2% 时，分维值 D 明显下降为 2.3167；当 MgO 含量为 3.0% 时，分维值 D 又缓慢上升为 2.3721。由上述分析可得：分维值越大，小粒度所占比例越大，成品率越低，抗磨指数越小，强度越差；反之，分维值越小，小粒度所占比例越小，成品率越高，抗磨指数越大，强度越好。综上分析可得，在本原料条件下，MgO 含量在 2.2% 左右为最佳。

4.4.4 不同配碳量下低硅烧结矿粒度分布分形维数的研究

配碳量决定烧结的温度、气氛性质和烧结速度，因而对烧结矿的矿物组成和结构的影响也很大。为研究不同配碳量条件下烧结矿粒度分布的分形特征，拟定烧结矿 SiO_2 含量为 4.0%、碱度为 2.4，配碳量分别为 3.5%、4.0%、4.5% 三个水平，其实验结果见表 4-27、表 4-28。

表 4-27 不同配碳量下的烧结矿冷态性能、粒度组成情况

试样号	成品率/%	转鼓指数/%	抗磨指数/%	烧结速度/mm · min^{-1}	粒度组成/%				
					5~10 mm	10~16 mm	16~25 mm	25~40 mm	>40 mm
1-C3.5	77.0	60.1	9.3	18.92	20.63	21.2	18.05	24.07	16.05
3-C4.0	79.0	66.9	6.3	19.44	19.38	19.84	24.51	23.03	13.24
4-C4.5	78.0	59.8	6.0	15.56	23.71	17.02	19.15	20.36	19.76

表 4-28 烧结矿的粒度分布与分维

试样号	筛下累计质量分数/%					b 值	分维值 D	相关系数
	<5mm	<10mm	<16mm	<25mm	<40mm			
1-C3.5	23	38.89	55.21	69.11	87.64	0.646	2.354	0.995
3-C4.0	21	36.31	51.98	71.35	89,54	0.709	2.292	0.996
4-C4.5	22	40.49	53.77	68.71	84.59	0.643	2.357	0.990

由表4-27和表4-28可知，随配碳量升高，低硅烧结矿成品率先增大后减小，强度先升高后降低，粒度组成也先变好后变坏，其粒度分布（图4-46~图4-49）的分形维数值先变小后变大，在配碳量

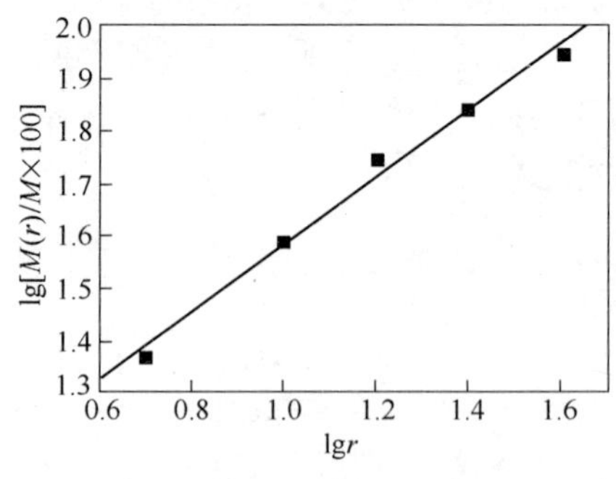

图 4-46 烧结矿 C=3.5%时的粒度分布曲线

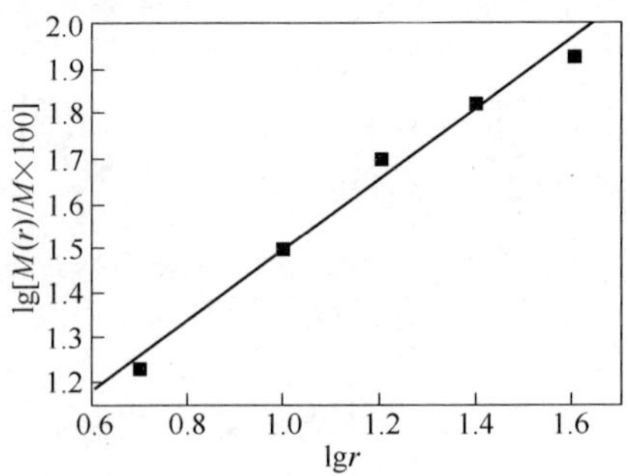

图 4-47 烧结矿 C=4.0% 时的粒度分布曲线

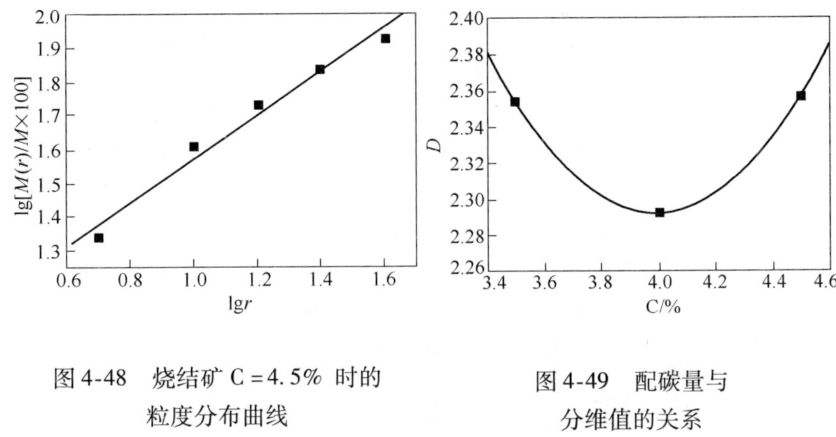

图 4-48 烧结矿 C=4.5% 时的粒度分布曲线

图 4-49 配碳量与分维值的关系

为 4.0% 附近时烧结矿强度达到最大值，烧结矿成品率最高，烧结矿粒度组成最好，烧结矿的分形维数值也最小。

由图 4-48、图 4-49 可知，当配碳量为 3.5% 时，烧结矿强度及成品率较低，烧结矿粒度分布的分形维数较大。分析认为：由于燃料不足，烧结温度低，烧结固结所需的热量就不足，产生液相量少，烧结矿矿物晶体不能发育长大，铁矿物处于不能连晶的粒状结构，未能充分均匀地形成硅酸盐黏结相，裂隙、裂纹较发育而使得烧结矿结构疏松，因而强度较差，促使小粒度级偏多，成品率下降，烧结矿粒度分布变差。当配碳量提高到 4.0% 时，烧结矿成品率及强度达到峰值，同时烧结矿粒度分布的分形维数也最小。而当配碳量为 4.5% 时，垂直烧结速度、转鼓强度和成品率显著下降，烧结矿粒度分布的分形维数值也随之增大。

4.4.5 不同碱度下低硅烧结矿粒度分布分形维数的研究

为了研究不同碱度下烧结矿粒度分布的情况，实验拟定烧结矿 SiO_2 含量为 4.0%，碱度分为 1.8、2.2、2.4、2.6、3.0 和 3.5 六个梯度水平（表 4-29 ~ 表 4-31）。根据分形维数计算原理可得如图 4-50 ~ 图 4-56 和表 4-31 的数据处理结果。

表 4-29 碱度与烧结矿冷态性能和垂直烧结速度的关系

试样号	成品率/%	转鼓指数/%	抗磨指数/%	烧结速度/mm · min⁻¹
R1. 8	73. 0	54. 7	8. 3	18. 27
R2. 2	76. 0	62. 7	5. 0	20. 00
R2. 4	84. 0	66. 7	6. 3	21. 91
R2. 6	84. 0	65. 3	6. 0	19. 86
R3. 0	83. 0	64. 7	5. 3	18. 92
R3. 5	78. 0	62. 3	6. 0	17. 50

表 4-30 不同碱度下烧结矿粒度组成 （%）

试样号	5 ~ 10mm	10 ~ 16mm	16 ~ 25mm	25 ~ 40mm	>40mm
2-4. 0-R1. 8	19. 54	17. 72	14. 86	23. 12	24. 77
2-4. 0-R2. 2	22. 49	22. 20	23. 07	24. 80	17. 44
2-4. 0-R2. 4	16. 76	17. 84	20. 54	27. 03	17. 84
2-4. 0-R2. 6	16. 87	19. 25	21. 50	22. 45	19. 93
2-4. 0-R3. 0	17. 63	23. 04	23. 89	19. 62	15. 81
2-4. 0-R3. 5	23. 71	17. 02	19. 15	20. 36	19. 76

表 4-31 烧结矿的粒度分布与分维

试样号	筛下累计质量分数/%					b 值	分维值 D	相关系数
	<5mm	<10mm	<16mm	<25mm	<40mm			
R1. 8	27	41. 2628	54. 1971	65. 0438	81. 9197	0. 5306	2. 4695	0. 9969
R2. 2	14	41. 0924	57. 9644	75. 4976	94. 3456	0. 6644	2. 3357	0. 9951
R2. 4	16	30. 0770	45. 0611	62. 3130	85. 0159	0. 8063	2. 1937	0. 9975
R2. 6	16	31. 5676	48. 2718	65. 1534	85. 6186	0. 8021	2. 1979	0. 9925
R3. 0	17	32. 4645	51. 5896	69. 7601	86. 0463	0. 7973	2. 2027	0. 9902
R3. 5	22	40. 4938	53. 7694	68. 7064	84. 5872	0. 6433	2. 3567	0. 9894

由表 4-31 和图 4-50 ~ 图 4-56 可知，在不同碱度和相同工艺条件下获得的低硅烧结矿试样粒度组成线性相关系数均在 0. 98 以上（线性关系较好的相关系数 R 能够达到 0. 996），说明烧结矿的粒度分布曲线具有良好的线性关系，其粒度分布的分形维数在 2. 1 ~ 2. 5 之

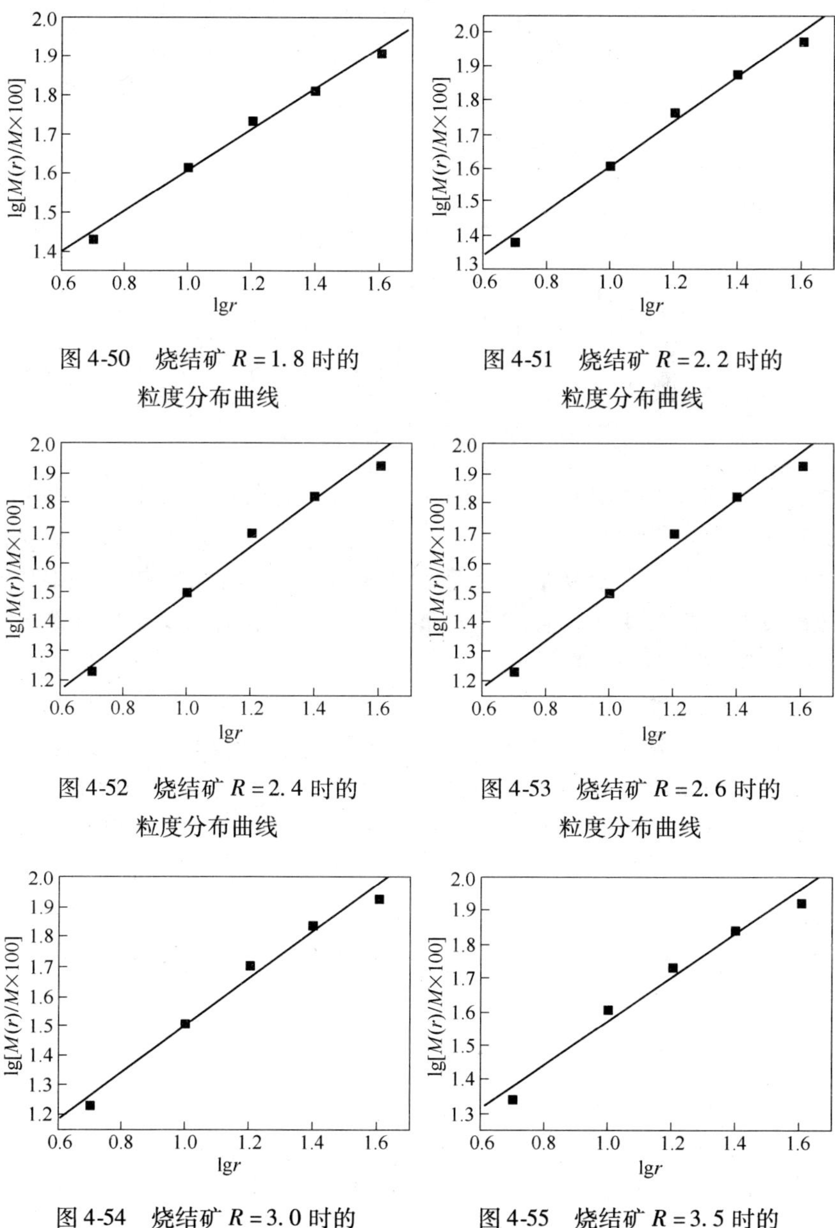

图 4-50 烧结矿 $R=1.8$ 时的粒度分布曲线

图 4-51 烧结矿 $R=2.2$ 时的粒度分布曲线

图 4-52 烧结矿 $R=2.4$ 时的粒度分布曲线

图 4-53 烧结矿 $R=2.6$ 时的粒度分布曲线

图 4-54 烧结矿 $R=3.0$ 时的粒度分布曲线

图 4-55 烧结矿 $R=3.5$ 时的粒度分布曲线

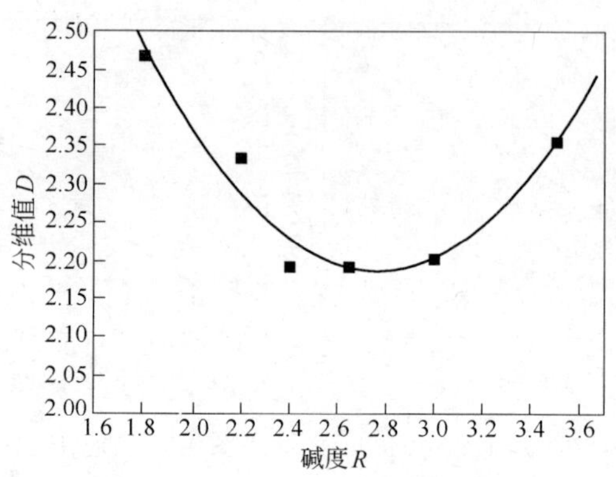

图 4-56 碱度与分维值的关系

间。好的线性关系说明烧结矿的粒度组成具有明显的分形结构和分形特征；分形维数平均在 2.3 左右，其值越大，小粒度所占的比例就越多，所以相对较复杂。而随着碱度的增加，烧结矿的粒度组成逐渐变好，而后变坏，其粒度分布的分形维数数值先变小后逐渐增大，成品率先增加后减小。

综上分析知，当烧结矿碱度适当提高时，烧结矿强度和成品率的提高，使得筛分后大粒级烧结矿的分配量有所增加，且碱度提高，烧结矿原料中配有较多的 CaO，使料层透气性大大改善，烧结过程的氧化性气氛增强，促使液相量进一步增加，生成较多的铁酸钙黏结相，提高矿物的强度，改变烧结矿的粒度组成，小粒级烧结矿所占的比例就较少了，使得低硅烧结矿的分形维数随着碱度的提高而降低。但是当碱度超过 2.4 后其结构开始恶化，强度和成品率有所下降，分维值也逐渐变大。

参考文献

[1] 潘宝巨，张成吉．中国铁矿石造块适用技术[M]．北京：冶金工业出版社，2000.

[2] 王荣成，傅菊英．高铁低硅烧结技术研究[J]．钢铁，2007，42(6)：17～20.

[3] 唐贤容，王笃阳，张清岑．烧结理论与工艺[M]．长沙：中南工业大学出版社，1992.

[4] 应自伟，姜茂发，许力贤，等．积极开发低硅烧结技术[J]．烧结球团，2002，27

(6)：8～11.

[5] 张瑞堂，代汝昌，孙艳红．烧结矿低硅含量合理性的辨析[J]．烧结球团，2004，29(3)：5～8.

[6] 张玉柱，冯向鹏，李振国，等．提高低硅烧结矿强度的研究及在生产上的应用[J]．钢铁，2004，39(8)：38～42.

[7] 谭贤会．低 SiO_2 烧结矿的生产实践[J]．烧结球团，2001，26(4)：23～26.

[8] 隆飞亮．降低烧结矿低温还原粉化率的研究[J]．湖南冶金，1999(2)：11～13.

[9] 范建军，蔡湄夏．烧结矿碱度对其质量影响的试验研究[J]．烧结球团，2000,25(2)：14～16.

[10] 道森 P R. 烧结技术的最新发展[J]．武钢经济技术研究中心，1999，5.

[11] 廖芝玉．低硅冶炼攻关分析[J]．柳钢科技，1997(4)：7～8.

[12] 许斌，张清岑，李贵奇，等．烧结矿矿物组成、结构与冶金性能的关系[J]．烧结球团，1998,23(3)：4～7.

[13] 中南矿冶学院团矿教研室．铁矿粉造块[M]．北京：冶金工业出版社，1978.

[14] 周云花．进口矿的性能与生产应用研究[J]．烧结球团，2000，25(9)：16～19.

[15] 朱德庆，张克诚，何奥平，等．强化制粒对高铁低硅混合料烧结的影响[J]．烧结球团，2003，28(1)：9～13.

[16] Balta P，E. Balta. 玻璃物理化学导论[M]．北京：中国建筑工业出版社，1983.

[17] 任允芙．钢铁冶金岩相矿相学[M]．北京：冶金工业出版社，1982.

[18] 王如英．烧结矿显微硬度的研究[J]．烧结球团，1995，20(3)：9～13.

[19] 单继国，任志国，刘淑桂．改善攀钢钒钛烧结矿低温还原粉化性研究[J]．烧结球团，1995，20(3)：1～6.

[20] 陆寿先．浅谈 SiO_2 对铁矿粉使用价值的影响[J]．柳钢科技，1995，(4)：17～20.

[21] 娄巴切夫 B T. 含氧化镁高碱度烧结矿的生产[J]．国外烧结球团，1988，(1)：42～43.

[22] 任允芙，蒋烈英，王树同，等．配加白云石烧结矿中 MgO 的赋存状态和矿物组成及其对冶金性能影响的研究[J]．烧结球团，1980，5(3)：1～9.

[23] G. Lyons R. Assessment on Sinter with Addition Olivine[J]．Ironmaking Proceedings. 1988，47：647～655.

[24] 周取定，孔令坛．铁矿石造块理论及工艺[M]．北京：冶金工业出版社，1992.

[25] 刘振林，许思东，赵忠文．烧结原料结构的优化[J]．烧结球团，1999，24(1)：9～12.

[26] Loo C E，Bristow N J. 铁矿石烧结矿低温还原粉化机理研究[J]．烧结球团，1995，20(3)：25～29.

[27] 单继国．烧结矿低温还原粉化的研究[J]．烧结球团，1989，14(2)：15～19.

[28] 刘顺生，郑强．砾岩的粒度分形特征及在克拉玛依油田的应用[J]．新疆石油地质，1998，19(3)：231～232.

5 膨润土理化性能对球团矿质量的影响及改性技术

20 世纪 70 年代末，高碱度烧结矿配加酸性球团矿/块矿的合理炉料结构逐渐得到认同，但因我国铁矿粉造块多年来一直沿袭细磨铁精矿烧结工艺路线，受到原燃料条件和生产设备等限制，我国高炉炼铁精料和合理炉料结构进展缓慢。氧化性球团生产工艺对于细磨铁精矿而言，是一种更为合理有效的造块技术，且球团矿具有铁品位高、强度高、形状规则、粉末少、还原性能好等较好的冶金性能。

我国钢铁工业球团矿生产工艺主要经历了 20 世纪五六十年代的竖炉球团生产和 21 世纪以来的链篦机-回转窑球团生产两个重要阶段。截至 2009 年底，全国球团矿产量已超过 1 亿吨，生产设备中，竖炉产能占 35.3%，链篦机-回转窑占 61.7%，带式焙烧机占 3.0%[1]。为实现更为合理的炉料结构和进一步贯彻精料方针，以满足高炉炼铁技术进步和指标改善的需要，球团矿具有广阔的发展前景。

膨润土是铁矿氧化性球团生产中应用最广、效果最好的黏结剂，具有来源广、价格适中、使用效果明显等诸多优势[2]。膨润土是以蒙脱石为主要成分的含水铝硅酸盐类黏土矿物，化学通式为 $[(Al_{2-x}Mg)_2]\cdot[SiO_4O_{10}]_2\cdot(OH)_2\cdot nH_2O$，理论化学成分是 Al_2O_3 28.3%、SiO_2 66.7%，属于羧基组成的 H_2O 为 5%。因此，球团矿生产中高膨润土配比会导致球团矿 SiO_2 含量升高，从而造成渣铁比升高，生铁成本增加等。

膨润土作为球团生产的主要黏结剂，球团矿质量与膨润土的理化性能有着密切的联系，不同的膨润土质量指标对球团的各种性能都有影响。我国有丰富的膨润土资源，但大多数属于钙基膨润土，蒙脱石含量偏低，性能较差，且采选加工工艺简单，成为氧化性球团生产工艺技术亟待解决的难题。因此，分析膨润土理化性能对球团质量的影响，在此基础上对其进行改性研究，寻求新型、高效、经济的膨润土改性活化剂，对于更好地利用膨润土资源，改善球团矿质量，进而提高高炉技术经济指标，具有非常重要的现实意义。

5.1 铁矿球团用膨润土理化性能和质量评价

膨润土又名膨土岩、斑脱岩，有时也称白泥，是一种性能十分优良，经济价值较高，应用范围较广的黏土资源。膨润土主要是由蒙脱石类矿物组成的黏土，多含有不等量的石英、长石、云母、沸石、黄铁矿等杂质。膨润土通常为白色，呈油脂光泽、蜡状光泽或土状光泽，相对密度为 2.6 g/cm^3，熔点为 1430 ℃；化学组分主要是 SiO_2、Al_2O_3，H_2O、Fe_2O_3、MgO 含量有时较高，并含有 Ca、Na、Mg、K、Fe（表 5-1）[3]。

表 5-1 膨润土化学成分

成　分	平均值 w/%	变化范围 w/%
SiO_2	59.488	51.2 ~ 65.00
Al_2O_3	21.934	15.20 ~ 34.00
Fe_2O_3	3.770	0.00 ~ 13.61
FeO	0.197	0.00 ~ 1.61
MgO	3.548	0.09 ~ 7.38
CaO	1.176	0.00 ~ 4.23
Na_2O	0.824	0.00 ~ 3.74
K_2O	0.342	0.00 ~ 1.82
TiO_2	0.250	0.00 ~ 2.90
H_2O	8.380	5.21 ~ 13.75

膨润土晶体结构属于 2∶1 型片状晶体结构，由二层硅氧四面体和一层铝氧八面体构成，其间充满着游离的多个水分子和可交换的阳离子，以及一些可溶性物质。由于蒙脱石层间结构中的可溶物质的溶出，使其形成了独特的微孔结构，具有吸水性、分散性、黏结

性、蚀变性和阳离子交换性等特性，从而显出良好的化学活性和独特的物理吸附性[4]。膨润土理化性能吸蓝量、膨胀容、胶质价、吸水率等是膨润土品质优劣的一种重要衡量标志，实质上是其主要组成矿物蒙脱石含量及特性的表征。

5.1.1 膨润土理化性能参数

5.1.1.1 蒙脱石含量

膨润土中蒙脱石含量的多少，直接影响着膨润土的质量好坏。由于膨润土分散于水溶液中具有吸附亚甲基蓝的能力，其吸附量被称为吸蓝量。

膨润土中蒙脱石含量越高，吸蓝量越多。因此吸蓝量可成为粗略估计膨润土矿中蒙脱石相对含量的技术指标。吸蓝量也是吸附性和吸水性强弱的一种表征，吸蓝量高，则意味着蒙脱石量高，吸附性和吸水性强。

5.1.1.2 膨胀容

膨润土遇水有明显的膨胀性能，与盐酸溶液混匀后，膨胀后所占有的体积，称为膨胀容，以毫升/克样表示。

吸水率和膨胀容高，对于同一类型（如钙基）膨润土而言，表明蒙脱石含量多，吸水性、吸附性好，膨胀性强。蒙脱石属单斜晶系 2∶1 型层状结构，单元层间能吸附和排出水分子，吸水后因蒙脱石层间的距离加大，形成触变性凝胶物质，表现出自身膨胀性（吸收 8 倍体积的水，体积膨胀 20 倍）。

其测定方法如下：

（1）主要仪器与试剂

1）带塞量筒（100mL，直径约 25mm）；

2）盐酸溶液（1mol/L），取 83mL 盐酸加水稀释至 1000mL，摇匀。

（2）操作步骤

1）称取 1.000g 试样于已加入 30 ~ 40mL 水的 100mL 带塞量筒内，再加水至 75mL 刻度处；

2）盖紧塞子摇晃 3min，使试样充分散开与水混匀，在光亮处观察，无明显颗粒团块即可；

3）打开塞子，加入 25mL1mol/L 盐酸溶液，再塞上塞子，摇晃 1min；

4）将量筒放置于不受振动的台面上，静置 24h，读出沉淀物界面的刻度值，即为膨胀容，以毫升/克样表示。

5.1.1.3 胶质价

胶质价是度量膨润土形成胶体体系及其稳定性的指标之一，是分散性、亲水性和膨胀容的综合表现，胶质价高则胶体性能好。通常将膨润土和一定比例水和氧化镁混合形成凝胶体的体积称为胶质价，以 15g 样形成的凝胶体积的毫升数表示。胶质价显示试样颗粒分散与水化程度，大小与膨润土矿的属型和蒙脱石含量密切相关，钠基比钙基、酸性膨润土的胶质价高，同一属型的膨润土，含蒙脱石愈多，胶质价愈高。所以，胶质价是鉴定膨润土矿石属型和估价膨润土质量的技术指标之一。

其测定方法如下：

（1）主要仪器与试剂

1）带塞量筒（100mL，直径约 25mm）；

2）氧化镁（轻质、盒装，上海化学原料厂产）。

（2）操作步骤

1）称取 15.00g 试样于已加入 50～60mL 水的 100mL 带塞量筒内，再加水至 90mL 左右；

2）盖紧塞子，摇晃 5min 左右，使试样充分散开与水混匀，在光亮处肉眼观察，无明显颗粒团块即可。如未分散好，继续摇至全部散开为止；

3）打开塞子，加入 1.00g 氧化镁，加水至 100mL 处，再盖上塞子，摇晃 3min；

4）将量筒放置于不受振动的台面上，静置 24h，读出凝胶体界面的刻度值，即为胶质价，以毫升/15 克表示。

5.1.1.4 吸蓝量

膨润土分散于水溶液中，具有吸附次甲基蓝的能力，其吸附量被称为吸蓝量，以 100g 样吸附的次甲基蓝克数表示。膨润土中的蒙脱石含量愈高，吸蓝量愈高。因此，吸蓝量可作为粗略估价膨润土矿中蒙脱石相对含量的主要技术指标。

其测定方法如下：

（1）主要试剂和材料

1）次甲基蓝标准溶液：将次甲基蓝（指示剂）在（93 ±3）℃的烘箱中烘4h，置于干燥器内冷却至室温。称取1.5995g于烧杯中，加水使其完全溶解（如次甲基蓝不易溶解，可微热，温度不宜太高，以免次甲基蓝变质），移入1000mL棕色容量瓶中，加水稀释至刻度，摇匀。此溶液1mL含1.8695mg三水次甲基蓝或1.5995mg无水次甲基蓝。

2）焦磷酸钠溶液（1%）：称取10g焦磷酸钠于烧杯中，加水使其完全溶解（可微热）。加水稀释至1000mL，摇匀。

3）中速定量滤纸（杭州新华造纸厂产）。

（2）操作步骤

1）称取0.2000g试样，置于已加入50mL水的锥形瓶中，摇动，使试样在水中充分散开，再加入20mL 1%焦磷酸钠溶液，摇匀。

2）将盛有混合溶液的锥形瓶置于电炉（或电热板）上加热微沸5min，取下冷却至室温。

3）用次甲基蓝标准溶液滴定。开始时可依次滴加5mL，逐次缩小间隔至2～3mL，快到终点时，每次滴加0.5～1mL。每次滴加后，摇晃15～30s，用直径2.5～3.0mm的玻璃棒蘸一滴试液于中性定量滤纸上，观察在中央深蓝色斑点周围有无出现浅绿色晕环。若未出现，则继续滴加。当在深蓝色斑点周围出现浅绿色晕环时，再摇晃30s，用玻璃棒蘸一滴试液于滤纸上，若浅绿色晕环仍不消失，即为滴定终点。记下滴定所耗次甲基蓝标准溶液的体积（V），到终点后，可继续滴加1～2mL次甲基蓝溶液，若浅色绿晕环变明显且宽度增大，则表示终点判断无误。

（3）计算

$$B = \frac{N \times V \times 0.319}{G} \times 100 \tag{5-1}$$

式中　B——吸蓝量，g/100g；

N——次甲基蓝标准溶液的质量浓度，g/mL；

V——滴定所消耗次甲基蓝标准溶液的体积，mL；

G——试样质量，g；

0.3199——规定系数（无水次甲基蓝表示）。

$$蒙脱石含量(\%) = 吸蓝量/0.442 \tag{5-2}$$

式中，0.442 表示100g 纯蒙脱石矿物吸附次甲基蓝量为44.2g，该换算系数为1961 年西德亚亨铸造所提出。

5.1.1.5 阳离子交换容量和可交换阳离子的数目

蒙脱石的结构单元是两个硅氧四面体层夹一个铝氧八面体组成，靠共用的氧原子连接，其层间的阳离子可以交换，可交换的阳离子为钾、钠、钙、镁、铝、锂等，并很容易使颗粒分裂成带电胶体，晶层间被吸附的阳离子具有可交换性，常用该特点改善其性能，扩展其应用。当用离子交换法引入大的有机或无机离子进入层间结构制成大孔洞的材料时，将大分子有机物引入层间的膨润土称之为有机膨润土，具有吸附某些阳离子和极性有机分子的能力。

阳离子交换容量是指在 pH = 7 时蒙脱石吸附可交换阳离子的总量，以每100g 膨润土吸附阳离子的量来表示，其单位为 mmol/100g。

测定膨润土中阳离子交换容量和可交换性阳离子的数目，是判断膨润土品位（蒙脱石相对含量）和划分膨润土类型的主要依据，也是综合评价膨润土的重要技术指标之一。阳离子交换容量越高，则蒙脱石体积分数越高，能提供的可交换阳离子量也越多。

此外，膨润土理化性能参数还包括比表面积、褪色力、稳定性、可塑性等。

5.1.2 膨润土质量评价

由于膨润土广泛应用于化工、机械、冶金、医药等多个领域，因此，在不同领域会有不同的质量检测标准和不同的要求，不同国家标准的参数也不相同[4]。作为冶金行业球团生产的黏结剂，中国检测指标主要是膨润土吸水膨胀性、含胶量和阳离子交换性，德国侧重检测膨润土吸水膨胀性、含胶量和黏度等性质，而日本侧重于检测吸水能力、含胶量和阳离子交换等性质。有资料显示[2]：蒙脱石含量对未焙烧球团的各种性能都有高度显著的影响，是提高生球爆裂温度的唯一影响因素；吸水率、蒙脱石含量、阳离子交换量是提高生球抗压强度、落下强度和干球抗压强度的显著和高度显著的影响因子；胶质价、膨胀容、吸水率和蒙脱石含量是提高干球团耐磨强度的显著和高度显著的因子。但是大量实践证明，生球质量与上述指标没有绝对一致的规律。造球所用铁精矿和膨润土的表面特性各不相同；同一种铁精矿与不同膨润土，或同一种膨润土与不同铁精矿之间的相互作用也是不同的，这就存在着铁精矿与膨润土的匹配问题，最终通过所涉及的铁矿石进行造球和焙烧实验来作出结论。

原冶金部钢铁司于1983年推荐了膨润土参考质量标准（表5-2）。

表5-2 铁矿球团用膨润土质量参数指标

指　标	级　别	
	一级	二级
蒙脱石含量/%	>60	60～45
2h 吸水率/%	>120	120～100
膨胀倍数/mL · g^{-1}	>12	12～8
粒度	<0.074mm 含量占99%以上	
水分/%	<10%	

5.1.3 膨润土改性及其处理方法

膨润土可分为钠基、钙基等不同类型膨润土。天然膨润土中，钠基比钙基或镁基的物化性质及工艺技术性能要优越，主要表现在具有较高的分散性、膨胀性和热稳定性，较好的胶体性以及较大的有效面积，其胶体悬浮液触变性、黏度、润滑性好等，因此应用更为广泛。无论是钠基还是钙基的，在实际应用中，其性能均不够理想，为达到高性能的实用性，均需要人工改性。人工改性膨润土的处理剂有：Na_2CO_3，$NaHCO_3$，NaOH，MgO，$Mg(HCO_3)_2$，$MgCO_3$，$Ca(OH)_2$，KOH，$Zn(OH)_2$，$ZnCO_3$，K_2CO_3，Na_2SiO_3 等[5]。

膨润土改性方法主要有：

（1）无机改性。以钠交换为主，可提高膨润土的膨胀性、黏结性和耐火性。主要使用碳酸钠作为活性剂，也有使用碳酸氢钠、醋酸钠等钠盐剂，以及碳酸锂、氧化镁等其他交换剂。

（2）有机改性。有机活化剂多为十八烷基铵盐，也有使用其他铵盐的，目的是为了改变膨润土在有机溶液中胶凝性差、不膨胀的缺点。

（3）合成交联膨润土。交联膨润土主要使用金属的聚羟基阳离子为交联剂来合成。

5.1.3.1 钠化改性

膨润土的人工改性是利用蒙脱石的片状结构具有阳离子交换的特点，把高价的钙镁等离子置换出来。其置换过程为：

$$(Mg)Ca\text{ 基土} + Na_2CO_3 \longrightarrow 2Na\text{ 基土} + CaCO_3\text{ 或 }MgCO_3$$

进行钠化处理所用的含钠化合物有 NaCl、Na_2CO_3、NaOH、Na_3PO_4、Na_2HPO_3 以及偏硼酸钠离子交换树脂，其中以 Na_2CO_3、NaOH 及 NaOH-NaCl 体系成本较低、效果较好，所以目前国内用得较多。其交换反应是在过量的 Na^+ 浓度下进行的：

$$Ca\text{-蒙脱石} + 2Na^+ \longrightarrow 2Na\text{-蒙脱石} + Ca^{2+}$$

钙基原土的钠化一般是用3%～5%碳酸钠和碳酸氢钠、醋酸钠、草酸钠、氢氧化钠等进行简化处理，其反应机理为：

$$Ca\text{-蒙脱石} + Na_2CO_3 \longrightarrow 2Na\text{-蒙脱石} + CaCO_3$$

通过钠化处理，膨润土中的 Na^+ 含量增高，其膨胀性、抗压性、悬浮性、黏结性等都有显著提高。钠化膨润土有以下几种操作方法：

（1）矿浆悬浮法。在配浆的同时向水中加入钙基土和碱，配浆要适量。

（2）陈化法。其工艺为：原矿→加药→搅拌→堆化陈化→干燥→粉磨→产品。

（3）挤压法。在碾轮机内加碳酸钠、丹宁酸混合碾压，再老化10天，干燥、粉碎、分级包装[6]。

5.1.3.2 锂化改性

一定工艺条件下加适量锂盐与钙基膨润土进行改性处理，在有机溶剂中溶胀可形成胶体，能直接代替有机膨润土。其工艺为：钙基原土+锂盐（碳酸锂等）→碾轮混砂机中混料→烘干→粉料过筛。

5.1.3.3 酸活化改性

酸活化处理膨润土，是指用酸化处理，使之具有较强的化学活性、吸附性和催化性。利用膨润土的离子交换性能，可由钙基土制备酸性土，即酸洗或酸浸可使钙基土转变为酸性土，将原土中的可交换阳离子 Ca^{2+} 用酸改为 H^+，使之成为以 H^+ 为主要可交换阳离子的氢基膨润土。同时还伴有酸对膨润土的溶解、酸对膨润土中酸溶性杂质的溶解。酸对膨润土的溶解主要是针对膨润土中的铝氧八面体而言的，随着反应的进行，溶液中 Al^{3+} 的浓度逐渐增大，当达到一定值后，Al^{3+} 代替 H^+ 与膨润土中的其他可交换阳离子进行交换。因此，反应中控制反应条件，使膨润土中的 Al^{3+} 要尽可能少地被溶解下来，而酸中的 H^+ 要尽可能多地参与膨润土中的阳离子交换。

目前已开发了湿法、半湿法和干法三种工艺[7]。所谓湿法，即酸液与膨润土混合活化后，经水洗干燥粉碎，制成酸化活性膨润土；半湿法，即指利用低浓度的无机酸，在高温高压下活化膨润土生产；而干法则是用酸液与膨润土混合活化，不经水洗，直接干燥粉碎。

经酸化改性的膨润土与原土相比，孔道和孔隙结构有所改善，使原土较为致密的片状板层结构变得疏松，孔道扩大，有利于污染分子进入并进行有效的吸附，酸化处理可除去分布于膨润土通道中的杂质[8]。

5.1.3.4 盐溶液活化改性

将一定细度的膨润土浸渍于盐溶液（NaCl、$MgCl_2$、$Zn(NO_3)_2$、$Cu(NO_3)_2$ 等），在一定水浴温度下加热搅拌一定时间，抽滤去液，用蒸馏水将滤液洗至中性，于150℃下干燥，研磨至原粒度即可。

经盐溶液改性的膨润土较原土的吸附能力有提高，这可能是因为经盐溶液中的离子活化改性，这些离子充当了平衡硅氧四面体上负电荷的作用，这些低电价大半径的离子和结构单元层之间作用力较弱，从而使层间阳离子有可交换性，同时由于在层间溶剂的作用下可以剥离，分散成更薄的单晶片，又使膨润土具有较大的内表面积，这种带电性和巨大的比表面积使其具有很强的吸附性[9]。

由于蒙脱石晶层平面带负电，晶层端面带正电，若能将晶层端面改为负电性，则可提高蒙脱石吸附金属阳离子的能力。有研究采用铝硅酸盐溶液与蒙脱石端面上裸露的铝离子反应而吸附在晶层端面上，使晶层端面带负电，达到蒙脱石改性目的[10]。

5.1.3.5 有机覆盖处理

天然膨润土均属于无机膨润土，无机膨润土具亲水疏油性，人们为扩大其在有机相中的应用，将大分子有机物引入其层间使之改性，将亲水性的无机膨润土变为亲油性的有机膨润土。有机膨润土是指用有机阳离子或有机化合物，取代蒙脱石层间交换性阳离子或吸附水，使其失去或部分失去吸附水，生成一种疏水亲油的膨润土-有机复合物[11]。

有机覆盖处理就是将有机胺盐或季铵盐加到蒙脱石的水分散液中进行阳离子交换，有机阳离子与膨润土层间及表面的无机离子交换形成以离子键为主的有机复合物（有机膨润土）。一般而言，用作有机改性的膨润土，要求有高的蒙脱石含量，胶质价越大越好，阳离子交换量一般要大于75mmol/100g为佳。而制备有机覆盖剂的原料选择，除考虑来源广、价格低外，还必须考虑它与膨润土结合时的稳定性及成胶特性。

由于有机膨润土是有机胺离子取代Na^+-蒙脱石中的钠离子而成的复合物，有机阳离子使晶层间距加大，赋予蒙脱石以亲油疏水性。因此，阳离子交换剂必须具有较强的亲油基，一般主碳链要$C>12$，制成的有机膨润土在有机物中的分散性和凝胶性才较强。常使用的有机阳离子改性剂有：十八烷基胺、三甲基十八烷基氯化铵、二甲基双十八烷基氯化铵、二甲基十八烷基苄基氯化铵、十六烷基三甲基溴化铵、十八（烷）胺醋酸盐、二甲十八胺氯化合物、双十八烷基甲基苄基氯化铵和N-十八烷基对苯二甲基酸钠及主碳链含碳不同的季铵盐等。用这些阳离子与Na^+-蒙脱石进行交换反应，就可得到型号规格不同、用途不同的有机膨润土。制备有机膨润土的一般工艺为：膨润土粉→制浆分散→（加酸）改性→提纯→有机覆盖→漂洗→甩干→烘干→粉磨→包装。

Na^+-蒙脱石与季铵盐之间的阳离子交换反应，控制条件不是十分严格、工艺并不复杂，常温条件下反应即可进行。一般是在80℃反应1~2h即可，关键是怎样选择和精制膨润土以提高阳离子交换量和选择有机阳离子交换剂及控制交换的当量比。此外，还与所用的改性剂的浓度、溶液的pH值、反应的时间、温度等有关。

不论是无机改性还是有机改性，对不同矿源的膨润土其改性工艺会有差别。因此，在开发利用各地不同矿源的膨润土时，必须对矿源进行试验研究，才能确定较优化的工艺条件。

5.2 膨润土理化性能对球团矿质量的影响

对氧化性球团生产而言，膨润土配加量是由膨润土理化性质和铁精矿品质交互作用与造球工艺参数决定的，而最终的球团矿质量还取决于球团焙烧设备和焙烧工艺制度。为此，采用不同种类的铁精粉，分别配加不同种类的膨润土混匀造球；采用不同种类的铁精粉，分别与某一膨润土的不同配加量混匀造球，从而系统研究膨润土的种类、膨润土的配加量以及膨润土的理化性能与球团矿的质量之间的关系。

5.2.1 原料条件

5.2.1.1 铁精粉原料条件

试验所用两种膨润土分别为地方铁精粉与石人沟铁精粉，其原料成分及粒度组成见表5-3、表5-4。

表5-3 铁精粉的主要化学成分

名称	化学成分 w/%					
	TFe	SiO_2	CaO	Al_2O_3	MgO	水分
地方铁精粉	66.87	5.65	0.8	1.76	0.6	7.824
石人沟铁精粉	64.48	7.98	0.58	0.78	0.52	9.882

表 5-4 精矿粉粒度组成 (%)

名 称	>0.147mm	0.106 ~ 0.147mm	0.074 ~ 0.106mm	0.043 ~ 0.074mm	<0.043mm	<0.074mm
地方铁精粉	8.19	9.07	9.19	31.56	42	73.6
石人沟铁精粉	0.725	4.435	8.655	33.839	52.346	86.2

5.2.1.2 各种膨润土物质组成与结构特征

对试验用各种不同的膨润土，过0.074mm 筛进行了 X 射线衍射分析和化学分析，结果表明（图5-1、表5-5），各种不同膨润土的主

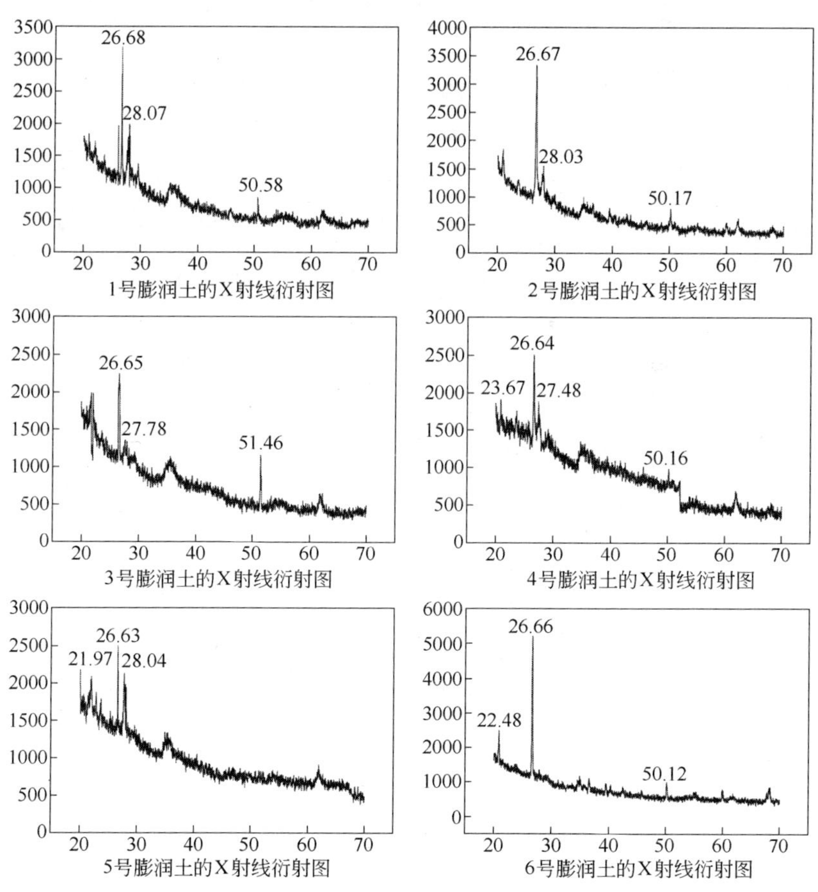

图 5-1 膨润土 X 射线衍射图

要矿物组分是蒙脱石。

表 5-5 各种不同膨润土的主要化学组成

膨润土名称	化学成分 w/%								
	SiO_2	Al_2O_3	Fe_2O_3	MgO	CaO	Na_2O	K_2O	TiO_2	MnO
1号	68.4	13.95	1.60	2.48	0.51	0.45	0.90	0.08	0.026
2号	65.25	14.73	2.37	2.56	2.70	1.85	1.07	0.33	0.03
3号	57.12	25.05	3.79	2.14	0.83	0.57	0.69	0.50	0.02
4号	63.22	17.47	4.53	3.42	1.41	1.02	1.39	0.40	3.42
5号	67.62	15.80	3.33	3.39	1.24	1.56	0.87	0.34	3.39
6号	72.19	14.50	1.20	2.15	1.43	2.01	1.65	0.06	0.01

5.2.1.3 各种膨润土理化性能指标

球团矿质量与膨润土的理化性能有着密切的联系，根据5.1.1所述膨润土的理化性能测定方法，测得试验所用膨润土的理化性能指标（表5-6）。

表 5-6 膨润土理化性能指标

膨润土名称	胶质价/mL · $15g^{-1}$	膨胀容/mL · g^{-1}	蒙脱石/mg · $100g^{-1}$	吸蓝量/%
1号	680	14	72.38	32
2号	456	17	65.14	29
3号	52	10	63.33	28
4号	98	14	62	27.5
5号	86	13	61.1	27
6号	100	10	56.56	25

5.2.2 膨润土配比与理化性能对球团矿质量的影响

5.2.2.1 地方铁精粉配加膨润土造球

A 地方铁精粉配加1%不同膨润土造球

地方铁精粉与六种不同膨润土混匀造球，配加量为1%时，测得生球和成品球团矿的常温性能（表5-7）。可见，生球抗压强度基本不变，都小于10N，配加2号膨润土的值达到最大，为8.8N；生球落下强度变化幅度不大，配加 2 号膨润土的值最高，为 2.8 次/0.5m；爆裂温度大部分都在 600℃以上，配加 2 号的比较好；成品球的抗压强度配加 2 号膨润土的为最好。相对比较，当地方铁精粉配加 1% 不同种类的膨润土时，配加 2 号膨润土后的球团质量比较好。

表 5-7 地方铁精粉配加 1%膨润土球团矿常温性能

膨润土名称	生球				成品球
	抗压强度/N	落下强度/次	爆裂温度/℃	水分/%	抗压强度/N
1 号	8.5	2.3	650	7.76	1570
2 号	8.8	2.8	630	7.78	1850
3 号	8.6	2.7	660	7.27	1840
4 号	8.2	2.2	590	7.46	1810
5 号	7.3	2.0	630	7.45	1770
6 号	6.5	2.0	660	7.60	1780

B 地方铁精粉配加 2% 膨润土造球

采用地方铁精粉配加 2% 的膨润土混匀造球，测得球团矿的常温性能（表 5-8）。可见，生球抗压强度呈下降趋势，配加 1 号膨润土的值最大，为 14.5N；生球落下强度呈下降趋势；爆裂温度基本呈上升的趋势；成品球的抗压强度先升高后降低。综合比较，当地方铁精粉配加 2% 不同种类的膨润土时，配加 2 号膨润土后的球团质量比较好。

表 5-8 地方铁精粉配加 2%膨润土球团矿常温性能

膨润土名称	生球				成品球
	抗压强度/N	落下强度/次	爆裂温度/℃	水分/%	抗压强度/N
1 号	14.5	11.2	520	7.35	1900
2 号	12.6	8.3	610	7.03	2150
3 号	11.6	4.3	600	7.72	2290
4 号	11.7	3.7	620	7.44	2350
5 号	11.5	3.5	620	7.02	2280
6 号	10.3	4.2	620	7.58	2200

C 地方铁精粉配加3%膨润土造球

地方铁精粉配加3%的膨润土混匀后造球，测得球团矿的常温性能（表5-9）。可见，配加3%的几种不同膨润土后，生球抗压强度呈降低的趋势，配加1号膨润土的值达到最大，为13.3N；生球落下强度基本呈下降趋势，配加2号膨润土的值最高，为9.6次/0.5m；爆裂温度为配加3号膨润土的最好；成品球的抗压强度是配加6号膨润土的最好。相对比较，当地方铁精粉配加3%不同种类的膨润土时，配加2号膨润土后的球团质量比较好。

表5-9 地方铁精粉配加3%膨润土球团矿常温性能

膨润土名称	生球				成品球
	抗压强度/N	落下强度/次	爆裂温度/℃	水分/%	抗压强度/N
1号	13.3	9.4	660	7.34	2230
2号	13.1	9.6	660	7.40	2480
3号	10.2	5.7	700	7.30	2470
4号	11.3	5.1	680	7.34	2450
5号	10.0	6.8	620	7.39	2390
6号	11.0	4.6	650	7.06	2580

D 地方铁精粉配加4%膨润土造球

采用地方铁精粉与4%的膨润土混匀后造球，测得球团矿的常温性能（表5-10）。可见，配加4%的几种不同膨润土后，生球抗压强度呈先升高后降低的趋势，配加2号膨润土的值达到最大，为19.5N；生球落下强度变化幅度不大，配加2号膨润土的值最高，为10.2次/0.5m；爆裂温度为配加2号膨润土的最好；而成品球的抗压强度也是配加2号膨润土的最好。综合比较而言，当地方铁精粉配加4%不同种类的膨润土时，配加2号膨润土后的球团质量比较好。

表 5-10 地方铁精粉配加 4%膨润土球团矿常温性能

膨润土名称	生球				成品球
	抗压强度/N	落下强度/次	爆裂温度/℃	水分/%	抗压强度/N
1 号	16.3	8.0	650	7.38	2330
2 号	19.5	10.2	680	7.10	2610
3 号	11.2	8.2	630	7.39	2480
4 号	11.1	7.7	600	7.87	2440
5 号	10.0	7.0	610	7.10	2410
6 号	11.1	7.7	600	7.19	2520

六种膨润土中，2 号膨润土具有较高的胶质价、蒙脱石含量（吸蓝量）和膨胀容。根据膨润土理化性能指标与球团质量关系，可初步判断 2 号膨润土与地方铁精粉搭配可获得较高球团质量。

（1）胶质价是膨润土分散性、吸水性和胶体性的综合体现，在一定程度上反映了膨润土悬浮液胶体含量，能粗略判断膨润土优劣。因此，具有较高胶质价的 1 号、2 号膨润土球团质量较好。但由于测定胶质价时添加了 MgO 辅助凝胶形成，胶质价并不能完全反映膨润土悬浮液的胶体性能。

（2）蒙脱石含量（吸蓝量）高的膨润土所生产的生球各项指标均较好，但由于膨润土中高岭石、伊利石等杂质成分也具有吸蓝能力，由吸蓝量测得的蒙脱石含量并不能完全显示膨润土蒙脱石真实含量；再加之，蒙脱石成分的复杂性，不同种类的蒙脱石的造球效果也存在差异，如钠基蒙脱石优于钙基蒙脱石。因此，蒙脱石含量只能粗略评价膨润土质量。

（3）膨胀容是膨润土在酸性体系下分散膨胀性的体现。但由于现实中的生球水体系多为中性或弱碱性，而膨润土表面电位与体系的酸碱度密切相关。因此，不能从膨润土膨胀容数值判断膨润土质量优劣。

E 地方铁精粉配加 2 号膨润土的球团矿质量

通过以上大量试验以及对试验结果的分析，在几种膨润土中，2 号膨润土与地方铁精粉相配，效果较好。随 2 号膨润土配加量增加，生球的抗压强度、落下强度、生球爆裂温度以及成品球的抗压强度提高（图 5-2）。当配加量为 2% 时，就能达到球团矿的质量要求，所以，在单独配加 2 号膨润土的条件下，其适宜的配加量为 2%。

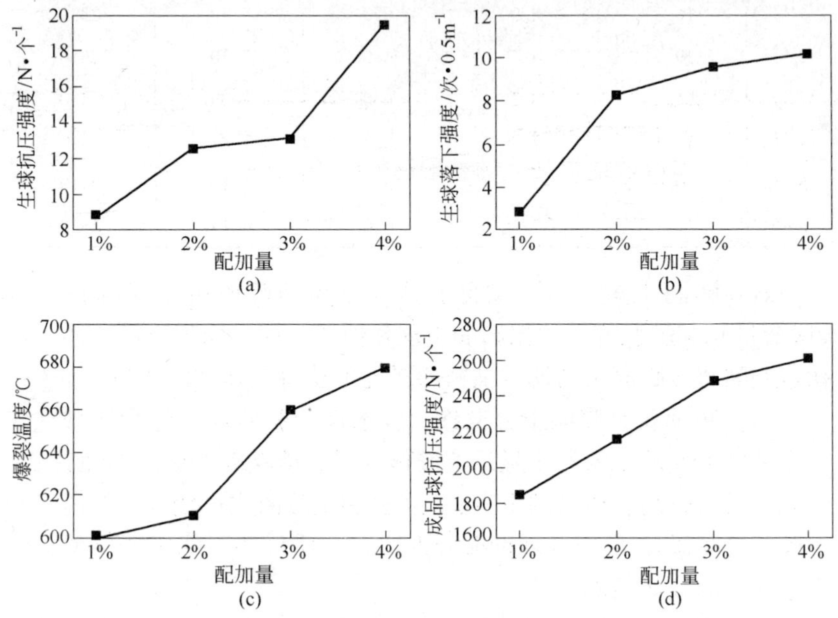

图 5-2 地方铁精粉配加不同配比膨润土的球团性能

（a）膨润土配比与生球抗压强度关系；（b）膨润土配比与生球落下强度关系；（c）膨润土配比与生球爆裂温度关系；（d）膨润土配比与成品球抗压强度关系

通过膨润土理化性能对球团质量的作用机理，可分析得到 2 号膨润土与地方铁精粉相匹配而获得较高球团质量的机理。

（1）对生球强度而言，由于膨润土具有良好的分散性和吸水膨胀特性，使膨润土的微细颗粒浸润与填充在矿石颗粒之间，改变了矿石表面性质，增加了固相桥键和液相桥键，特别是形成了微细毛细管，增大了毛细力，从而增大了矿粒拉紧力，提高了生球抗压强度。同时，由于膨润土浸润吸水，促进矿石颗粒间的相互滑动，从而提高了生球落下强度。

（2）对于生球爆裂温度而言，由于膨润土与水结合力强，膨润土晶层间含有大量的分子结合水，而分子结合水有较大的黏滞性和较低的蒸气压，表面汽化速度低，而且当生球表面水分汽化后，内部的水分又可以通过毛细管扩散到生球表面层膨润土的晶层间，因而干燥外壳形成比较慢，大量毛细水在表面蒸发，不易造成内部过剩的蒸气压。再加之，干燥外壳强度较好，能承受较大内压力的冲击而不破裂。此外，由于膨润土干燥收缩，使干燥外壳形成许多分布均匀的小孔，有利于蒸汽扩散到表面，减少球内的过剩蒸气压，所以膨润土能有效地提高生球破裂温度。

5.2.2.2 石人沟铁精粉配加不同膨润土造球

A 石人沟铁精粉配加2%膨润土造球

用石人沟铁精粉配加2%的膨润土进行造球，测得球团矿的常温性能（表5-11）。可见，当石人沟铁精粉配加2%不同种膨润土时，配加4号膨润土后的生球质量较好。配加后的生球抗压强度与成品球抗压强度都最大，分别为9.6N与1730N，但生球落下强度较低。由表5-11中数据可知，其配加后的爆裂温度也较高。分析这几种不同膨润土的理化性能可知，4号膨润土的膨胀倍与蒙脱石含量最低。

表5-11 石人沟铁精粉配加2%膨润土球团矿常温性能

膨润土名称	生球				成品球
	抗压强度/N	落下强度/次	爆裂温度/℃	水分/%	抗压强度/N
1号	9.5	2.1	700	7.45	1630
2号	6.9	2.1	770	7.90	1690
3号	8.3	2.5	680	7.10	1690
4号	9.6	3.4	710	7.32	1730
5号	9.4	2.8	700	7.36	1620
6号	8.6	2.4	670	7.03	1560

B 石人沟铁精粉配加3%膨润土造球

用石人沟铁精粉配加3%的膨润土进行造球，测得球团矿的常温性能（表5-12）。可见，当石人沟铁精粉配加3%不同种膨润土时，生球的抗压强度基本呈降低的趋势，配加1号膨润土后的达到最大，为11.7N；生球落下强度先升高后降低，配加3号用膨润土后的达到最高值6.1次/0.5m，配加4号后的比较高；爆裂温度大部分都在

600℃以上，配加4号膨润土后的最高；成品球抗压强度基本呈上升的趋势，配加所用6号膨润土后的最高，为2580N。

表5-12 石人沟铁精粉配加3%膨润土球团矿常温性能

膨润土名称	生球				成品球
	抗压强度/N	落下强度/次	爆裂温度/℃	水分/%	抗压强度/N
1号	11.7	3.7	580	7.50	2180
2号	10.2	4.3	600	7.43	2000
3号	9.7	6.1	700	7.21	2410
4号	10.7	5.6	740	7.58	2430
5号	9.2	4.9	700	7.73	2280
6号	8.1	5.7	670	7.20	2580

综合考虑，配加4号膨润土后的球团矿的常温性能较好。比较膨润土的理化性能指标，4号膨润土的胶质价较高，膨胀倍与蒙脱石含量最低。

C 石人沟铁精粉配加4%膨润土造球

用石人沟铁精粉配加4%的膨润土进行造球，测得球团的常温性能（表5-13）。可见，当石人沟铁精粉配加4%不同种膨润土时，生球的抗压强度先是降低后升高，基本呈降低趋势，配加4号膨润土后的较大，为12N；生球落下强度先降低后升高，配加1号后的达到最高值9.0次/0.5m，配加4号后的比较高，为7.4个/0.5m；成品球抗压强度基本呈上升的趋势，配加4号膨润土后的最高，为2910N。爆裂温度一般都大于600℃。

表5-13 石人沟铁精粉配加4%膨润土球团矿常温性能

膨润土名称	生球				成品球
	抗压强度/N	落下强度/次	爆裂温度/℃	水分/%	抗压强度/N
1号	12.8	9.0	630	7.25	2180
2号	13.6	5.4	550	7.30	2460
3号	9.4	8.1	690	7.36	2430
4号	12.0	7.4	760	7.64	2910
5号	10.8	7.2	670	7.71	2350
6号	10.5	7.7	710	7.76	2570

综合考虑，配加1号后的生球抗压强度和落下强度较高，但其成品球抗压强度最低，而配加4号膨润土后的球团矿的常温性能较好。比较膨润土的理化性能指标，4号膨润土的胶质价较高，膨胀倍与蒙脱石含量最低。

D 石人沟铁精粉配加4号膨润土后的球团矿质量

当石人沟铁精粉分别配加2%、3%和4%的4号膨润土造球时，球团的常温性能随着配加量的增加而增加（图5-3）。当配加量为3%时，球团矿的性能基本符合要求；而当配加量为4%时，球团矿的性能能完全达到要求。据此可知，4号膨润土配加量为3%时，能够达到球团矿的质量要求。

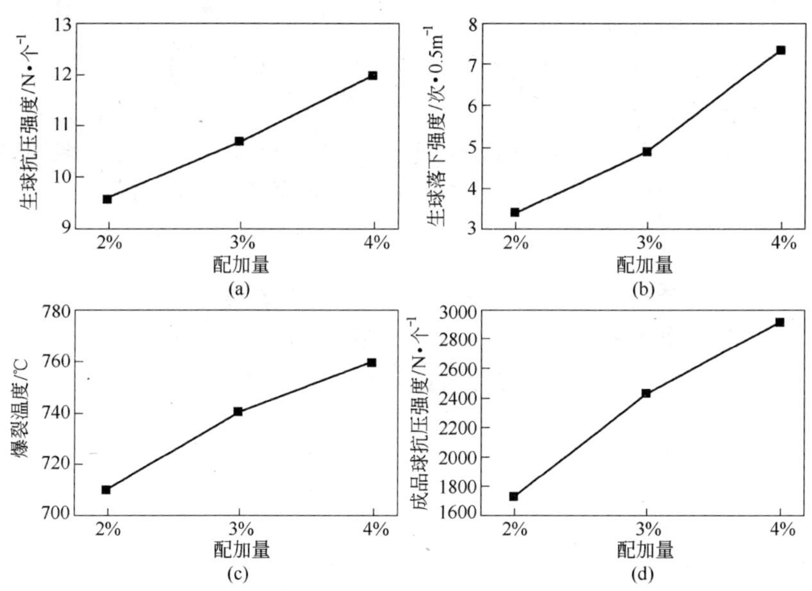

图5-3 石人沟精粉配加不同配比膨润土的球团性能

（a）膨润土配比与生球抗压强度关系；（b）膨润土配比与生球落下强度关系；（c）膨润土配比与生球爆裂温度关系；（d）膨润土配比与成品球抗压强度关系

5.2.3 球团矿质量与膨润土理化性能指标的关系

5.2.3.1 地方铁精粉配加2%膨润土的回归分析

对于唐钢常用的地方铁精粉，配加2%的不同种类的膨润土时，对数据进行逐步回归分析处理。分别以表 5-6 测定的膨润土的理化性能指标为自变量 X_i，以表 5-8 中的球团矿常温性能为因变量 Y_i，逐步回归计算所得数学模型为：

$$Y_i = b_0 + \sum_{i=1}^{K} b_i X_i$$

式中 b_0——常数；

K——自变量个数；

b_i——计算结果所得的自变量系数。

膨润土的理化性能指标编号为：

X_1：蒙脱石含量；X_2：胶质价；X_3：膨胀倍。

球团性能编号如下：

Y_1：生球抗压强度；Y_2：生球落下强度；Y_3：爆裂温度；Y_4：成品球抗压强度。

（1）生球抗压强度与膨润土理化性能指标的关系。经数据回归分析，生球抗压强度和膨润土理化性能之间关系的回归方程为：

$$Y_1 = -0.261774 + 0.0220575X_1 + 0.0000876458X_2 + 0.00344294X_3$$

（2）生球落下强度与膨润土理化性能指标的关系。经数据回归分析，生球落下强度和膨润土理化性能之间关系的回归方程为：

$$Y_2 = 1.97275 + 0.0428233X_1 + 0.0121553X_2 - 0.138766X_3$$

（3）生球爆裂温度与膨润土理化性能指标的关系。经数据回归分析，生球爆裂温度和膨润土理化性能之间关系的回归方程为：

$$Y_3 = 810.92 - 4.37588X_1 - 0.0960282X_2 + 6.67816X_3$$

（4）成品球抗压强度与膨润土理化性能指标的关系。经数据回归分析，成品球抗压强度和膨润土理化性能之间关系的回归方程为：

$$Y_4 = 1695.5 + 5.51252X_1 - 0.838361X_2 + 27.3526X_3$$

（5）膨润土理化性能对球团质量影响的显著性分析和方差分析。采用 r 检验法检验，得到膨润土理化性能与球团矿质量之间的相关系数（表 5-14）。

表 5-14 地方铁精粉配加 2%膨润土时球团矿质量和膨润土理化性能间的相关系数

膨润土指标		蒙脱石含量	胶质价	膨胀倍
相关系数 r	生球抗压强度	0.990	0.903	0.575
	生球落下强度	0.870	0.990	0.533
	生球爆裂温度	-0.912	-0.867	-0.230
	成品球抗压强度	-0.754	-0.923	-0.287

1）膨润土理化性能对生球抗压强度的影响。用 r 检验法检验生球抗压强度与膨润土性能指标之间的相关系数，当取 $\alpha=0.05$ 时，$n=6$，查得 $r_{1-0.05}=0.8114$，因 $0.990>0.8114$、$0.903>0.811$，所以认为生球抗压强度与膨润土的蒙脱石含量和胶质价之间有显著的关系。而因 $0.575<0.8114$，则认为生球抗压强度与膨润土的膨胀倍之间的关系不太显著。这与查阅的大量文献所得结果一致。

2）膨润土理化性能对生球落下强度的影响。当 $r_{1-0.05}=0.8114$ 时，从表 5-14 中的数据知，因 $0.990>0.8114$、$0.870>0.8114$，所以生球落下强度与膨润土的胶质价及蒙脱石含量之间的关系显著，而与膨润土的膨胀倍之间的关系不大。

3）膨润土理化性能对生球爆裂温度的影响。当 $r_{1-0.05}=0.8114$ 时，从表 5-14 的数据知，因 $|-0.912|>0.8114$、$|-0.867|>0.8114$，所以认为生球爆裂温度与膨润土的蒙脱石含量及胶质价之间的关系明显，而与膨润土的膨胀倍之间的关系不明显。

4）膨润土理化性能对成品球抗压强度的影响。当 $r_{1-0.05}=0.8114$ 时，从表 5-14 可看出，成品球抗压强度与膨润土的胶质价之间的关系最大，而与膨润土的蒙脱石含量及膨胀倍之间的关系不明显。

5）方差分析。对以上所得的回归方程进行方差分析，通过计算、查表，得到每个方程的精度 α 都为 0.05，即方程的置信度为 95%。

利用所得的回归方程可以预测球团的常温性能。将六种膨润土按回归方程计算球团的常温性能（表 5-15）。从表 5-15 中可以看出，计算值中除个别外，与实际测定值比较接近。

表 5-15 地方铁精粉配加 2%膨润土时，按回归方程计算所得的球团常温性能

膨润土名称	生 球			成品球
	抗压强度/N	落下强度/次	爆裂温度/℃	抗压强度/N
1 号	14.4	11.4	522	1907
2 号	12.7	8.0	596	2137
3 号	11.7	3.9	596	2275
4 号	11.6	3.8	624	2338
5 号	11.4	3.8	622	2316
6 号	10.3	4.2	621	2197

5.2.3.2 石人沟铁精粉配加 3% 膨润土的回归分析

对于石人沟铁精粉，当配加 3% 的不同种类的膨润土时，采用 5.2.3.1 节所述方法对数据进行逐步回归分析处理，得到球团质量与膨润土理化性能指标的关系。

（1）生球抗压强度与膨润土理化性能指标的关系。经数据回归分析，生球抗压强度和膨润土理化性能之间关系的回归方程为：

$$Y_1 = -0.869148 + 0.0274257X_1 - 0.000223949X_2 + 0.0137025X_3$$

（2）生球落下强度与膨润土理化性能指标的关系。经数据回归分析，生球落下强度和膨润土理化性能之间关系的回归方程为：

$$Y_2 = 6.09383 + 0.01235X_1 - 0.00291561X_2 - 0.0855194X_3$$

（3）生球爆裂温度与膨润土理化性能指标的关系。经数据回归分析，生球爆裂温度和膨润土理化性能之间关系的回归方程为：

$$Y_3 = 350.378 + 5.42775X_1 - 0.340563X_2 + 4.15035X_3$$

（4）成品球抗压强度与膨润土理化性能指标的关系。经数据回归分析，成品球抗压强度和膨润土理化性能之间关系的回归方程为：

$$Y_4 = 3712.59 - 11.3013X_1 - 0.0485839X_2 - 51.5873X_3$$

（5）膨润土理化性能对球团质量影响的显著性分析和方差分析。

采用 r 检验法检验，得到膨润土理化性能与球团质量之间的相关系数（表5-16）。

表5-16 石人沟铁精粉配加3%膨润土时球团质量和膨润土理化性能间的相关系数

膨润土指标		蒙脱石含量	胶质价	膨胀倍
相关系数 r	生球抗压强度	0.904	0.704	0.587
	生球落下强度	-0.761	-0.918	-0.721
	生球爆裂温度	-0.670	-0.918	-0.465
	成品球抗压强度	-0.679	-0.723	-0.856

1）膨润土理化性能对生球抗压强度的影响。用 r 检验法检验生球抗压强度与膨润土性能指标之间的相关系数，当取 $\alpha=0.05$ 时，$n=6$，查得 $r_{1-0.05}=0.8114$，因 $0.904>0.8114$，所以生球抗压强度与膨润土的蒙脱石含量之间有显著的关系。而因 $0.704<0.8114$、$0.587<0.8114$，则认为生球抗压强度与膨润土的胶质价和膨胀倍之间的关系不太显著。

2）膨润土理化性能对生球落下强度的影响。当 $r_{1-0.05}=0.8114$ 时，从表5-16中的数据知，因 $|-0.918|>0.8114$，所以生球落下强度与膨润土的胶质价之间的关系显著，而与膨润土的蒙脱石含量及膨胀倍之间的关系不大。

3）膨润土理化性能对生球爆裂温度的影响。当 $r_{1-0.05}=0.8114$ 时，从表5-16的数据知，因 $|-0.918|>0.8114$，所以认为生球爆裂温度与膨润土的胶质价之间的关系明显。而与膨润土的蒙脱石含量及膨胀倍之间的关系不明显。

4）膨润土理化性能对成品球抗压强度的影响。对 $r_{1-0.05}=0.8114$，从表5-16中可以看出，成品球抗压强度与膨润土的膨胀倍之间的关系最大，而与膨润土的蒙脱石含量及胶质价之间的关系不明显。

5）方差分析。对以上所得的回归方程进行方差分析，通过计算、查表，得到每个方程的精度 α 都为0.07，即方程的置信度为93%。

利用计算的回归方程预测球团的常温性能。将六种膨润土按回归方程计算球团的常温性能（表5-17）。从表5-17可以看出，计算值中除个别外，与实际测定值比较接近。

表5-17 石人沟铁精粉配加3%膨润土时，按回归方程计算所得的球团矿常温性能

膨润土名称	生 球			成品球
	抗压强度/N	落下强度/次	爆裂温度/℃	抗压强度/N
1号	11.6	3.8	570	2139
2号	10.5	4.1	619	2077
3号	9.9	5.9	718	2478
4号	10.0	5.4	712	2347
5号	9.7	5.5	707	2285
6号	8.0	5.7	665	2553

通过上述分析可见，膨润土理化性能主要影响生球抗压强度、落下强度和爆裂温度，同时由于铁精粉特性差异，膨润土与铁精粉交互作用导致球团质量与膨润土理化性能间关系的差异：对于地方铁精粉而言，生球的抗压强度和爆裂温度主要受膨润土蒙脱石含量和胶质价的影响，生球落下强度和成品球团矿抗压强度主要受胶质价影响；而对于石人沟铁精粉而言，生球的抗压强度和落下强度主要受蒙脱石含量和膨胀倍影响，生球爆裂温度主要受胶质价影响，成品球团矿抗压强度主要受膨胀倍影响。进一步分析膨润土理化性能与其在球团生产中的作用，可以看出：膨润土主要矿物蒙脱石具有吸水性、分散性和黏结性，但由于蒙脱石含量测定方法和蒙脱石成分的复杂性，作为衡量膨润土质量优劣重要标志的理化性能不仅是蒙脱石含量，而应该是蒙脱石含量及其特性的表征。而胶质价是膨润土分散性、胶体性等的综合体现，在一定程度上可表征膨润土蒙脱石含量及其特性，从而成为表征膨润土理化性能和影响球团质

量的显著指标。

5.3 膨润土改性技术及工艺

5.3.1 钙基膨润土高温焙烧活化改性

膨润土高温焙烧活化处理的实质是在适当温度下焙烧一定时间后，膨润土的表面吸附水、层间水及空隙中的一些杂质已基本除去，使膨润土的比表面积增加，空隙结构疏松，吸附性能得到改善。

采用宣化钙基膨润土进行高温焙烧活化改性。其理化性能指标：胶质价为52mL/15g；膨胀容为10mL/g；氧离子交换容量CEC为70.1mmol/100g；蒙脱石含量为63.33mg/100g。化学成分见表5-18。

表5-18 宣化钙基膨润土化学成分

化学成分	SiO_2	Al_2O_3	Fe_2O_3	CaO	MgO	K_2O	Na_2O
质量分数 w/%	61.5	12.30	3.99	2.0	3.24	0.59	0.37

5.3.1.1 钙基膨润土高温焙烧活化改性实验

固定试样质量为40g，于马弗炉（SX2613）内焙烧，调整焙烧的温度和焙烧时间，通过测定膨润土的比表面积优化出最佳的改性工艺参数。试验采用DBT-127型勃氏透气比表面积仪测定试样比表面积。

5.3.1.2 钙基膨润土高温焙烧活化改性实验结果及分析

烧结活化温度对膨润土比表面积的影响（图5-4）：在450℃以下，膨润土的比表面积随焙烧温度的升高而增大，当焙烧温度大于450℃后，比表面积趋于稳定。

高温焙烧时间对膨润土比表面积的影响（图5-5）：当焙烧时间小于2h时，增加焙烧时间，膨润土的比表面积随焙烧时间的增加而增加，但当焙烧时间大于2h后，比表面积增加不再明显。

因此，膨润土焙烧活化的最佳工艺参数为450℃、2h。

5.3.1.3 钙基膨润土高温焙烧活化机理

采用KYKY-2800扫描电镜对改性前后的膨润土进行电镜观察，

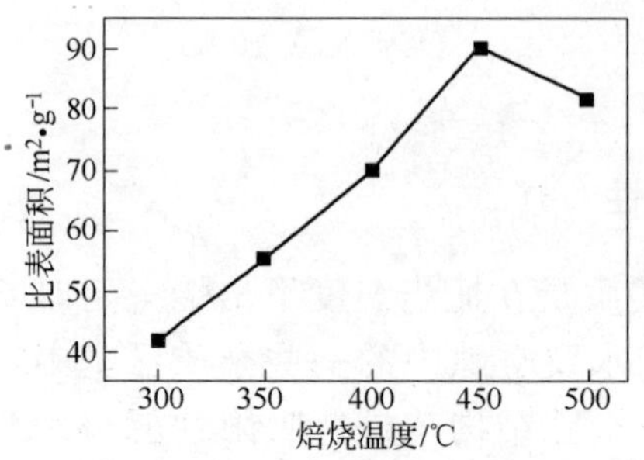

图 5-4 比表面积随温度变化曲线

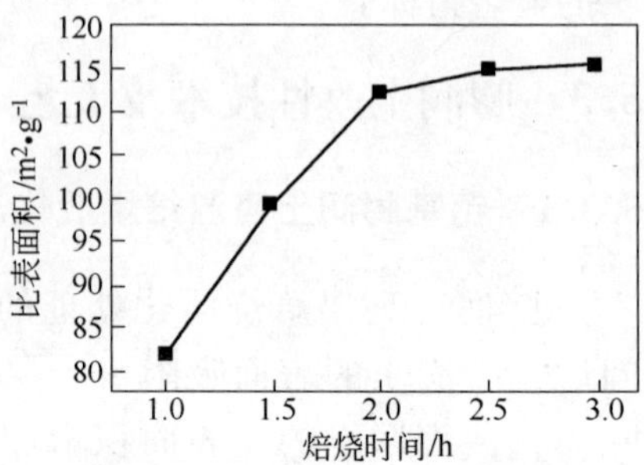

图 5-5 比表面积随时间变化曲线

对比不同焙烧温度下膨润土的扫描电镜图（图 5-6）可以看到，原土与 300℃和 450℃时的焙烧土均呈现出具有卷边结构的板片状，其中 300℃的焙烧活化改性膨润土比 450℃的卷边结构更加明显。在这

(a) 未焙烧活化改性膨润土 (b) 300℃焙烧活化改性膨润土

(c) 400℃焙烧活化改性膨润土 (d) 500℃焙烧活化改性膨润土

图 5-6 高温焙烧活化改性膨润土的结构变化

些片状体中存在许多细小的空隙，正是由于膨润土具有这种结构使它具有了较大的比表面积。当焙烧温度大于500℃时，电镜图中只能看到团状的颗粒结构。

膨润土高温焙烧活化机理推断如下：当焙烧温度小于450℃时，随着焙烧温度的升高，膨润土的表面水、层间吸附水先后被去除，温度越高，水分去除的也就越彻底；而且，由于水膜的逐渐消失也使膨润土对有机污染物的吸附能力有所增强。当焙烧温度大于450℃时，膨润土中的水化水和结构水也逐渐失去，羟基结构骨架被破坏，晶格结构发生变化，片层结构间的金属阳离子被压缩到骨架上，因此，丧失了离子交换性能，有利于吸附作用的卷边结构也遭到破坏，使膨润土的吸附性能有所下降。过高的焙烧温度使膨润土的表面发生了微熔，部分显微气孔被堵塞，从而使膨润土的比表面积减小。

5.3.2 钙基膨润土钠化改性

膨润土的人工钠化改性是利用蒙脱石片状结构具有阳离子交换的特点，在一定条件下通过加入改性剂（如 Na_2CO_3、NaCl 等）及一定的加工处理（挤压、碾压等措施），把高价的钙镁等离子置换出来，使钙基膨润土转化为钠基膨润土的加工过程。一般以 Na_2CO_3 为主，其置换过程为：

$$(Mg)Ca\text{基土} + Na_2CO_3 \longrightarrow 2Na\text{基土} + CaCO_3\text{或}MgCO_3$$

但是，以 Na_2CO_3 为改性剂，膨润土质量欠佳（如膨胀性能差），给膨润土使用和进一步加工带来一定困难[12]。

NaCl、NaF、NaOH、Na_2SO_4 等钠化剂具有较好的交换能力，但 NaF、NaOH、Na_2SO_4 进行阳离子交换后易形成 CaF_2、$Ca(OH)_2$、$CaSO_4$等沉淀或形成胶体，使反应后固液分离困难，影响产品质量。以 NaCl 为改性剂，Cl^-体积较大，带有负电荷，不易进入晶格之中，而且 Cl^-不与 Ca^{2+}、Mg^{2+}形成沉淀，具有较好改性效果[13,14]。

钠化改性工艺主要有：

（1）陈化法：其工艺为原矿→加药→搅拌→堆化陈化→干燥→粉磨→产品。

（2）挤压法：在碾轮机内加钠化剂、丹宁酸混合碾压，老化 10 天，干燥、粉碎、分级包装。

（3）矿浆悬浮法：在配浆的同时向水中加入钙基土和碱，配浆要适量。

5.3.2.1 陈化法

按比例 10∶1 称取膨润土与 NaCl 改性剂，混合均匀，加入 30% 的水，搅拌成泥浆，在挤压机中将制成的泥浆辅以碾压。整个泥浆含水量控制在 30% 左右，老化 7 ~ 10 天，并常翻动拌和。老化后干燥、磨粉。以膨胀容为例，对改性后膨润土的性能进行检测（表 5-19）。

表 5-19 陈化钠化后膨润土的性能对比

名 称	反应时间/d	NaCl 用量/%	含水量/%	膨胀容/mL · g^{-1}
陈化钠化土	10	10	30	12
原 土	—	—	—	10

经陈化钠化后，膨润土的膨胀容略有提高，但效果不明显。可见，此法钠化效率较差。

5.3.2.2 挤压法

在加入改性剂的同时，施加一定的压力（主要为剪切应力），使蒙脱石颗粒分开，加速 Na^+ 交换 Ca^{2+} 的过程。同时，在挤压过程中可使一部分机械能转化为热能，提高反应温度。在挤压作用下，晶层之间、黏粒之间产生相对运动而发生分离，这也增加了 Na^+ 的接触面积，有利于钠化进行。并且，挤压亦可使蒙脱石晶体产生断键，利于吸附具有相反电荷的 Na^+，利于蒙脱石水化，改善其水化性能。

分别将用量为 5%、10%、15%、20% 的 NaCl 溶入适量的水中，制成溶液，然后将溶液加入各自的膨润土中，搅混成团状，再放入硫化机挤压，挤压时间为 500s。注意挤压至 150s 时，将样品取出，重新制成团状，然后再挤压。挤压完毕，取出样品后干燥、磨粉，检测改性后膨润土的膨胀容性能（表 5-20）。

挤压钠化法改性膨润土时，NaCl 的加入量以 10% 为最佳，膨胀容达到 18mL/g。此法钠化效果较明显。

表 5-20 挤压钠化后膨润土的性能对比

名 称	NaCl 用量/%	膨胀容/mL · g^{-1}
1 号	5	14
2 号	10	18
3 号	15	15
4 号	20	15
原土	—	10

5.3.2.3 悬浮液法

称取 40g 的钙基膨润土矿粉于烧杯中，按比例加入钠化剂 NaCl 和 300mL 的水制成泥浆，调节浆料的 pH 值为 7 ~ 8，加热，搅拌反应。反应完成后，将浆液抽滤，100℃左右烘干，研磨至 0.074mm 以下即得钠基土。

采用正交设计研究钠化剂用量、反应时间、反应温度等因素对钠化效果影响。对改性后的膨润土测定其膨胀容（表 5-21）。

表 5-21 悬浊液法钠化改性影响因素与改性膨润土性能

编 号	pH 值	反应温度/℃	反应时间/h	NaCl 用量/%	膨胀容/mL · g^{-1}
1	7 ~ 8	50	0.5	2	24
2	7 ~ 8	50	1.0	3	27
3	7 ~ 8	50	1.5	4	31
4	7 ~ 8	50	2.0	5	27
5	7 ~ 8	70	0.5	3	28
6	7 ~ 8	70	1.0	4	29
7	7 ~ 8	70	1.5	5	32
8	7 ~ 8	70	2.0	2	28
9	7 ~ 8	90	0.5	4	28
10	7 ~ 8	90	1.0	5	29
11	7 ~ 8	90	1.5	2	28
12	7 ~ 8	90	2.0	3	30
13	7 ~ 8	30	0.5	5	23
14	7 ~ 8	30	1.0	2	25
15	7 ~ 8	30	1.5	3	28
16	7 ~ 8	30	2.0	4	32

考查单因素对钠化效果的影响，用极差法对正交试验数据进行进一步分析。

A 温度对钠化效果的影响

考查不同温度下，用氯化钠对钙基土进行钠化改性，钠化效果与反应温度呈非线性关系（图5-7）。当温度为70℃时钠化效果最好，说明升高反应温度对钠化有促进作用，当温度达到一定值（70℃）后，钠离子与钙镁离子的交换达到平衡，温度继续升高，离子运动加剧，钠化效果反而有所下降。所以，膨润土悬浊液法钠化改性最佳反应温度为70℃。

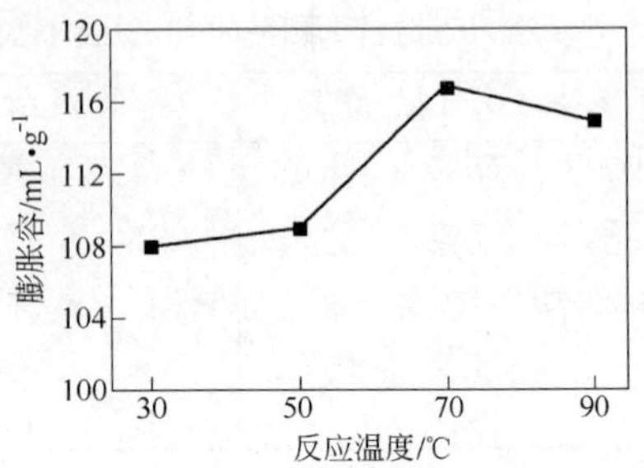

图5-7 膨润土悬浮液法钠化改性反应温度对钠化效果的影响

B 反应时间对钠化效果的影响

改变反应时间，用氯化钠对钙基膨润土进行钠化改性，随着反应时间的延长，膨胀容增大（图5-8），说明反应越来越完全。至1.5h，反应基本达到平衡。继续延长反应时间，离子交换平衡遭到破坏，膨胀容基本不变，钠化效果略有降低。所以，膨润土悬浊液法钠化改性最佳反应时间为1.5h。

C 钠化剂用量对钠化效果的影响

用不同量的氯化钠对钙基膨润土进行钠化改性，钠化剂加入量对钠化效果影响较大（图5-9）。膨润土分散于水中，一些亚微粒借

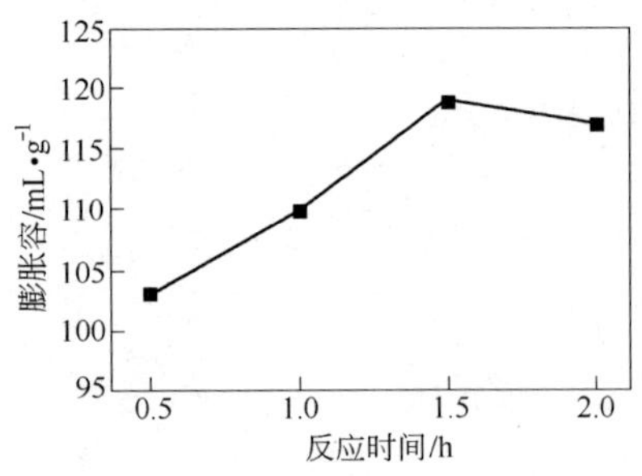

图5-8 膨润土悬浮液法钠化改性反应时间对钠化效果的影响

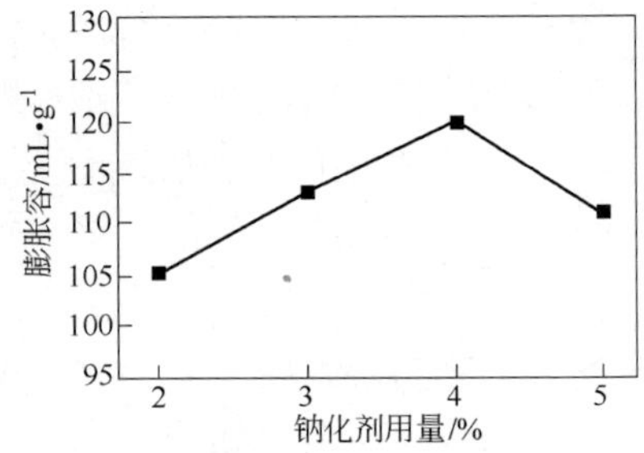

图5-9 膨润土悬浮液法钠化改性钠化剂用量对钠化效果的影响

外界力形成胶体结构，每一个微粒形成一个吸附双电层。同时，离子交换作用是靠离子质量浓度差或其他方式的作用进行的。因此，改性时添加 NaCl 的量，需大于 Ca^{2+}、Mg^{2+} 等阳离子质量浓度才能使膨润土钠化完全，但钠离子质量浓度太大时，就会压缩双电层，影响钠化效果。根据试验结果选用4%作为膨润土悬浊液法钠化改性的 NaCl 加入量最合适。

用悬浮液法对钙基膨润土进行钠化改性，由以上试验结果及分析可知：此法钠化效果很明显，最佳的钠化条件是：将 40g 钙基膨润土分散于 300mL 水中，加入 4% 的 NaCl，调节体系的 pH 值为中性，70℃下搅拌反应 1.5h。在最佳条件下对膨润土进行钠化改性验证试验，所得钠基土的膨胀容为 38mL/g。

5.3.2.4 膨润土钠化改性机理

膨润土的主要构成矿物蒙脱石属蒙脱石－皂石族的二八面体层状硅酸盐矿物[5]。其晶体结构是由两层硅氧四面体以及其中夹一层铝或 Mg-O-OH 八面体层构成，为 2∶1 型层状黏土矿物。四面体片中，三价铝可替代 Si^{4+}（取代量小于 15%），八面体片中可能有 Mg^{2+} 替换 Al^{3+}，但第三个八面体位未填充阳离子。这种类质同象置换过程，使蒙脱石产生过剩的负电荷，它可在晶层表面吸附阳离子来补偿电荷。不同的交换阳离子，可使蒙脱石具有不同的水化性质。一般具有一价交换性阳离子比具有二价或三价交换性阳离子的水化性能好。

钠基膨润土中的 Na-蒙脱石图像是一连续的云雾状集合体，钙基膨润土中的 Ca-蒙脱石为块状集合体，轮廓不规则。因此，钠基膨润土的连续云雾状结构是由于钠基膨润土在物料中分布均匀，而钙基膨润土的块状结构使钙基膨润土在物料中分布不均匀，影响了膨润土的性能。钠基膨润土单元晶层底面与另一单元晶层表面距离与钙基膨润土相比要大得多，因而分散性好。分散后颗粒细小，而黏结剂越细，使黏结力越大是显而易见的。结果导致：同样的膨润土加入量，钠基膨润土的颗粒数量远远比钙基膨润土颗粒数量多，黏结强度大。单元晶层外围以氧原子组成，吸附水化钠离子能力增大；膨润土颗粒对钠离子的结合力大于钙离子的吸引力，黏结强度增加。

因此，蒙脱石的钠化改性处理可以改善膨润土的物化性质及工艺性能。

对比用原土和经不同钠化方法改性后的钠化土所造球团的电镜照片（图5-10），可以看出：在未经改性的膨润土球团中，膨润土主要分布在物料颗粒的缝隙中，颗粒间接触面积小，球团强度较差；改性后的钠化土球团，膨润土覆盖在球团的表面，物料分布比较均匀，颗粒间接触面变大，球团的强度有所提高。对比三种改性方法，陈化法钠化膨润土分散效果最差，悬浮液法效果最好。

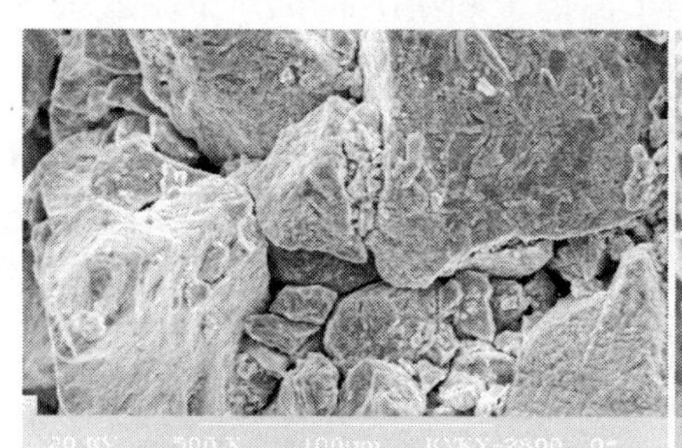

(a) 未改性钙基膨润土球团电镜照片

(b) 悬浮液法钠化改性膨润土球团电镜照片

(c) 陈化法钠化改性膨润土球团电镜照片

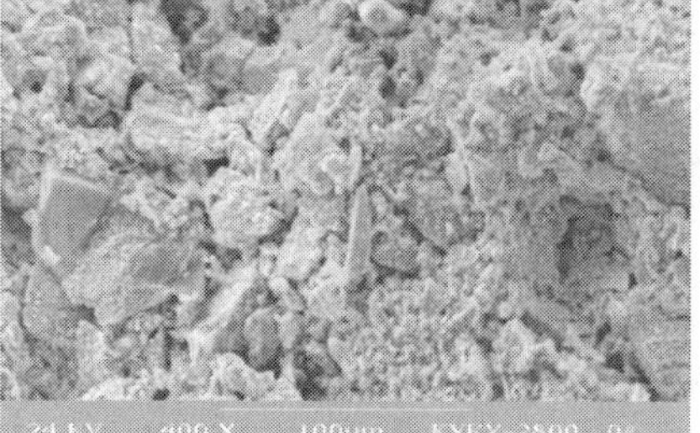

(d) 挤压法钠化改性膨润土球团电镜照片

图5-10 人工钠化改性膨润土对球团结构的影响

5.3.3 钙基膨润土酸活化改性

酸活化处理膨润土，是指用酸化处理，使之具有较强的化学活性、吸附性和催化性。利用膨润土的离子交换性能，可由钙基土制备酸性土，即酸洗或酸浸可使钙基土转变为酸性土，将原土中的可

交换阳离子 Ca^{2+} 用酸改为 H^+，使之成为以 H^+ 为主要可交换阳离子的氢基膨润土。同时还伴有酸对膨润土的溶解、酸对膨润土中酸溶性杂质的溶解。酸对膨润土的溶解主要是针对膨润土中的铝氧八面体而言的，随着反应的进行，溶液中 Al^{3+} 的浓度逐渐增大，当达到一定值后，Al^{3+} 代替 H^+ 与膨润土中的其他可交换阳离子进行交换。因此，反应中控制反应条件，使膨润土中的 Al^{3+} 要尽可能少地被溶解下来，而酸中的 H^+ 要尽可能多地参与膨润土中的阳离子交换。夹杂于膨润土中的金属氧化物或无机盐一起与酸反应，变为可溶物而被除掉。因此，可进一步提高膨润土的白度和纯度。

5.3.3.1 钙基膨润土酸活化改性实验方法

称取一定量 0.074mm 的宣化钙基膨润土，浸于一定浓度的酸溶液当中，在一定水浴温度下加热搅拌一定时间，过滤，用蒸馏水将滤液洗至中性，在 105℃下烘干，称量产物重量，研磨至原粒度，计算结果。酸化结果用溶液中钙、镁离子的浓度来衡量，浓度越大则置换越完全，效果越好，钙、镁的测定用 EDTA 容量法[15]。铝的测定用铝试剂比色法。

5.3.3.2 酸种类的选择

取 4 份膨润土，加水制成浆液，然后分别加入相同浓度的等体积的盐酸、硫酸、硝酸、醋酸及磷酸，浸泡 12h，抽滤、定容，并测定滤液中钙、镁、铝离子含量（表 5-22）。

表 5-22 膨润土酸改性酸种类对滤液中钙、镁、铝离子含量的影响

酸种类	$w(CaO)/\%$	$w(MgO)/\%$	$w(Al_2O_3)/\%$
盐　酸	2.28	2.31	4.28
硫　酸	2.48	2.52	4.46
硝　酸	2.11	3.16	4.11
醋　酸	1.85	2.11	4.08
磷　酸	2.13	2.28	3.70

由表 5-22 可知，硫酸对钙土中的 Ca^{2+}、Mg^{2+} 等离子的去除效果好，而盐酸对铝离子的去除效果较好，醋酸、磷酸、硝酸去除效果均较差，且硝酸在反应过程中有二氧化氮放出，故选择硫酸进行下

一步试验。

5.3.3.3 酸浓度的确定

使用去离子水配制好不同浓度的硫酸溶液。试验时，分别取不同浓度的酸溶液各 3mL 于烧杯中，然后分别称量 5.00g 试样于有硫酸的烧杯中，加盖表面皿，加热并保持微沸。测定产物中的钙、镁、铝离子的含量（表 5-23）。

表 5-23 膨润土酸改性酸浓度对滤液中钙、镁、铝离子含量的影响

硫酸浓度/mol · L^{-1}	$w(CaO)/\%$	$w(MgO)/\%$	$w(Al_2O_3)/\%$
0.25	1.81	3.15	15.23
0.5	0.99	2.95	14.32
1	0.16	2.63	13.23
1.5	0.09	2.10	12.56

由表 5-23 可以看出：随硫酸浓度的增大，经酸处理后的钙基膨润土中钙、镁、铝离子呈现逐渐减小的趋势，综合考虑后期水洗的难度，选用浓度为 1mol/L 的硫酸。钙土中各种离子浓度的变化是因为在酸处理过程中，由于 H 原子半径小于 Ca、Mg 等原子的半径，膨润土中这些可交换阳离子与酸溶液中的 H^+ 发生了不同程度的交换，一些可溶盐也逐渐溶解，在达到离子交换平衡和溶解平衡之后，离子交换量和溶出量不再发生变化。

5.3.3.4 反应时间的确定

固定硫酸浓度为 1mol/L，其他试验条件不变，取相同粒径的膨润土样 4 份，每份 3g，分别加入 15mL 水制成浆液，于室温下加入硫酸，并不断搅拌，改变反应时间，最后测定产物中钙、镁离子的含量（表 5-24）。

表 5-24 膨润土酸改性酸处理时间对酸性膨润土成分的影响

反应时间/h	$w(CaO)/\%$	$w(MgO)/\%$
1	1.82	2.96
3	0.98	2.78
6	0.25	2.43
9	0.11	2.11

由表5-24可知，酸处理时间对改性土的质量影响很大。随着酸处理时间的延长，钙、镁离子的残留量逐渐减小，但反应时间达6h后反应效果趋于稳定，故选6h为最佳反应时间。这是由于酸中 H^+ 与土中可交换性阳离子发生的离子交换和吸附作用是在非平衡条件下进行的，因此，反应时间越长，膨润土中的离子扩散越充分，作用程度越均匀，效果越好。

5.3.3.5 反应温度的确定

取相同粒径的膨润土样4份，每份3g，分别加入15mL水制成浆液，加入等体积、等浓度的硫酸，改变反应温度，反应6h，测定产物中钙、镁离子的含量（表5-25）。

表5-25 膨润土酸改性温度对滤液中钙、镁离子含量的影响

反应温度/℃	w(CaO)/%	w(MgO)/%
20	1.65	3.42
60	1.26	3.18
90	0.81	2.74
沸腾	0.75	2.63

由表5-25可见，温度为90℃时，钙基土在酸性溶液中分散更加均匀，与酸反应更加充分，对钙、镁离子的去除效果较好，一般控制反应温度在88～92℃之间。

5.3.3.6 粒度的确定

取干燥的未经灼烧的膨润土样分别过筛，得4份粒径不同的土样，每份3g，分别加入10mL水制成浆，加入等量、等浓度硫酸，并不断搅拌，升温至90℃，反应6h后，测定产物中钙、镁离子含量，见表5-26。

表5-26 膨润土粒度对酸活化改性后滤液中钙、镁离子含量的影响

粒度/mm	w(CaO)/%	w(MgO)/%
0.147	1.20	2.56
0.074	0.96	1.90
0.053	0.81	1.59
0.043	0.32	0.81

由表5-26可知，膨润土粒度越细，酸浸产物中钙、镁离子含量越少，但考虑到0.043mm膨润土不易获得，故采用0.074mm膨润土崩解的方法使钙土充分分散到水中，且粒度接近于0.043mm，甚至达到超细微粒自然铺展的程度，杂质离子暴露于微粒表面，更易酸洗清除。

5.3.3.7 膨润土酸活化改性机理

Thomas等人[16]提出酸化处理会使蒙脱石八面体中的部分Al呈现四配位，后为郭九翱等人[17]证实，而且这种四配位Al可作为活性黏土的标志。随着反应的进行，溶液中Al^{3+}的浓度逐渐加大，当达到一定值后，Al^{3+}代替H^+与膨润土中其他可交换阳离子进行交换。因此，反应中控制反应条件，使膨润土中的Al^{3+}要尽可能少地被溶解下来，而酸中的H^+要尽可能多地参与膨润土中的阳离子交换。夹杂于膨润土中的金属氧化物或无机盐一起与酸反应，变为可溶物而被除掉。改性后的膨润土可能像分子筛一样截留污染物，当然，这种截留作用不仅包括物理作用，还有静电吸引作用。另外，酸的溶解使得膨润土中的杂质离子得到有效去除，这也使得膨润土的改性效果增强。因此，对膨润土进行酸化处理可进一步提高膨润土的纯度和黏结性。

对比酸活化改性前后的球团电镜照片（图5-11）可以看出，球团物料颗粒的分布状态发生了明显的改变，膨润土包裹在物料颗粒的表面和缝隙里，颗粒间的接触面积明显增大，从而使球团的强度提高。

(a) 未改性膨润土球团电镜照片

(b) 酸活化改性膨润土球团电镜照片

图5-11 酸活化改性膨润土对球团结构的影响

5.3.4 钙基膨润土锂化改性

一定工艺条件下加适量锂盐与钙基膨润土进行改性处理，在有机溶剂中溶胀形成胶体，能直接代替有机膨润土。其工艺为钙基原土 + 锂盐（碳酸锂等）→碾轮混砂机中混料→烘干→粉料过筛。试验步骤：原矿→浸泡→过滤→打浆→烘干→过0.074mm 筛→调浆→加热搅拌→锂化反应→过滤→烘干→研磨→锂基膨润土，试验采用 LiCl、LiF 为改性剂，分别考察了锂盐用量、pH 值、反应时间和反应温度等工艺参数对改性效果的影响。

5.3.4.1 锂盐用量对锂化改性效果的影响

固定反应温度为70℃，反应时间为 8h，pH 值为 7.0，调整 LiF 和 LiCl 的用量，试验在恒温水浴锅中进行，并用电动搅拌器加以搅拌。

结果（图 5-12）表明，随着 LiF 和 LiCl 配入量的增加，膨润土的膨胀容均呈现先增大后减小的趋势。当配入 LiF 时，膨润土的膨胀容在 4% 时达到最大值为 57mL/g；而加入 LiCl 时，膨胀容的最大值出现在 6% 时，最大值为 26mL/g。研究发现，当锂盐的加入量增加到一定程度时，膨润土的膨胀容开始减小，这是由于半径很小的 Li^+ 与蒙脱石八面体中的阳离子发生了交换，使蒙脱石的晶体结构遭到破坏造成的。

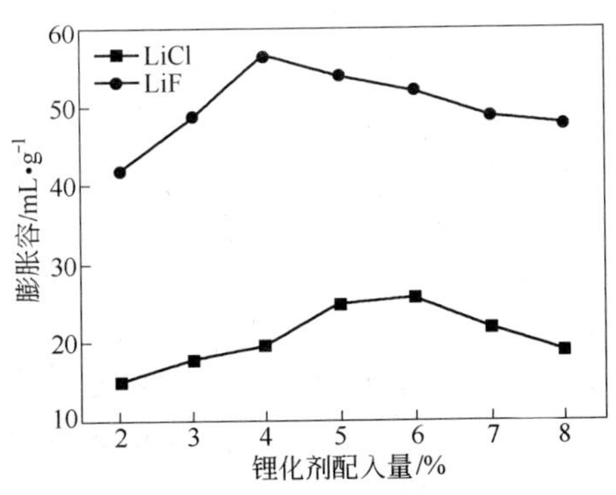

图 5-12 锂化剂用量对改性效果的影响

5.3.4.2 反应时间对锂化改性效果的影响

固定反应温度为70℃，pH值为7.0，取LiF和LiCl的用量分别为4%和6%，改变反应时间，其他试验条件不变。

结果（图5-13）表明，锂化反应存在一个平衡态。当反应时间小于平衡所需要的时间时，离子交换不断进行，膨胀容不断变大；当反应时间大于平衡所需要的时间时，平衡将被破坏，蒙脱石的晶格结构发生变形，从而使膨润土的膨胀容减小。

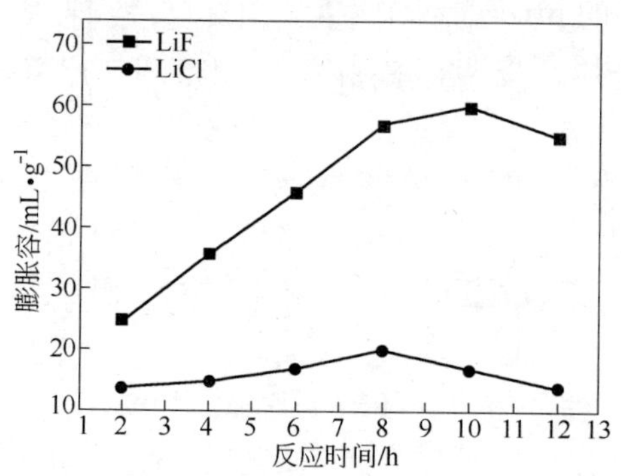

图5-13 膨润土锂化改性反应时间对锂化效果的影响

5.3.4.3 反应温度对锂化改性效果的影响

取LiF和LiCl的用量分别为4%和6%，反应时间分别为10h和8h，pH值为7.0，改变反应体系的温度，其他条件不变。

结果（图5-14）表明，当温度较低时，升高温度可以增大扩散

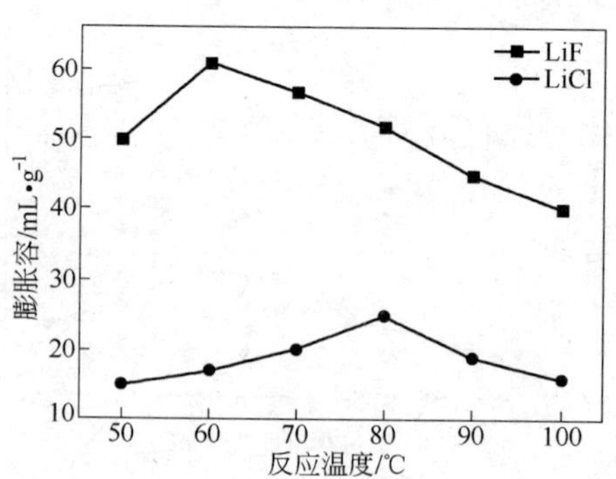

图5-14 膨润土锂化改性反应温度对锂化效果的影响

系数，促进离子交换。但当温度升高到一定程度时，反应的平衡被破坏，膨润土的膨胀容开始降低。LiF 和 LiCl 最佳的锂化反应温度分别为 60℃和 70℃。

5.3.4.4 pH 值对锂化反应的影响

取 LiF 体系的反应条件为：LiF 加入量为 4%，反应时间为 10h，反应温度为 60℃；LiCl 体系的反应条件为：LiCl 加入量为 6%，反应时间为 8h，反应温度为 70℃。用 HCl 和 NaOH 调节体系的酸碱度，取两个体系的 pH 值都依次为 3、5、7、9 和 11。

结果（图 5-15）表明，反应体系的 pH 值对锂化反应的影响较大。当 pH 值为中性或弱碱性时，锂化反应的效果较好，其中使用 LiF 时，膨胀容最大值达到 69mL/g，使用 LiCl 时为 30mL/g。

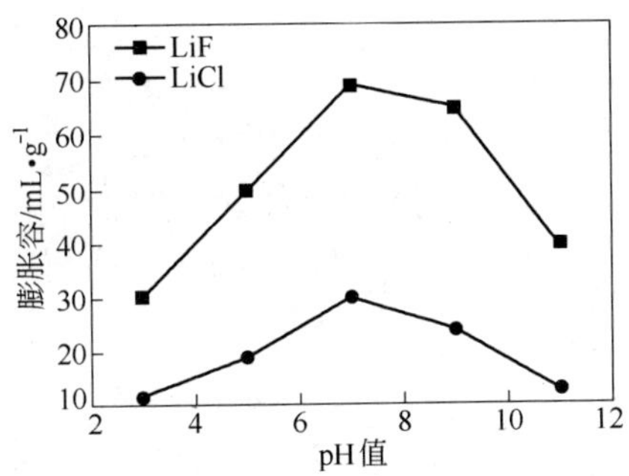

图 5-15 膨润土锂化改性 pH 值对锂化效果的影响

5.3.4.5 锂化效果测定

在优化后的工艺条件下，对分别用 LiF 和 LiCl 改性制得的锂基膨润土的各项理化指标进行测定（表 5-27）。结果表明，锂化改性可以明显改善膨润土的理化性能，其中用 LiF 作为锂化改性剂其效果要明显好于 LiCl。

表 5-27 锂化改性膨润土理化指标

项 目	膨胀容/mL · g^{-1}	胶质价/mL · 15g^{-1}	CEC/mmol · 100g^{-1}
原 土	10	52	70.1
LiCl 改性土	30	>100	78.6
LiF 改性土	69	>100	95.2

5.3.4.6 膨润土锂化改性机理

经锂化改性后的膨润土兼有钠基膨润土和有机膨润土的双重特性，可部分取代有机膨润土，具有广泛的应用前景。膨润土锂化改性与其他离子改性不同，这是因为 Li^+ 半径非常小，它不但可以与蒙脱石中的层间阳离子发生离子交换，还可以进入蒙脱石结构，替代晶格八面体内的阳离子和处于晶格填隙位置。

对比改性前后球团的微观结构（图 5-16）可以看到，改性后的球团，物料颗粒间的间隙不再明显，膨润土分布在颗粒的表面、间隙和颗粒表面的空隙中，颗粒间结合紧密，与改性前的球团相比，球团内部的物料颗粒成团聚状，结构更加密实，孔隙率降低。

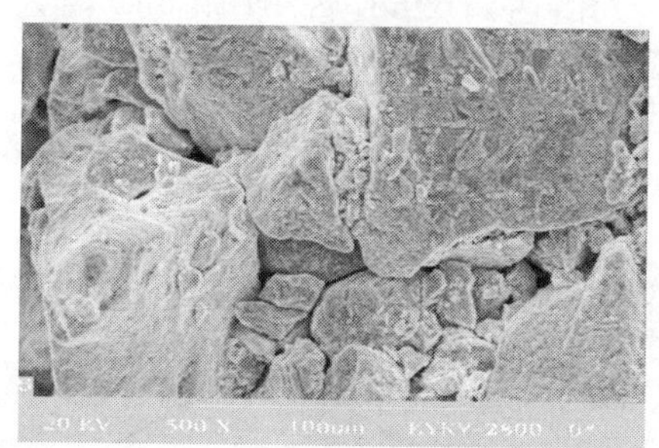

(a) 未改性膨润土球团电镜照片

(b) LiF 锂化改性膨润土球团电镜照片

(c) LiCl 锂化改性膨润土球团电镜照片

图 5-16 锂化改性膨润土对球团结构的影响

5.3.5 钙基膨润土有机改性

有机膨润土是在无机膨润土基础上，通过有机阳离子（如季铵离子、胺盐离子）取代蒙脱石层间可交换阳离子（如 Ca^{2+}、Mg^{2+}、Na^{+}等）而得到的一类高档改性膨润土。有机膨润土最大的特点是层间距较大，具有无机膨润土所不具有的疏水亲油性。最常用于进行有机改性剂的膨润土为季铵盐，改性后的有机膨润土在有机介质中具有优良的溶胀性、高分散性和触变性等特点。目前，有机膨润土的制备方法主要分为三种：干法、湿法、预凝胶法[18]。

（1）干法。将含水的精选钠基膨润土与有机季铵盐直接混合，用专门的加热混合器混合均匀，再加以挤压，制成含一定量水分的有机膨润土。也可以进一步干燥，研磨成粉状产品；或将含一定水分的有机膨润土直接分散于有机溶剂中（如柴油），制成凝胶或乳胶体产品。

（2）湿法。将蒙脱石进行湿法分散、提纯、改性，用长碳链有机阳离子取代蒙脱石层间的金属离子，在搅拌或振荡条件下充分反应，形成疏水有机膨润土，再经脱水、干燥研磨成粉状产品。

（3）预凝胶法。将膨润土分离改性提纯后，在有机覆盖过程中加入疏水有机溶剂（如矿物油）。把疏水膨润土复合物萃取进入有机油，分离出水相，再经蒸发除去残留水分直接制成有机土预凝胶。

与钙基蒙脱石相比，钠基蒙脱石的扩散层厚度大，膨胀容数高。要制得高性能的有机膨润土，必须对蒙脱石进行钠化。钠化改性是向膨润土中加入钠盐的改性剂，发生如下离子交换反应：Ca^{2+}-蒙脱石 $+2Na^{+}$ ═ $2Na^{+}$-蒙脱石 $+Ca^{2+}$。钠化改性后再将其与有机覆盖剂反应，蒙脱石晶层间的 Na^{+}按下式实现离子交换反应：

$$Na^{+}\text{-蒙脱石} + [R_1R_2R_3R_4N^{+}]X^{-} = R_1R_2R_3R_4N^{+}\text{-蒙脱石} + NaX$$

式中，R_1、R_2 是 $C_1 \sim C_4$ 的烷基，最好是甲基 CH^{3-}；R_3 是 $C_{12} \sim C_{18}$ 烷基；R_4 是 $C_1 \sim C_4$ 烷基、$C_{12} \sim C_{18}$烷基或 C_7 的芳基；X^{-}为 Cl^{-}、Br^{-}、HSO_4^{-} 和 CH_3COO^{-}。实践表明，一般主碳链要大于 12，制成的有机膨润土在有机物中的分散性和凝胶性才较强。

通常使用的有机阳离子改性剂有以下几种：十八烷基胺、三甲基十八烷基氯化铵、二甲基双十八烷基氯化铵、二甲基十八烷苄基氯化铵和 N-十八烷基对苯二甲酸钠等，此外还有用主碳链含碳不同的季铵盐。使用季铵盐对钠基膨润土进行有机改性的离子交换反应，控制条件不是十分严格，工艺也相对简单，常温下即可反应，关键是选择和精制膨润土提高阳离子交换量和选择有机阳离子及控制交换的当量比。

5.3.5.1 钙基膨润土有机改性实验方法

以季铵盐为改性剂，采用湿法制备有机膨润土。将膨润土烘干研磨过 0.074mm 筛，再取 40g 钙基膨润土分散于 300mL 水中，加入 4% 的 NaCl，调节体系的 pH 值为中性，70℃下搅拌反应 1.5h，加入有机改性剂，反应一段时间后，烘干研磨，即获得有机膨润土。试验步骤如下：原矿→浸泡→过滤→打浆→烘干→过 0.074mm 筛→调浆→加热搅拌→钠化反应→有机改性→烘干→研磨→有机化产品。

试验过程中通过测定样品溶液的黏度来衡量改性效果。测定方法如下：

取有机膨润土样品 3.6g，加入 54mL 的二甲苯，用磁力搅拌器以 1200r/min 高速搅拌 7min，然后加入 1.5mL 甲醇高速搅拌 3min，用 NDJ-1 型旋转黏度计测定所得的凝胶的黏度 η（单位：Pa · s）。

5.3.5.2 季铵盐加入量对改性效果的影响

取等量钠化膨润土制成泥浆，在 pH 值相同的条件下、控制反应温度为 70℃、反应时间为 2h，改变季铵盐用量，按 100g 膨润土加入有机覆盖剂物质量的计算，测定体系的黏度值（表 5-28）。

表 5-28 季铵盐用量与膨润土有机改性交换反应程度的关系

季铵盐加入量 /mmol · 100g^{-1}	黏度 η /mPa · s	季铵盐加入量 /mmol · 100g^{-1}	黏度 η /mPa · s
90	850	120	853
100	950	130	656
110	1200		

结果表明，有机膨润土悬浮液的黏度随季铵盐的用量不同而改变。随着季铵盐加入量的增加，体系黏度逐渐增大，交换量也随之增大。当原料比为 110mmol/100g 膨润土时，黏度达到最大值 1200mPa · s，再增加季铵盐的用量，体系的黏度反而逐渐减小。这

是因为当加入的季铵盐的量与钠基膨润土的可交换阳离子的交换量相等时，也就是说，可交换阳离子被完全交换时，有机阳离子与膨润土层间为离子吸附，体系黏度最大。若继续增加季铵盐的用量，即季铵盐过量时，则转变为物理吸附，会使晶层间距过大，使有机膨润土性能下降，黏度变小。

5.3.5.3 泥浆 pH 值对改性效果的影响

将等量的钠基膨润土泥浆调成不同水平的 pH 值，加入相同当量的季铵盐，在相同的温度下搅拌活化 2h，所得的产品用 NDJ-1 型旋转黏度计测定凝胶黏度（表 5-29）。

表 5-29 泥浆 pH 值与膨润土有机改性交换反应程度的关系

原　料	反应条件	pH 值	黏度 η/mPa · s
钠基膨润土	70℃、120min	5	95
		7	1065
		9	1230

结果表明，交换时泥浆的 pH 值对离子交换速度和交换量有很大影响。在中性或偏碱性的泥浆中，有机膨润土的黏度最大。这是由于泥浆的酸碱性对膨润土端面电荷的聚集状态产生影响。当 pH 值在 7～9 时，膨润土端面负电荷有所增加，使阳离子易于靠近，吸附、交换作用容易进行，交换量变大，因此泥浆黏度增大。当 pH 值小于 7 时，膨润土端面带有较多的正电荷，使阳离子难于靠近，因而交换量减少，黏度降低。

5.3.5.4 反应时间对改性效果的影响

在含钠基膨润土 20g 的泥浆中，加入等量的季铵盐，保持相同的 pH 值和相同的后处理工艺，按不同的反应时间，分别测定体系黏度的变化值和产品的产量（表 5-30）。

表 5-30 反应时间与膨润土有机改性反应进行程度的关系

反应时间/h	黏度 η/mPa · s	反应时间/h	黏度 η/mPa · s
1.0	95	3.0	1050
1.5	1010	4.0	1055
2.0	1125		

结果表明，在2h内，随着反应时间的延长，体系的黏度逐渐增大，2h达到最大值，交换量达到最大；2h以上，反应时间的变化对体系黏度无明显的影响，说明当反应进行到2h后，交换反应已经完成。

5.3.5.5 反应温度对改性效果的影响

用钠基膨润土、水、醇及季铵盐按相同的配比，保持相同的pH值，交换反应时间为2h，改变离子交换反应的温度时，测得不同温度下有机膨润土的黏度（表5-31）。

表5-31 膨润土有机改性反应温度与反应进行程度的关系

离子交换反应的温度/℃	黏度 η/mPa·s	离子交换反应的温度/℃	黏度 η/mPa·s
30	850	70	1180
50	960	80	1010
60	985	90	960

结果表明，随着反应温度的提高，有机膨润土悬浮液黏度增大，对应的季铵盐的交换量也随之变大。在70℃时，黏度达最高值1180mPa·s，即加入的季铵盐与膨润土中的可交换阳离子的交换量为最大。所以选择70℃为离子交换的反应温度。

5.3.5.6 烘干温度对改性效果的影响

烘干是有机膨润土合成中的重要步骤，目的是除去有机膨润土产品中的水和乙醇。分别取烘干温度为80℃、85℃、90℃、100℃、105℃、110℃和200℃，测定其黏度（表5-32）。

表5-32 膨润土有机改性产品的烘干温度与黏度的关系

烘干温度/℃	时间/h	黏度 η/mPa·s
80	60~70	180
85	60~70	295
90	60~70	580
100	60~70	760
105	60~70	1100
110	60~70	820
200	60~70	严重碳化

结果表明，干燥温度对有机膨润土的质量影响很大。在温度低于100℃时，有机膨润土的黏度随着温度的升高呈上升的趋势；当温度达到或超过110℃时，黏度开始变小，特别是在高温200℃时，将引起有机活性剂的挥发、分解碳化，严重影响产品质量。为此，试验中应采用分段控温的方法，先升温至100℃保温一段时间，此阶段随着水和醇的挥发减少，有机活性剂的浓度增加，为交换反应的进一步进行创造条件，然后在升高温度至105℃继续烘干，时间不宜过长，一般应保持有机膨润土层间有1%～3%的水分为宜。

5.3.5.7 膨润土有机改性机理

钠基膨润土在水中能够表现出良好的膨胀性、分散性等特性，但在非极性或弱极性溶剂中，不能完全表现出其特性，使其应用范围受到限制，为克服该缺点，多采用有机阳离子改性钠基膨润土的方法来制备有机膨润土。有机分子、离子、聚合物代替水化阳离子进入膨润土层间，以共价键、离子键、偶极键以及范德华力与之结合，从而形成有机膨润土复合物。

合成有机膨润土常采用季铵盐表面活性剂。季铵盐阳离子与蒙脱石层间可交换阳离子（主要是钠离子）发生离子交换反应，使有机基团覆盖于蒙脱石矿物表面，并且进入到蒙脱土的层间，改善了蒙脱土的界面极性和化学微环境，使层间距变大。

对比有机改性前后的球团电镜照片（图5-17）可以看出，使用有机膨润土的球团电镜照片中，颗粒之间的间隙不再明显，呈蜂窝

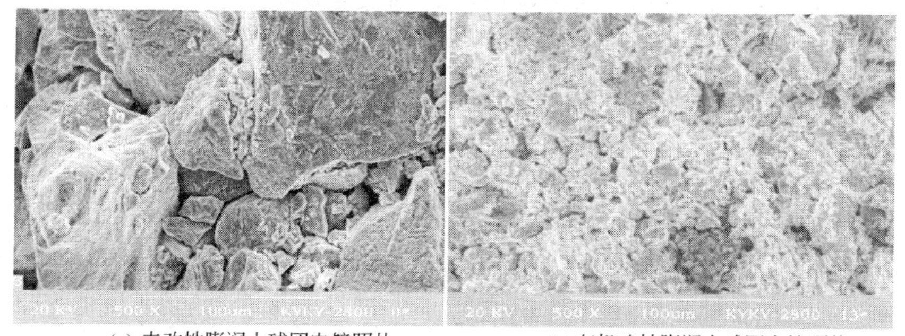

(a) 未改性膨润土球团电镜照片　　(b) 有机改性膨润土球团电镜照片

图5-17 膨润土有机改性对球团矿结构的影响

状的小孔，膨润土充斥在物料颗粒的表面和缝隙里，颗粒间的接触面积明显增大，从而使球团的强度明显提高。

5.3.6 改性膨润土在球团中应用效果对比

5.3.6.1 原料条件

造球试验采用唐山地方铁精粉为原料，其化学成分和粒度组成见表5-33、表5-34。

表5-33 精矿粉化学成分

名 称	化学成分 w/%					
	TFe	SiO_2	CaO	Al_2O_3	MgO	水分
石人沟	65.44	5.41	0.81	0.71	1.12	9.882

表5-34 精矿粉粒度组成

名 称	粒度组成/%				
	+0.147mm	0.106～0.147mm	0.074～0.106mm	0.043～0.074mm	-0.043mm
石人沟	0.725	4.435	8.655	33.839	52.346

5.3.6.2 试验结果

以钙基膨润土原土为基准，考查各种改性膨润土对球团质量的影响。各改性膨润土在各自优化工艺条件下制取，即：

（1）焙烧活化改性：焙烧温度450℃、焙烧时间2h；

（2）钠化改性：采用悬浮液法，加入4% NaCl、pH值中性、反应温度70℃、反应时间1.5h；

（3）酸活化改性：膨润土粒度0.074mm、硫酸浓度为1mol/L、反应温度为90℃、反应时间为6h；

（4）锂化改性：采用4% LiF为改性剂，反应时间8～10h，反应温度60℃，pH值为中性或弱碱性；

（5）有机改性：采用季铵盐为改性剂，浓度为105mmol/100g膨润土、pH值为中性或弱碱性、反应温度为70℃、反应时间为2h、烘干温度为100～105℃。

结果表明（表5-35、图5-18），有机改性土和锂化改性土的造球效果最好，焙烧活化土、挤压钠化土和陈化钠化土造球效果一般；单独使用有机黏结剂造球可以满足对球团强度的要求，但在加入时存在混匀问题；通过混合料润磨可以在不增加膨润土配加量的基础上有效提高球团矿的强度。

表 5-35 球团性能检验结果

编 号	名 称	配加量 /%	生球落下强度 /次	生球抗压强度 /N	成品球抗压强度 /N
0	钙基膨润土	1.5	1.6	5.5	1240
1	焙烧活化土	1.5	1.85	6.5	1440
2	陈化法钠化土	1.5	1.8	6.1	1350
3	挤压法钠化土	1.5	2.0	7.0	1420
4	悬浮液法钠化土	1.5	2.5	8.5	1950
5	LiF 改性土	1.5	4.1	13.0	3210
6	季铵盐有机土	1.5	4.5	14.1	3300
7	润磨 + 季铵盐有机土	1.5	5.0	15.2	4000
8	润磨 + 悬浮液法钠化土	1.0	2.65	9.6	2550
9	KLP 有机黏结剂	0.15	3.1	9.7	1680
10	KLP + 悬浮液法钠化土 + 润磨	0.1 + 0.8	3.5	12.2	2350

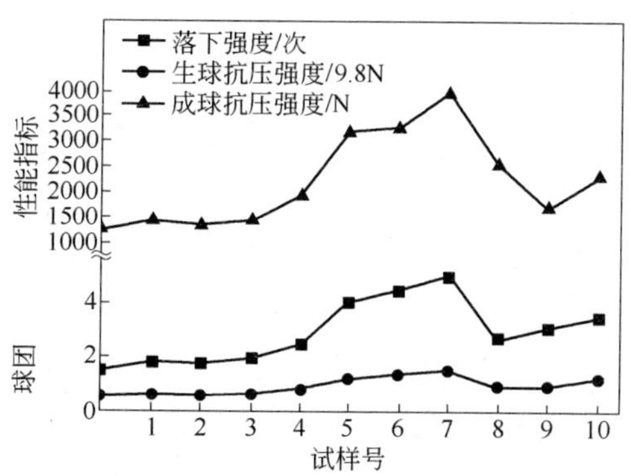

图 5-18 钙基膨润土与改性膨润土对比造球试验结果

参考文献

[1] 周翔，部学．我国球团工业发展现状及趋势分析[J]．冶金经济与管理，2010(6):16~18.

[2] 潘宝巨，张成吉．中国铁矿石造块适用技术[M]．北京：冶金工业出版社，2000.

[3] 栾文楼，李明路．膨润土的开发应用[M]．北京：地质出版社，1998.

[4] 葛方红．国内外膨润土指标对铁矿球团性能影响的探讨[J]．烧结球团，1996,21(5)：17~22.

[5] 易发成．钙基膨润土的钠化改型工艺及其产品应用现状[J]．中国矿业，1997，32：65~68.

[6] 胡智荣．膨润土改性的研究[J]．非金属矿，1999，95：33~35.

[7] 张晓梅．关于膨润土活化问题的探讨[J]．化工矿物与加工，2000，1：25~26.

[8] 崔文龙．低品位钙基膨润土活化改性的可行性实验[J]．中国非金属矿工业导刊，1998，4：23~25.

[9] 刘阳．膨润土的改性及其应用[J]．中国陶瓷工业，2001，2：39~42.

[10] 马福善．膨润土端面电荷改性研究[J]．天津大学学报，1999，6：758~761.

[11] 王玉洁．有机膨润土的制备及测试[J]．长春科技大学学报，2000，2：206~208.

[12] 王连军，黄中华．膨润土的改性研究[J]．工业水处理，1999(1)：9~12.

[13] 陈淑祥，袁健．钙基膨润土钠化改型新方法研究[J]．非金属矿，1999(1)：8.

[14] 归凤铁，陈强，侯海山．高纯钠基膨润土制备新工艺研究[J]．非金属矿，1999(7)：37.

[15] 侯梦溪，江源，韩志国．球团中膨润土的作用机理研究[J]．化工矿物与加工，2005(8)：16~19.

[16] Thomas C L，Hickey J，Stecker G. Chemistry of clay cracking catalysts [J]. Ind Eng Chem，1995,40(5)：437~439.

[17] 郭九翱，李丽云，袁汉珍，等．天然蒙脱石的27Al，29Si固体高分辨核磁共振研究[J]．科学通报，1995,40(5)：437~439.

[18] 王重．合成有机膨润土原料的定量分析[J]．安徽化工，2000(1)：43~44.

附录　铁矿粉造块试验方法与设备

附录1　烧结杯试验

1. 烧结杯试验工艺流程

根据配料结果进行配料，配料后先由人工混匀，然后用 ϕ300mm × 800mm 圆筒混料机二次混匀，混匀后装入 ϕ500mm 圆盘造球机制粒，经过制粒得到的烧结料装入烧结杯进行烧结。烧结杯试验以液化石油气为点火燃料，一般工艺条件下点火温度为 1150℃，点火时间 1.5min。烧结结束后，进行落下试验，进行筛分后，测得成品率及粒度组成。之后，根据实验目的对成品烧结矿进行转鼓指数、冶金性能等测试。

2. 烧结试验装置

烧结试验装置包括：点火器、烧结杯、抽风室、除尘器和抽风机等（图 F-1）。

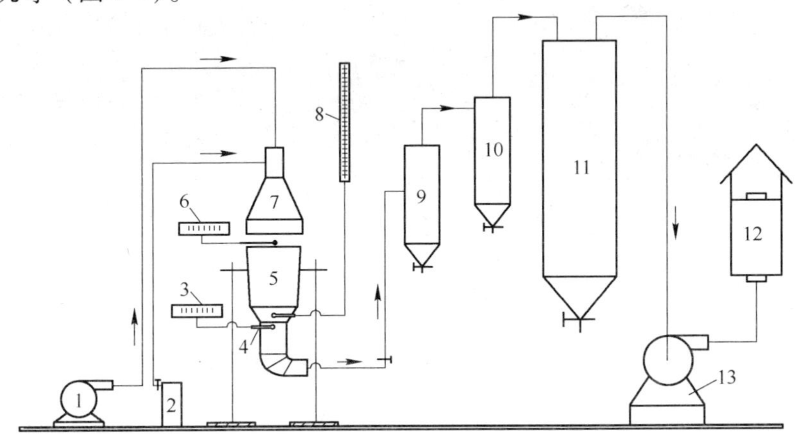

图 F-1　烧结实验装置图

1—助燃风机；2—液化石油气罐；3—废气温度显示；4—热电偶；5—烧结杯；6—点火温度显示仪；7—点火器；8—负压计；9—一级旋风除尘器；10—二级旋风除尘器；11—泡沫除尘器；12—消声器；13—抽风机

3. 烧结指标计算

（1）垂直烧结速度

$$c = \frac{h}{t}$$

式中　c——垂直烧结速度，mm/min；

h——烧结料层高度，mm；

t——烧结时间，min。

（2）混合料的水分

$$w = \frac{(m_1 - m_2)}{m_1} \times 100\%$$

式中　w——混合料含水量,%；

m_1——烘干前混合料质量，g；

m_2——烘干后混合料质量，g。

取混合料 200g，加热至 150℃，恒温 1h，用已蒸发的水分质量占试样质量的比例表示混合料水分含量。

（3）成品率。经落下试验后，大于 5mm 的为成品烧结矿。

$$P = \frac{G}{W_2} \times 100\%$$

式中　G——大于 5mm 的成品烧结矿质量，kg；

W_2——烧结矿总质量（不含铺底料），kg。

（4）粒度组成。将成品矿分别用 40mm、25mm、16mm、10mm、5mm 的筛子分级，称各混合料级质量，计算大于 40mm、25 ~ 40mm、10 ~ 25mm、10 ~ 16mm、5 ~ 10mm 所占成品的比例。

附录2 铁矿氧化性球团试验

1. 工艺方法

造球试验采用 ϕ500mm×150mm 圆盘造球机，圆盘造球机转速为32r/min，造球盘周边线速度为0.9m/s，倾角可调，一般为45°~48°，盘内设置两把刮刀。首先按试验方案配比进行铁精粉、膨润土等原料的称量、混匀；之后，取3%的混合料加入造母球3min，加料20min，压密2min，生球粒度控制在10~15mm；造球完成后，将生球过筛，去除小于10.0mm和大于12.5mm生球，得到的10.0~12.5mm生球为合格生球。取10.0~12.5mm的生球分别测定水分、抗压强度、落下强度、爆裂温度等参数，并进行焙烧试验。

2. 生球强度测定方法

取10.0~12.5mm生球20个，从500mm高处自由落下至10mm厚的钢板上，记录每个球至碎裂的落下次数，最后以20个生球总的平均落下次数为落下强度指标（单位：次/个球）。

取10.0~12.5mm生球20个，用生球抗压强度仪测定每个球的强度，取20个球的平均值作为该组试样的抗压强度指标（单位：N/个球）。

3. 生球水分测定方法

取10.0~12.5mm生球20个，加热至150℃，恒温2h，已蒸发的水分质量占试样质量的比例，即为生球水分。

4. 生球爆裂温度的测定

（1）设备及仪表

1）高温电炉：炉管为 ϕ100mm×1000mm，管内填充 ϕ15~25mm直径的高铝球，以便预热通入的冷风。电路外径为 ϕ500mm×900mm，发热元件为硅碳棒，炉温可达到1300℃。爆裂温度测定管为 ϕ70mm×250mm。

2）控温仪及热风温度指示仪：炉温控制仪为DR2-6；热风温度指示仪为XCT-101动圈温度指示仪。

3）吹风机：100~200W小型吹风机一台。

4）DFA-Ⅲ型微速风表一只。

（2）测定程序

1）首先在冷态下启动吹风机，在爆裂管内用风速表测定风速，调节风量，使风速达到1.8m/s（标态），即可。

2）电炉升温，当炉温达到600～700℃时，启动吸风机，这时爆裂管内风温可达400℃左右。

3）取10.0～12.5mm生球10个，放入吊篮，当放入测管内时计时间，400℃的热风吹生球5min，观察生球是否爆裂。一般从400℃测起，每次升温25℃，以10%的球爆裂时的温度为生球爆裂温度。一般每10个球为一组，测定三组。凡测爆裂温度的生球要放在干燥塔内，以防生球水分发生变化。

5. 球团矿焙烧实验

（1）焙烧设备。采用立式管状电炉进行焙烧。电炉功率为8kW，电压为220V，用DRZ-6型控温仪控温，配LB-3型热电偶。用镍铬合金丝编织的吊篮，人工控制吊篮在炉内各不同温度段的运行速度。

（2）焙烧实验步骤。将直径为10.0～12.5mm的生球装入吊篮（约1.5kg），待电炉温度升至焙烧温度时，将吊篮放置在炉管中人工控制每5min吊篮下行50mm。当吊篮从尾部露出时，冷却结束，取出样品，以备做抗压强度、气孔率、冶金性能、矿相检验及化学成分分析等实验。

6. 球团矿强度的测定

（1）实验用设备。成品球的抗压强度的测定，一般在(500±1)kg抗压实验机上进行。

（2）成品球抗压强度的测定。首先从成品球中取直径为10.0～12.5mm的球10～30个，必要时可取60个。之后取每个球放在压力机上，加压，直到球破碎为止。以测定球的总个数的平均值作为成品球的抗压强度。

附录3　成品矿质量检验

1. 转鼓强度

采用ISO1/5转鼓（图F-2），装料量3kg。转速25r/min，转200转。

测定结果表示方法如下：

转鼓指数　$$T=\frac{m_1}{m_0}\times 100\%$$

抗磨指数　$$A=\frac{[m_0-(m_1+m_2)]}{m_0}\times 100\%$$

式中　m_0——入鼓试样质量，kg；

m_1——转鼓后+6.3mm粒级质量，kg；

m_2——转鼓后−6.3～+0.5mm粒级质量，kg。

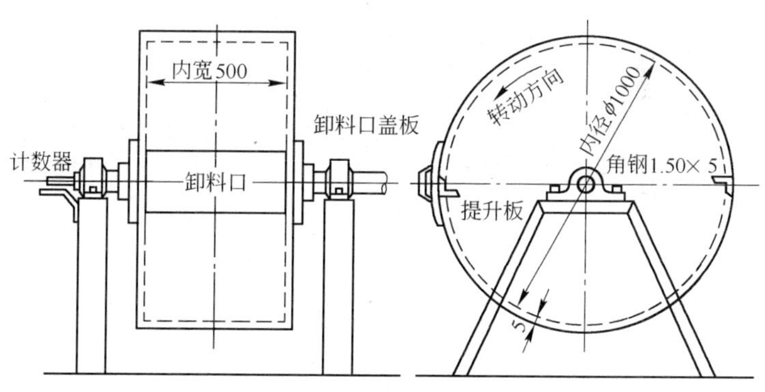

图F-2　转鼓试验机

2. 冶金性能测定装置及方法

（1）还原性能测定。采用国家标准（GB/T 13241—1991）进行测定（图F-3）。在固定床中用CO和N_2的混合气体进行等温还原，试样粒度10.0～12.5mm，试样质量500g±1粒，还原温度900℃，

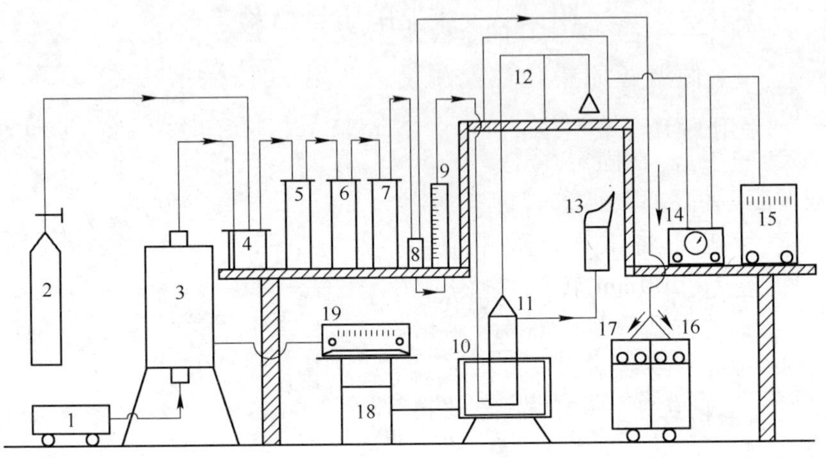

图 F-3　还原试验设备流程图

1—空气压缩机；2—氮气瓶；3—CO 转化炉；4—混合器；5—洗涤瓶（吸收 O_2）；6—洗涤瓶（吸收 CO_2）；7—洗涤瓶（干燥气体）；8—流量计；9—流量计；10—还原炉；11—反应管；12—电子天平；13—废气燃烧器；14—运算器；15—记录仪；16—红外气体分析仪（分析记录 CO 量）；17—红外气体分析仪（分析记录 CO_2 量）；18—温控仪；19—温控仪（控制 CO 发生炉炉温）

还原气体成分 30% CO，70% N_2，还原气体流量为 15L/min，还原时间 3h。主要考核的还原度指数（*RI*）是指铁矿石还原 3h 时的还原度。

用下列公式计算 *t* 时间后的还原度，计算 *RI* 时，*t* 为 3h，以三价铁（即假定铁矿石中的铁全部以 Fe_2O_3 形式存在，并把这些 Fe_2O_3 中的氧算作 100%）为基准，用质量分数表示：

$$R_t = \left(\frac{0.11W_1}{0.430W_2} + \frac{m_1 - m_t}{m_0 \times 0.43W_2}\right) \times 100$$

式中　m_0——试样的质量，g；

m_1——还原开始前试样质量，g；

m_t——还原 *t*min 后试样质量，g；

W_1——试验前试样中 FeO 的含量,%;

W_2——试验前试样的全铁含量,%。

(2) 低温还原粉化性能测定。采用国家标准方法(GB/T 13242—1991)(图 F-3)。试样粒度 10.0~12.5mm,试样重量 (500±1)g。在固定床中,在 500℃温度下,用 30% CO 和 70% N_2 组成的还原气体进行静态等温还原,还原气体流量 15L/min,还原 1h 后,将试样从炉中取出,氮气保护下冷却至室温,用 ϕ130mm×200mm 转鼓转 300 转,然后用 6.3mm、3.15mm 和 0.5mm 的方孔筛进行筛分,用相应部分的质量百分数表示还原粉化性能,分别用符号 $RDI_{+6.3}$,$RDI_{+3.15}$,$RDI_{-0.5}$ 表示。其中 $RDI_{+3.15}$ 为考核指标,$RDI_{+6.3}$ 和 $RDI_{-0.5}$ 为参考指标。计算方法如下:

$$RDI_{+6.3} = \frac{m_{D1}}{m_{D0}} \times 100$$

$$RDI_{+3.15} = \frac{m_{D1} + m_{D2}}{m_{D0}} \times 100$$

$$RDI_{-0.5} = \frac{m_{D0} - (m_{D1} + m_{D2} + m_{D3})}{m_{D0}} \times 100$$

式中 m_{D0}——还原后转鼓前试样的质量,g;

m_{D1}——留在 6.3mm 筛上的试样质量,g;

m_{D2}——留在 3.15mm 筛上的试样质量,g;

m_{D3}——留在 0.5mm 筛上的试样质量,g。

(3) 荷重软化性能测定。矿石软化温度的测定,包括开始和终了的软化温度,软化温度范围这两个内容。目前,一般都采用荷重法进行测定。在升温过程中,当料柱高度收缩 10% 时的温度为软化开始温度($T_{10\%}$),收缩 40% 时的温度为软化终了温度($T_{40\%}$),$\Delta T = T_{40\%} - T_{10\%}$ 为软化温度区间。试样粒度为 2.5~3.2mm,荷重为 0.1MPa,料柱高度为 20mm。荷重软化性能测定装置如图 F-4 所示。

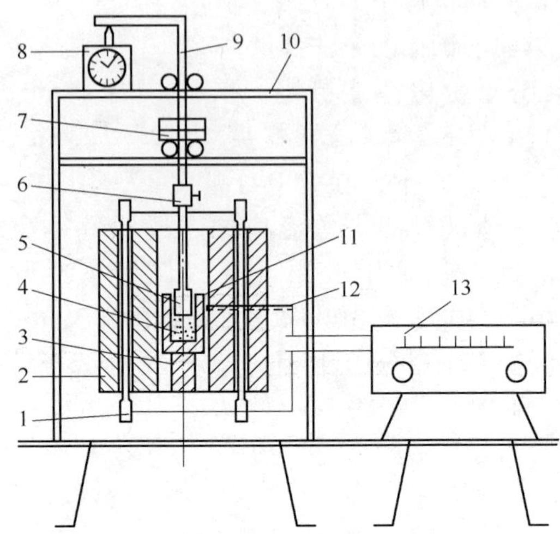

图 F-4　荷重软化实验装置示意图

1—硅碳棒；2—电炉；3—坩埚底座；4—试样；5—硅碳棒压杆；
6—紧固螺旋；7—配重；8—百分表；9—钢棒压杆；10—支架；
11—石墨坩埚；12—热电偶；13—温控仪

冶金工业出版社部分图书推荐

书　　名	定价(元)
炉外精炼与铁水预处理实用技术手册	146.00
铁水预处理与钢水炉外精炼	39.00
炉外精炼的理论与实践	48.00
连铸及炉外精炼自动化技术	52.00
炉外精炼用耐火材料(第2版)	20.00
特殊钢丛书——特殊钢炉外精炼	20.00
冶金熔体和溶液的计算热力学	128.00
冶金设备液压润滑实用技术	68.00
炼钢辅助材料应用技术	50.00
钢铁冶金学(炼钢部分)	35.00
钢铁冶金学(炼铁部分)(第2版)	29.00
超细晶钢——钢的组织细化理论与控制技术	188.00
冶金热力学数据测定与计算方法	28.00
高炉生产知识问答	29.80
实用高炉炼铁技术	29.00
高炉炼铁生产技术手册	118.00
高炉喷吹煤粉知识问答	25.00
炼铁节能与工艺计算	19.00
高炉炼铁设计原理	28.00
高炉炼铁过程优化与智能控制系统	36.00
高炉炼铁理论与操作	35.00
高炉炼铁设计与设备	32.00
电炉炼钢原理及工艺	40.00
电炉炼钢除尘	45.00
电弧炉炼钢工艺与设备(第2版)	35.00
筑炉手册	106.00
钢铁冶金原理(第3版)	40.00
中国钢铁工业五十年数字汇编(上、下)	598.00
冶金炉料手册(第2版)	69.00
铁矿粉烧结生产	26.00
电弧炉炼钢工艺与设备(第2版)	35.00
铁合金冶金学	28.00